AUSGEZEICHNETES EXPERTEN WISSEN

BAND 1

BOURDON
VERLAG

Die jeweilige Meinung des Autors/der Autorin spiegelt nicht die Meinung des Verlages, des Herausgebers oder der anderen Autoren wider.

Bibliografische Information der Deutschen Nationalbibliothek

Die Deutsche Nationalbibliothek verzeichnet diese Publikation in der Deutschen Nationalbibliografie; detaillierte bibliografische Daten sind im Internet unter http://dnb.d-nb.de abrufbar.

ISBN 978-3-947206-72-8

Lektorat: Antonia Pieper
Umschlaggestaltung: Christina Pörsch
Satz und Layout: Das Herstellungsbüro, Hamburg | buch-herstellungsbuero.de
Druck und Bindung: CPI GmbH
Printed in Germany

www.bourdon-verlag.de

Inhalt

Vorwort

Liebe Leserin,
lieber Leser,

wo stünden wir im Leben, wenn es keine Abkürzungen und Wegweiser gäbe? Sie werden mir wohl zustimmen, dass Sie mit Sicherheit nicht da stünden, wo Sie gerade stehen. Und mit ziemlich großer Wahrscheinlichkeit wären Sie nicht so weit gekommen und hätten sich unterwegs verzettelt, verfahren oder verlaufen. Wenn ich auf die vergangenen 35 Jahre zurückblicke, dann gab es in meinem Leben eine ganze Menge an Situationen, in denen ich mir eine Abkürzung oder einen Wegweiser oder wenigstens ein kleines Straßenschild gewünscht hätte. Das ist natürlich in einer Metapher gesprochen, doch Fakt ist: Abkürzungen und Wegweiser sparen uns Zeit und meistens auch Geld, schonen unsere Nerven und machen unseren Alltag in vielen Belangen leichter und bestenfalls auch schöner.

Täglich stehen wir an so vielen Kreuzungen. Damit haben wir einerseits so viel Freiheit wie noch nie, gleichzeitig aber auch jede Menge Anlässe, um uns unterwegs zu verlaufen oder einen unnötig langen Weg einzuschlagen. Um bei all den Türen, durch die wir hindurchgehen können, und den vielen Straßen, Pfaden und Abzweigungen, denen wir unterwegs begegnen, den Überblick zu behalten, brauchen wir einen Wegweiser.

Einen solchen Wegweiser – oder auch eine Sammlung voller Abkürzungen – fürs alltägliche Leben halten Sie gerade in Ihren Händen. Im Buch »Ausgezeichnetes Expertenwissen« haben 60 Top-Expertinnen und -Experten ihre besten Tipps, lebensverändernden Erfahrungen und wertvollsten Impulse zusammengetragen. Ob

Geld-Mindset, umweltverträgliche Putzmittel, Tipps rund um das Eigenheim, eine neue Sicht auf die Gesundheit bis hin zum Thema des Erkennens der eigenen, tiefen, inneren Absicht: In diesem Buch finden Sie eine wahre Schatzkiste an Themen fürs Business und für Ihren Alltag.

Damit ist dieses Werk für Sie, liebe Leserin, lieber Leser, wie ein Wegweiser, Kompass, Freund, Mentor, was auch immer Sie wollen. Nutzen Sie dieses Wissen, um geschickt die Fallstricke und Sackgassen auf Ihrem Weg zu umgehen und schneller und entspannter zu Ihrem Ziel zu gelangen.

Ihr Hermann Scherer

Verstehen wollen ist eine Entscheidung!

Menschen begleiten zu wollen, sie fördern zu wollen und ihnen zeigen zu wollen, wie sie über sich hinauswachsen können, ist nur möglich, wenn wir diese Menschen verstehen wollen und hinhören, wo sie gerade stehen bzw. hinwollen. Dafür muss ich mich entscheiden. Das geht nicht einfach so.

Wir können keine Menschen motivieren, wir können nur Akzente setzen. Motivieren können wir uns nur selbst.

> Wir können keine Menschen motivieren, wir können nur Akzente setzen. Motivieren können wir uns nur selbst.

Das Wichtigste ist, die zwischenmenschliche Zuwendung, Liebe zu finden und zu geben sowie die Wertschätzung.

In vielen Bereichen begleiten wir Menschen. Nicht immer ist es die klassische Beratung. Es kann der Nachbar sein, der Kollege, den ich schon eine Weile kenne, der Jugendliche, der gerade mal nicht seine Eltern braucht!

Eine kleine Geschichte dazu, die ich in meinem Leben sicher nie wieder vergessen werde.

Am Anfang meiner Beratungszeit 1999 war ich so stolz, ein eigenes Beratungszimmer in einer Kirche haben zu dürfen. Ich habe eine Ausbildung zur sozialen Lebensberaterin und Supervisorin vollbracht und legte nebenberuflich los.

Eine meiner ersten Beratungen war eine Frau B. im Alter von 64 Jahren. Sie kam zum verabredeten Termin und nach der Begrüßung erzählte sie mir, ihr Ehemann sei verstorben. Meine Mimik war betroffen und ich setzte an, ihr mein Beileid mitzuteilen. Mitten in meinem Satz unterbrach sie mich und sagte sehr laut und deutlich: »Tun Sie es nicht, Frau Malessa! Bitte jetzt keine Beileidswünsche. Ich bin so froh, dass der Kerl endlich unter der Erde liegt und ich mein Leben jetzt so richtig genießen kann. Ich habe vor, viel in meinem Leben zu verändern.«

Wow! Das war mal eine Ansage, und all meine Gedanken, die ich hatte, wurden mit einem Schlag in den Wind geblasen.

Mein Erstaunen blieb natürlich nicht verborgen. Ihr Blick war leicht herausfordernd, als würde sie fragen, ob ich wohl die Richtige sei.

Ich war mutig und neugierig zugleich. Ich sagte ihr, ich sei überrascht und gleichzeitig fände ich es wundervoll, dass sie so ehrlich sei. Ich fragte sie, was sie zu mir führe.

Sie erklärte mir sehr klar, sie wolle kein Schwarz auf der Beerdigung anziehen. Am liebsten würde sie ein buntes Kleid tragen und feiern.

Ich war weiter überrascht und fand es genial, wie offen und ehrlich diese Frau war.

Sie erklärte mir, sie würde natürlich kein buntes Kleid tragen, weil es nicht fair wäre gegenüber dem Rest der Familie, und wünschte sich Unterstützung von mir.

Das Gespräch hätte jetzt schnell ablaufen können, doch ich wäre ihr nicht gerecht geworden.

Ich fragte sie nach ihren Wünschen.

Sie erklärte mir, dass sie gerne eine Feier im bunten Kleid hätte und barfuß am Strand tanzen wolle.

Ich nahm sie ernst und lud sie ein, den Gedanken doch mal weiterzuspinnen.

Ich stellte auf einem großen Blatt Papier die Ideen von ihr zusammen.

Ihre Augen blitzten wie Sterne. Ihre Ideen sprudelten direkt auf das Papier. Zwischendurch war sie über sich selbst erschrocken, doch ich ermunterte sie weiter. Sie blühte so auf, und der Tatendrang war spürbar und erlebbar.

Die Lösung war dann folgende:

Frau B. buchte mit ihrer Freundin einen Last-Minute-Flug nach Spanien, direkt nach der Beerdigung, die sie mit Anstand und einem fröhlichen mausgrauen Kostüm über sich ergehen ließ.

Die Freundin stand ihr bei, und die zwei sind nach dem Kaffee direkt zum Flughafen gefahren und nach Spanien geflogen. Dort zog sie ihr geblümtes Kleid an, lief barfuß mit ihrer Freundin durch den weichen Sand und sie machten sich eine Flasche Sekt auf. Den Ehering hat sie ins Wasser geworfen und sie war glücklich. Sie kam tiefenentspannt wieder zurück und ich sah, wie befreit und glücklich sie war. Ein echtes Geschenk für mich, so eine Dame begleiten zu dürfen. Sie war sehr dankbar dafür, dass ich sie nicht verurteilt hatte. Sie war froh, sich alles von der Seele reden zu können, und ich war glücklich, dass ich Lösungen erarbeiten konnte, die für sie zu dem Zeitpunkt richtig und wichtig gewesen sind.

Was habe ich gelernt aus dieser Geschichte?
Entscheide dich, Vertrauen aufzubauen.
Entscheide dich, den anderen verstehen zu wollen.
Entscheide dich dafür, den Menschen da abzuholen, wo er steht.
Entscheide dich dafür, die Andersartigkeit des anderen auszupacken.
Entscheide dich, dir Zeit für diesen Menschen zu nehmen.
Entscheide dich dafür, den Veränderungswunsch mit dem Menschen herauszuarbeiten.
Entscheide dich dafür, die Veränderungswünsche nicht zu bewerten.

Entscheide dich dafür, die Andersartigkeit des anderen auszupacken.

Es geht nicht um meine Vorstellung als Beraterin, sondern um die mir anvertraute Person.

Um Menschen emotional in Bewegung zu setzen, ist es wichtig, dass der Botenstoff Oxytocin, der im Hypothalamus des Gehirns produziert wird, ausgeschüttet wird. Dieser Botenstoff ist für Bin-

Vertrauen ist die wichtigste Voraussetzung für das Gelingen einer Begleitung von Menschen.

dung und Vertrauen zuständig. Vertrauen ist die wichtigste Voraussetzung für das Gelingen einer Begleitung von Menschen.

Dafür gibt es sieben Basics, die in der Beratung und Förderung von Menschen wichtig sind.*

Dabei spielt es keine Rolle, ob die Beratung im privaten Bereich oder im Business stattfindet.

1. Bejahe deine Zuständigkeit und sei deinem Anvertrauten ein verlässlicher Partner
2. Fördere positive Beziehungen im Rahmen der Möglichkeiten
3. Fördere verbindliche Absprachen und sei konsequent
4. Lebe deine Wertvorstellungen und deinen Glauben
5. Achte auf dich selbst
6. Hilf deinem Anvertrauten bei der sicheren Bewältigung des Alltags
7. Bleibe in deinen Erwartungen realistisch

Diese sieben Basics helfen dir als Berater, Menschen emotional in Bewegung zu setzen, da du ihnen etwas zutraust, dir deiner Situation bewusst bist und einen sicheren Rahmen schaffst, in welcher Form die Begleitung aus deiner Sicht gelingen kann.

Stellt euch mal vor, ich hätte Frau B. nicht ernst genommen und sie ermahnt mit den Worten, das sei aber nicht richtig! Das sei respektlos ihrem Ehemann gegenüber. Das Vertrauen sowie die Beratung wären sofort beendet gewesen.

Es gibt nichts, was es im Leben nicht gibt, und das ist gut so. Deshalb ist es für uns oftmals überraschend, wenn Menschen so ganz anders reagieren, als wir es erwarten würden in bestimmten Situationen. Wer bestimmt, was falsch oder richtig ist?

---

* Die sieben Basics stammen von Wilfried Veeser und Joachim Lask aus dem Programm PEP4Kids und PEP4Teens.

Diese Frau zeigte sehr deutlich, wie sie von innen nach außen lebt. Sie wollte nicht mehr länger ihr eigener Lebensgegner sein. Das ist ihr prima gelungen.

Was für ein Geschenk ist es, wenn Menschen sich uns anvertrauen und uns ein Stück an ihrer Lebenswelt teilhaben lassen. Die größte Falle liegt darin, wenn wir versuchen wollen, unsere Lebensvorstellungen in die uns anvertrauten Personen hineinzulegen. So würden wir einen Machtmissbrauch begehen und nur unseren Weg im Blick haben, ohne auf die uns anvertraute Person zu schauen.

Nicht die Situationen machen unser Leben schwer oder leicht, sondern die Bewertungen, die wir der Situation geben.

Foto: Susann Schrotmann-Prüß

MARTINA MALESSA

Menschen helfen, Entscheidungen zu treffen

Über 20 Jahre in einer anhaltenden Beratungs-, Mediations- und Supervisionstätigkeit. Lehre an Berufsschulen, Fortbildungen für Mitarbeiter im sozialen Bereich, über 500 Vorträge und Seminare, Mitgründerin eines Kulturwerkes und Vereins, Trainerin für Lehrer und Eltern. Seit 18 Jahren in der Förderung von Menschen mit Beeinträchtigungen in der Lebenskompetenz sowie Handlungskompetenz tätig. Am Puls der Zeit, inspirierend und herausfordernd, damit Menschen ermutigt werden Entscheidungen zu treffen. Das ist die Frau und Mutter von fünf tollen Kindern Martina Malessa.

Vom Glück des Stolperns

Was müsste ich tun, wie müsste ich mich verhalten, was müsste ich verändern, damit es mir morgen wieder besser geht?

Erster Impuls:
Erkenne die Realität an. Voll und ganz.
Leiste keinen Widerstand.

Anerkennen der Realität und in Selbstverantwortung das Leben wieder in die eigene Hand zu nehmen, raus aus dem Selbstmitleid und der Opferrolle, mit dieser Akzeptanz reduziert sich ganz automatisch der innere Stress, der eine Lebenskrise bei uns auslöst.

Es taucht immer wieder die Frage auf, wo ist denn Gott? Warum lässt er so viel Unglück in unserem Leben zu? Warum gibt es so viel Ungerechtigkeit?

Da stellt sich zunächst mal die Frage, wer oder was ist denn Gott? Jemand, der da sitzt und für uns die Verantwortung übernimmt, die wir selbst nicht übernehmen wollen?

Lassen wir diesen bärtigen Alten doch einfach mal aus dem Spiel. Schauen wir in den Spiegel und verlieben wir uns in die Person, die uns gerade entgegenblickt, und stellen uns gleichzeitig die Frage:

Was kann ich tun?

Es wird keinen Retter oder Erlöser geben. Wir selbst sind unser Retter und Erlöser.

»Ich vergleiche das Leben gerne mit einem Tennis-Match. Auf den Aufschlag vom Gegenüber haben wir keinen Einfluss, aber auf den Return.«

Zweiter Impuls:
Nimm einen neuen Blickwinkel ein. Ein anderer Blick auf die Dinge erzeugt oft kleine Wunder.

Wir haben die Wahl, uns das Leben zur Hölle zu machen, der Grund dafür liegt nicht selten in den inneren Software-Programmen, die sich über Jahre in unserem Gehirn manifestiert haben. Wir können uns aber auch dafür entscheiden, eine völlig neue Perspektive einzunehmen, quasi diese alten Programme umzuschreiben.

Durch einen Perspektivwechsel wird uns klar, dass das Leben nicht nur aus Problemen, Herausforderungen und schwierigen Aufgaben besteht, sondern auch aus Möglichkeiten, Gelegenheiten, Einladungen und Chancen. Wir könnten das Leben als ein Abenteuer sehen.

Die Perspektive zu wechseln, einen neuen Blickwinkel einzunehmen, ein neues Bewusstsein zu leben und das aus einer selbstbestimmten Wahl, das wäre es doch, oder?

Plötzlich entdecken wir Aspekte, die uns die ganze Zeit verborgen geblieben sind. Unser Blick geht über den Tellerrand hinaus.

Mit einem anderen Blick auf die Dinge dürfen wir uns die Frage stellen: Ist es wirklich wahr, was ich gerade denke? Oder gibt es noch eine andere Wahrheit?

Sehr oft sieht die Welt danach ganz anders aus oder wird zumindest abgeschwächt wahrgenommen.

> »Du kannst keinen Regenbogen bekommen ohne Sturm und Regen.«

Dritter Impuls:
Überführe den Nachteil zum Vorteil.

Wofür ist diese Krise gut?
Wofür ist dieser Jobverlust gut?
Wofür ist die Trennung vom Lebenspartner gut?

Einen Vorteil zu erkennen, wenn wir uns gerade in einer sehr misslichen Lage befinden, halten viele Menschen für bedenklich und viele sind womöglich irritiert. Wo bitte soll es in meiner Situation einen Vorteil geben?

Aber gerade weil es so schwierig erscheint, ist die Suche nach einem Vorteil umso interessanter.

Denn alles im Leben hat zwei Seiten. Es gibt nicht nur einseitig Schlechtes.

Das mag ja alles stimmen, aber wie und wo finde ich diese zweite Seite?

Genau an dieser Stelle ist die Qualität der Fragen, die wir an uns selbst stellen, von enormer Wichtigkeit. Wie kostbar ist mir meine Lebenszeit und wie möchte ich sie leben und gestalten?

»Bevor wir anderen zuhören, sollten wir erst einmal uns selbst zuhören.«

Sind die alten Ziele, die ich bis jetzt verfolgte, noch die richtigen?

Wäre jetzt nicht ein optimaler Zeitpunkt für ein Comeback meiner alten, nicht gelebten Träume?

Was wollte ich denn schon immer gerne tun?

Für was spüre ich eine Begeisterung und innere Leidenschaft?

Was würde ich noch gerne haben wollen und habe mich bis jetzt zurückgehalten?

Vierter Impuls:
Schaffe Tatsachen. Entscheide klar und handle konsequent.

Den meisten Kummer machen wir uns im Leben mit der Sorge, dass wir falsche Entscheidungen treffen und Fehler machen. Wir haben Angst vor den Konsequenzen, die unsere Entscheidungen auslösen könnten. Und wir finden einfach nicht den optimalen Zeitpunkt für eine Entscheidung und verschieben sie ständig in die Zukunft.

Nutzen wir die Gunst der Stunde. Was bedeutet das?

Das bedeutet, dass wir uns nicht auf eine bestimmte Zeit ausrichten oder konzentrieren sollten, sondern auf die Möglichkeiten, die wir jetzt in diesem Moment haben. Welche Ressourcen und Werkzeuge stehen uns gegenwärtig zur Verfügung, die es uns ermöglichen, eine erste, kleine Entscheidung zu treffen?

Kennen Sie das dickste Buch der Welt? Das Buch der Ausreden?

Was hält mich davon ab, auf meinem Weg voranzugehen?
Wo sind da Widerstände, die mich blockieren?
Wovor habe ich eigentlich Angst?
Warum habe ich diese Ängste?
Was könnte denn schlimmstenfalls passieren?

Ist die Entscheidung getroffen, dann müssen wir in die Handlung, in die Umsetzung kommen und dies ist nicht delegierbar. Wir müssen uns quasi selbst die Handlungsvollmacht erteilen.

»Es geschieht nichts, außer man tut es.

Umsetzung bedeutet, sich in Bewegung zu setzen. Geistig, emotional und natürlich auch körperlich.

Fünfter Impuls:
Opfere das Alte dem Neuen. Das Leben ist zum Verändern da, nicht zum Ertragen.

Bleibe, wie du bist. Ein gern gesagter oder geschriebener Satz und als Kompliment gedacht. Wir finden ihn oft auf Geburtstagskarten. Das, was gut gemeint ist, bedeutet jedoch eher Stillstand. Insgeheim drücken wir Menschen nur aus: Verändere dich bitte nicht.

Wir befinden uns in der sicheren Komfortzone, haben uns dieses und jenes Materielle erworben, aber fühlen uns trotzdem nicht wirklich erfüllt. Aber trotzdem halten wir fest, wir beharren darauf, na ja, sogar mit Vehemenz, dass das eigene Leben, die eigene Haltung, doch am besten ist, und verteidigen diese Art von Stehenbleiben sogar auf Teufel komm raus. Doch in der Komfortzone ist eine Horizonterweiterung nicht zu erwarten.

Meistens sind wir nur dann zu einer Veränderung bereit, wenn im Übermaß Schmerz, Druck und Krisen vorhanden sind, wir also mit Dingen konfrontiert sind, die uns überhaupt nicht gefallen und uns so ziemlich alles abverlangen.

Wir haben Angst vor Veränderung, deshalb fühlen wir uns oft mit den alten Problemen viel wohler als mit den Gedanken an mögliche Veränderungen. Es ist viel leichter und angenehmer, sich auf Altbewährtem auszuruhen.

»Das kann ich nicht. Das ist nichts für mich. Da blamiere ich mich. Meistens irren wir uns.«

Es gehört viel Mut dazu, aus seinem goldenen Käfig auszubrechen, um etwas Neues zu starten. Wer wirklich etwas verändern will, der muss tatsächlich am Ball bleiben, auch wenn einem bei dem Gedanken die Knie schlottern.

Aber ich kann versprechen, es lohnt sich.

Foto: Sabine Meier / Focus Fotostudio

RÜDIGER GÖPFERICH

Experte für Innovation

Unternehmer, Autor, Vortragsredner und Coach. Es gab schon einige Katastrophen in meinem Leben, aber trotzdem ist mein Leben nicht eine einzige Katastrophe. Heftige Einschläge in Beruf und Karriere, in Beziehungen und im Umgang mit Krankheiten ließen mich nicht entmutigt vom Leben zurück. Ein »Stehaufmännchen«, das trotz unterschiedlicher Herausforderungen oder vielleicht sogar gerade deshalb gelernt hat, ein »glückliches« Leben führen zu können. Und im Grunde genommen kann das jeder.

Werden Sie zu einem Talente-Magneten

Personalbeschaffung = Strategie

Personalbeschaffung ist heute, neben allen anderen Aufgaben in einem Unternehmen, eine strategische Aufgabe. Da die Strategie eines Unternehmens eine entscheidende Frage ist, ist sie durch die Geschäftsführung oder das Management zu entscheiden und zu lenken. Auf dieser Basis führe ich meine Kundengespräche überwiegend mit der Unternehmensleitung. Im Rahmen dieser Gespräche habe ich die Möglichkeit, das Unternehmen und dessen Kultur kennenzulernen. In einem meiner damaligen ersten Kundengespräche ist mir aufgrund einer zufälligen Frage etwas aufgefallen, das aus meiner Sicht der Hauptgrund dafür ist, dass sich nicht die passenden Kandidaten auf die offenen Stellen bewerben. Unabhängig von dem Totschlag-Argument des »Fachkräftemangels«. Diese damals zufällige Frage gehört mittlerweile zu meinen Standardfragen. Denn die Antworten aus den bisherigen Gesprächen mit fast allen Unternehmensleitungen ergaben ähnliche Ergebnisse. Jede Unternehmensleitung sollte sich diese Frage stellen und für sich beantworten.

Ich mache das wegen des »Geldes«

In dem damaligen Gespräch mit dem Geschäftsführer eines gewerblich-technischen Unternehmens haben wir im Laufe des Gespräches über die persönlichen Eigenschaften zukünftiger Mitarbeiter:innen gesprochen. Natürlich wusste der Geschäftsführer genau, was er wollte, und hat Eigenschaften wie Zuverlässigkeit, Begeisterung, Wille zur Weiterbildung und Loyalität genannt. Daraufhin habe ich ihn gefragt: »Was begeistert Sie eigentlich an dieser Tätigkeit?« bzw. »Warum machen Sie das hier?«. Er schaute mich mit großen Augen an und antwortete: »Wenn ich jetzt ganz ehrlich bin, ist der Hauptgrund ›Geld‹.« Ich bedankte mich für seine Ehrlichkeit und sagte: »Sie haben doch das Unternehmen vor fast 25 Jahren gegründet und haben damals mit einem Mitarbeiter begonnen. Was hat Ihnen damals Spaß gemacht, ganz am Anfang?« Nach kurzer Überlegung sprudelte es Geschichten wie »Probleme der Kunden lösen« oder »das Entwickeln von technischen Lösungen, an die noch keiner gedacht hat«. Als der Geschäftsführer mit seiner Aufzählung fertig war, fragte ich ihn, ob davon heute auch noch etwas da sei? Er schaute mich wieder mit großen Augen an und sagte: »Das ist eine sehr gute Frage, Herr Klimesch.« Dann sprach ich über meine Erfahrung mit Kandidaten und merkte folgendes an: »In den unzähligen Vorstellungsgesprächen, die ich im Laufe der Jahre geführt habe, waren noch nie Kandidaten dabei, die nur aufgrund von ›Geld‹ arbeiten würden. Sondern Punkte wie Wertschätzung, Ehrlichkeit, Freude am gemeinsamen Tun und Sicherheit lagen im Vordergrund. Wenn Sie jetzt als Geschäftsführer den Hauptgrund ›Geld‹ nennen, wie wollen Sie denn damit einen anderen Menschen für das Unternehmen begeistern?« Er schaute mich ungläubig an und antwortete: »Sie haben ja recht.«

Ich schlug ihm vor, dass wir das Gespräch hier beenden und uns in zwei Tagen wieder sprechen. In diesen zwei Tagen solle er sich Gedanken darüber machen, was ihm heute noch an seinem Business Spaß macht. Diese Gedanken sollte er aufschreiben. Aus diesem Ergebnis erarbeiten wir dann gemeinsam ein »Warum«. Dieses »Warum« ist ausschlaggebend für den Erfolg der Rekrutierung. Menschen wollen wissen, warum es das Unternehmen gibt und welcher wichtige gesellschaftliche Beitrag geleistet wird. Das ist heute für Menschen, die sich beruflich orientieren und verändern wollen, besonders wichtig. Und dieses »Warum« ist nicht nur für die Personalbeschaffung wichtig, sondern auch für die Kundengewinnung. Wenn potenzielle Kunden spüren, dass die Geschäftsführung eine ganz klare Aufgabe formuliert und dahintersteht, muss weniger verkauft werden. Dann wird freiwillig von potenziellen Kunden gekauft! Das war eine meiner Aussagen. Die andere war: »Wenn Sie nach zwei Tagen auf kein anderes Ergebnis kommen außer ›Geld‹, dann müssen wir eine andere Rekrutierungsstrategie entwickeln. Diese Strategie wird dann schwieriger und herausfordernder.« Zudem sagte ich noch: »Wenn Sie auf kein anderes Ergebnis kommen, dann sollten Sie aus meiner Sicht das Unternehmen verkaufen. Denn ohne Begeisterung macht diese Aufgabe für Sie persönlich keinen Spaß und wird eher zur Belastung.« Nach zwei Tagen telefonierten wir wieder und siehe da, der Geschäftsführer hatte etwas gefunden, was ihn heute noch an seinem Unternehmen begeistert. Das war dann die Basis für die zukünftige passende und erfolgreiche Rekrutierungsstrategie.

Es sind manchmal die kleinen Dinge, die eine große Auswirkung in sich tragen!

Es sind manchmal die kleinen Dinge, die eine große Auswirkung in sich tragen!

Kandidat = Kunde

Behandle deine Kandidaten genauso gut wie deine Kunden, dann hast du die Chance, ein TALENTE-MAGNET zu werden. Das ist mein Slogan, der mich leitet und meine tägliche Arbeit positiv lenkt. Das ist auch die Aussage, die ich Unternehmensleitungen näherbringe. Selbstverständlich werde ich gefragt, was ich damit meine. Mit folgendem Beispiel erläutere ich das: Angenommen, ein potenzieller Kunde sendet Ihrem Unternehmen eine E-Mail und wünscht ein Angebot. Der Kunde weiß genau, was er will. Frage: Wie lange benötigen Sie, um dieses Angebot zu erstellen und an den Kunden zu senden? Die Antworten ähneln sich immer. Je nach Umfang, am gleichen Tag oder ein paar wenige Tage später. Angenommen, Sie haben eine Stellenausschreibung veröffentlicht und es bewirbt sich ein Kandidat. Frage: Wie lange benötigen Sie, um diesem Kandidaten oder dieser Kandidatin ein verbindliches Feedback zu geben? Ein verbindliches Feedback heißt, zum Vorstellungsgespräch zu laden oder eine Absage zu senden. Die Antworten ähneln sich auch hier immer wieder. Mit leicht gesenkten Häuptern erhalte ich Antworten wie 14 Tage, vier Wochen oder noch länger. Schlimmstenfalls erhalten diese Kandidaten überhaupt keine Antwort.

Jetzt denken wir an folgende Situation. Zehn Kandidaten bewerben sich, drei sind interessant und werden zum Vorstellungsgespräch eingeladen. Nach den Gesprächen wird ein Kandidat eingestellt. Frage: Was passiert mit den sieben Kandidaten, die von Anfang an nicht gepasst haben? Wenn diese kein schnelles Feedback erhalten bzw. vergessen wurden, sind das genau jene, die über das Unternehmen schlecht sprechen. Nicht nur Face-to-Face, sondern auch auf Facebook und Co. Viele Unternehmen wundern sich dann, warum sich keiner bewirbt oder es negative Einträge in Kununu, dem Bewertungsportal für Unternehmen, hagelt. In diesem Problem liegt auch schon die Lösung. Kandidaten = Kunde bedeutet, der Personalbeschaffung genauso viel Aufmerksamkeit zu widmen wie der Kundengewinnung. Sprich, die innere Haltung zu überdenken und daraus entsprechendes Verhalten anzupassen. Hierbei entsteht dann in der Praxis ein kandidatenorientierter Rekrutierungsprozess, der folgende wichtige Punkte beinhaltet: Employer Branding, Candidate Experience und Candidate Journey. Das bedeutet, das Unternehmen nach außen und innen als hervorragenden Arbeitgeber wahrheitsgemäß darzustellen und die Erfahrungen der Kandidaten auf der Reise innerhalb des Rekrutierungsprozesses positiv zu gestalten. Eine Abschlussfrage an Sie, liebe Leserin und lieber Leser: Welche Erfahrungen sollen Kandidaten mit Ihrem Unternehmen während der Bewerbungsphase machen? Eine gute oder eine schlechte?

Wenn Sie hierzu mehr wissen wollen, biete ich Ihnen ein kostenfreies Strategiegespräch an. Besuchen Sie folgende Seite, beantworten Sie ein paar wenige Fragen, hinterlassen Sie Ihre Kontaktdaten und ich rufe Sie zurück.

Ihr Markus Klimesch
www.markusklimesch.de

MARKUS KLIMESCH

Unternehmen zum TALENTE-MAGNETEN machen – Tschüss Fachkräftemangel

Keine Frage – der Bewerbermarkt ist zum Umworbenen-Markt geworden: Heute müssen sich Firmen attraktiv präsentieren, um die besten Mitarbeiter zu gewinnen. Unternehmensdarstellungen wie vor 20 Jahren locken niemanden mehr. Und: Der Arbeitsmarkt bietet ein höheres Fachkräftepotenzial, als viele denken. Man muss es nur gezielt ausschöpfen.

Markus Klimesch hat über 20 Jahre Recruiting-Erfahrung: Weit über 1000 Stellenbesetzungen, tausende Vorstellungsgespräche, Entwicklung regionaler und nationaler Recruiting-Strategien, er hält Vorträge bei IHKs, HWKs und ist Autor.

Die Theorie der Personalbeschaffung finden Sie in unzähligen Fachbüchern. Wenn Sie lieber schnelle und gleichzeitig nachhaltige Erfolge durch Praxiswissen wünschen, fragen Sie Markus Klimesch.

Website: www.markusklimesch.de
E-Mail: info@markusklimesch.de

Die abenteuerliche Reise des Delfins Artur ans andere Ende des Ozeans

Die Geschichte des Delfins Artur handelt von den Außenseitern unter den Bewohnern des großen Ozeans. Hierbei sind immer Parallelen zu uns Menschen erlaubt und gewollt!

Diese Außenseiter sind die Erfolgreichen. Viele Fische trauen sich gar nicht, zu diesen erfolgreichen Außenseitern zu gehören. Sie wollen lieber problemlos in der Masse untertauchen und mit dieser mitschwimmen. Zu dieser Masse der Normalen zu gehören und über »die da oben« zu schimpfen, ist ja viel bequemer.

Aber hast du dir mal diese Fragen gestellt: Warum sind wir alle in diesem Ozean – auf dieser Welt? Hat denn die breite Masse nicht andere, oft viel langweiligere Probleme?

Der Delfin Artur ist kein gewöhnlicher Delfin. Für ihn sind Schwimmen, Spielen und Jagen nicht hauptsächlich ein Mittel, um das Geld für den Lebensunterhalt zu verdienen. Artur hat von Kindheit an das Ziel, sich selbst zu verwirklichen und etwas Besonderes aus seinem Leben zu machen. Dabei riskiert er es, nicht immer so sein zu wollen, wie alle anderen ihn gerne hätten. Den Weg von der Kindheit des kleinen Artur bis heute zum erfolgreichen Delfin-Unternehmer beschreibt dieses Buch.

Am Anfang als kleiner Delfin ist Artur oft sehr angepasst, denn es wird so von ihm erwartet. Sein Ehrgeiz jedoch fordert immer, dass er positiv aus der Masse herausragen will. Auf seinem Weg muss Artur viele Bewährungsproben bestehen und viele Hürden überwinden, Niederlagen verkraften oder vermeiden, indem er rechtzeitig einen anderen Weg einschlägt. Den Willen und die Entscheidungskraft dazu hat er ständig weiterentwickelt.

Bei allen Problemen kommen Artur auch oft Zweifel, ob er die richtigen Strategien und die erforderliche Kraft für mehr Erfolg hat. Artur ist manchmal an dem Punkt aufzugeben. Aufgeben hätte ja auch einen großen Vorteil: Endlich wäre Ruhe vor all den Anstrengungen und den Problemen wegen des Verfolgens seiner ehrgeizigen Ziele und vor all dem Lernen und Streben. Endlich könnte er nur noch leben und all die schönen Dinge genießen – hätte keine Probleme mehr.

Indem du die Entwicklung des Delfins Artur verfolgst, wirst du erkennen: All diese Zweifel sind völlig normal! Sie disqualifizieren dich nicht!

Jeder von uns hat schwache Momente. Jeder zweifelt manchmal an sich selbst. Das kann auch mal länger dauern. Aber du darfst dich davon nie in die Knie zwingen lassen!

Hat Artur in schwachen Momenten beschlossen, ab jetzt wie ein normaler Delfin zu leben, seine täglichen Routinen zu vergessen, keine Schwimmübungen mehr zu machen und nicht mehr dazuzulernen, so verlässt er, wenn er wieder positiv in die Kraft kommt, durch genau diese Routinen, diese Schwächephase konsequent wieder.

Meinungen und Glaubenssätze, die uns behindern und einengen, können wir bedenkenlos wieder abstreifen.

Meinungen und Glaubenssätze, die uns behindern und einengen, können wir bedenkenlos wieder abstreifen.

Von Energieräubern in Form von negativ eingestellten Meerestieren oder falschen Glaubenssätzen müssen wir uns entfernen und befreien. Warum sollten sie Artur daran hindern, der beste Delfin zu werden, der er sein kann?

Artur sagt dann zu sich: Wer einmal das Besondere und Außergewöhnliche kennengelernt hat, der kann sich nicht mehr an die Normen des Durchschnitts binden.

Und dann lernt Artur wieder immer besser vornweg zu schwimmen. Er lernt konstant dazu, erreicht neue Geschwindigkeiten und Taktiken und wächst als Führungsdelfin. Das ist für ihn Selbstverwirklichung und reines Glück. Dafür hat er ein Team von guten Delfinen an seiner Seite als Freunde und Mitarbeiter. Mit den ersten Erfolgen erkennt Artur das Wesentliche:

Die Taktiken und das Schnellschwimmen sind erlernbar! Spitzenleistung ist erlernbar!

Die Taktiken und das Schnellschwimmen sind erlernbar! Spitzenleistung ist erlernbar!

Wir alle sollten uns endlich von dem Gedanken freimachen, zu arbeiten, um Geld zu verdienen – also Arbeits- und Lebenszeit nur gegen Geld einzutauschen. Stattdessen sollten wir arbeiten, um anderen zu dienen und ihnen einen wahren Nutzen zu bringen. Dabei sollten wir das tun, was uns am meisten Spaß macht und was wir besonders gut können. Wenn wir es also schaffen, unser Hobby zum Beruf zu machen und das mit Freude tun, dann müssen wir oft Widerstände aus unserem Umfeld der normalen Delfine überwinden und werden oft auch belächelt. Wenn wir dann aber unsere Ziele erreicht haben, sind wir ganz besonders stolz auf die Ergebnisse.

Lass dich in diesem Buch durch die Lebensgeschichte des Delfins Artur dazu inspirieren, dass auch du aus deinem Leben das bestmögliche Meisterwerk machst, dass du Chancen erkennst und diese auch nutzt, dass für dich Aufgeben niemals eine Option ist und Spitzenleistung erlernbar und immer abrufbar ist. Auf jedes Tief folgt immer ein Hoch, wenn du es willst.

Deine Gedanken bestimmen über dein Leben. Deshalb programmiere sie auf Positiv – so wie es Artur auch immer macht. Niemand außer dir entscheidet, wie deine Zukunft aussieht!

Wenn du dieses Buch gelesen und über den Inhalt nachgedacht hast, dann kannst du für dich diese zwei Fragen beantworten:

1. Wer bin ich wirklich?
2. Was ist meine Bestimmung – wo will ich hin?

Dies ist mein erstes Buch für deinen persönlichen Erfolg, in dem ich meine Sicht auf viele Erfolgsfragen und -strategien schildere. Mit diesem Buch will ich allen Menschen, die mehr aus ihrem Leben machen wollen, aber noch zweifeln, Mut machen und Anleitung geben, Chancen zu erkennen, zu nutzen und bestmöglich umzusetzen. Mit dem nie einfachen, aber spannenden Lebensweg des Delfins Artur möchte ich dir zeigen, dass es wichtig ist, sich mit den richtigen Menschen zu umgeben, die menschlich geblieben sind, die ihre Fehler eingestehen und über diese auch lachen können – mit Menschen, die sich nichts auf ihre Erfolge einbilden und sich nie vor ihrer Verantwortung drücken.

Warum habe ich persönlich für mich den Delfin als Vorbild und Leittier gewählt? Viele erfolgreiche Menschen haben verschiedene starke Tiere und deren vorrangig erkennbare Eigenschaften als Leitbild gewählt, so z. B. den Adler, der hoch in der Luft über uns allen schwebt, oder den Löwen als den König der Tiere oder auch den Wolf als Anführer eines Rudels. Grundlage bilden hier immer die von den Menschen beschriebenen und erwarteten Eigenschaften. Ich neige da mehr zu einem listigen Fuchs oder einem starken Bären mit einem dicken Fell. Der Delfin wird heute nicht mehr so oft als Vorbild für bestimmte Charaktereigenschaften gepriesen. Dabei hat gerade der Delfin traditionell über Jahrhunderte für den Menschen eine große Rolle in verschiedenen Lebensbereichen gespielt. Für mich verkörpert der Delfin alle meine Hauptwerte wie Kraft, Ausdauer, Schnelligkeit, Zielstrebigkeit, Lebensfreude, Teamfähigkeit und Familienleben. Hast du schon mal einen ängstlich schauenden Delfin gesehen?

Niemand außer dir entscheidet, wie deine Zukunft aussieht

Delfine haben vielen Menschen einiges voraus in Bezug auf Zielstrebigkeit, Optimismus und Lebensfreude. Was wir alles von ihnen lernen können, erfährst du in meinem Buch. Über das Leben und die Eigenschaften dieser Tiere gibt es viele andere Bücher, deren Studium ich dir an dieser Stelle gern empfehle.

Mit diesem Buch möchte ich dein Herz berühren. Seine Lehren und Inspirationen gelten sowohl für die Jungen und Wilden unter euch als auch für die Junggebliebenen, die schon oft durch die harten Erfahrungen des Lebens gelernt haben und durch sanfte Berührung ihrer Seele weiterwachsen wollen.

Foto: Andreas Sand

JOACHIM KNABE

Aus Ärzten und Firmeninhabern strategische Unternehmer machen

Hat an der TU Ilmenau Medizintechnik studiert und 10 Jahre in einer Klinik gearbeitet. Seit fast 30 Jahren erfolgreicher Unternehmer mit medizinischem Fachhandel und Sanitätshaus. Experte für Medizintechnik und Arztpraxiseinrichtungen. Mit zweiter Firma erfolgreich im Coaching von Ärzten und Unternehmern. Zahlreiche Seminare bei allen deutschen Erfolgstrainern besucht. 2020 erfolgreich einen Online-Kongress für niedergelassene Ärzte organisiert und dafür Interviews mit 24 Experten rund um die moderne Arztpraxis geführt. Erfinder der 4-Schritte-Delfin-Strategie als Coaching für Ärzte und Unternehmer. Seine Leidenschaft: Erfahrungen weitergeben und Unternehmern helfen, Menschen besser zu führen.

Informationssicherheit – das »Infinite Game«

Was Geschäftsführer und leitende Angestellte jetzt wissen sollten, um nicht unter die Räder der Digitalisierung zu kommen

Wenn Vorstände den gegenwärtigen Zustand des Cyberspace – also die Gesamtheit des computerbasierten Kommunikationsraums – kennen würden, gäbe es vermutlich einen weltweiten Hilferuf noch vor morgen früh.

IN FREIER ANLEHNUNG AN HENRY FORD VON DIPL.-ING. THOMAS SALVADOR, EXPERTE FÜR INFORMATIONSSICHERHEIT

Wir schreiben Freitag, den 3. Januar 2020. Ich bin im Urlaub, liege auf einem Liegestuhl und lausche einem Podcast, als mein LinkedIn-Postfach fast zeitgleich mehrere direkte Nachrichten von Head-Huntern vermeldet. Die Nachricht, die meine Aufmerksamkeit als Erstes auf sich zieht, beginnt wie folgt: »Herr Salvador, Sie gelten als Experte für IT- und Informationssicherheit. Wir haben aktuell 5 Konzerne, die das Thema für 2020 auf Position 1 ihrer Investmentprioritäten gesetzt haben. Können wir uns bitte unterhalten?«

Die Auswirkungen der Corona-Pandemie und ihr Effekt auf die Digitalisierung schienen zu diesem Zeitpunkt noch in weiter Ferne. Aber man mag es glauben oder nicht, die Welt ist im Krieg – im Cyberkrieg. Mit Real-Time Maps lässt sich das Angriffsgeschehen im Cyberspace anschaulich visualisieren, diese Länder wurden Mitte 2021 am meisten attackiert: 1. Russland, 2. Brasilien, 3. Deutschland, 4. USA, 5. China. (Quelle: https://cybermap.kaspersky.com)

Informationssicherheit umfasst alles, was damit zu tun hat, die Informationswerte eines Unternehmens zu schützen. Sei es das Coca-Cola-Rezept, der Gesellschaftsbeschluss der letzten Jahreshauptversammlung, Personalakten oder nur die Teilnehmerliste der letzten Weihnachtsfeier. Mehr oder weniger sensible Daten und Informationen sind das Gold des 21. Jahrhunderts geworden. Computersysteme sind heutzutage weltweit vernetzt und von überall zu jedem Zeitpunkt aus erreichbar.

Informationssicherheit umfasst alles, was damit zu tun hat, die Informationswerte eines Unternehmens zu schützen.

Infinite Game – was ist das?

Simon Sinek, Vordenker und Autor, beschreibt in seinem Buch aus dem Jahr 2019 zwei Arten von Spielen. Zum einen *endliche Spiele* (z. B. Schach und Fußball), die mit dem Ziel gespielt werden, das Spiel in Übereinstimmung mit statischen Regeln zu gewinnen; und *unendliche Spiele* (z. B. Wirtschaft und Politik), die ggf. mit wechselnden Zielen gespielt werden, um das Spiel fortzusetzen. Im »infinite Game« steht – im Gegensatz zum »finite Game« – weder die Anzahl der Teilnehmer, das Ende, noch die Regel fest, nach der gespielt wird. Auch die Ziele sind unklar, es gibt kein »Endspiel«, jeder Teilnehmer definiert für sich sein Ziel selbst. Sei es »Geld verdienen«, »Industriespionage«, »Mitbewerber stören«, der »Erste« sein oder einfach nur »überleben«. Ein Vorsprung eines einzelnen Spielers ist nicht dauerhaft, sein Status wechselt ständig ab zwischen »den anderen voraus« und »liegt zurück«.

Informationssicherheit als »Infinite Game«, warum?

In der Informationssicherheit ist das analog. Es gibt keinen Beginn und kein Ende, es gibt keine Grenzen, angefangen vom Werksgelände bis zum Homeoffice des Mitarbeiters, sind keine physischen Grenzen relevant. Die Optionen des bisher oft rein physischen Diebstahls bzw. der Manipulation von Daten werden durch die Anbindung an das Internet vervielfacht. Zu den Bedrohungen im Internet zählen z.B. Computerviren, Keylogger, Trojanische Pferde und Phishingmails. Durch die Cloud eröffnen sich völlig neue Optionen für die Handelnden. Dabei wechseln die Mitspieler vom einsamen Hacker über Industriespionage mit professionellen Teams beliebiger Länder (Russland, China, Nordkorea usw.) bis hin zur Intervention von Nachrichtendiensten oder Umweltaktivisten.

Was heißt das für das Management?

Wenn die Informationssicherheit ein »Infinite Game« ist, heißt das für die Informationssicherheit im Kontext des Unternehmens, dass keine einmaligen bzw. isolierten Einzelmaßnahmen ausreichen, sondern Informationssicherheit gesamthaft zu sehen ist und das Ziel haben muss, die Integrität des Unternehmens zu wahren und mit passenden Maßnahmen seine Resilienz zu sichern.

Bausteine für fortlaufende Anpassungsfähigkeit

Nachfolgend wollen wir Ihnen als Geschäftsführer, Vorstand, IT-Leiter oder Chief-Information-Security-Officer drei essentielle und hochwirksame Bausteine an die Hand geben, mit denen Sie auch im Zeitalter permanenter Vernetzung dauerhaft an vorderster Front des Standes der Technik operieren können.

1. **Normen / Standards für Informationssicherheit**
   Die Anwendung dieser Standards bietet nicht nur die Möglichkeit der nach außen sichtbaren und marketingwirksamen

Zertifizierung, sondern hilft vor allem bei der Verbesserung und Weiterentwicklung der Organisation durch anerkannte Best Practices auf dem neuesten Stand der Technik.
Und ein gut strukturiertes Informationssicherheits-Managementsystem (ISMS) ist eine optimale Grundlage zur wirksamen Umsetzung einer ganzheitlichen Sicherheitsstrategie. Hierbei bieten sich dem Management mehrere Optionen, die je nach Kontext der Organisation hilfreich sind (ISO/IEC 27001, TISAX-Standard, BSI-Standard des Bundesamts für Sicherheit in der Informationstechnik, DSGVO, etc.).

2. Zero Trust

Vereinfacht gesagt hat heute jeder Mitarbeiter Zugriff auf Daten, der mit dem Netz verbunden ist. Dieses Maß an Vertrauen, was einem Nutzer entgegengebracht wird, ist sehr fraglich, Hardware und User-Credentials können gestohlen oder kompromittiert werden.
Es ist daher ratsam, im Zeitalter globaler Vernetzung *grundsätzlich* NIEMANDEM zu trauen! Dieses Konzept bezeichnet man als Zero Trust Security Modell, es umfasst Komponenten, Beziehungen, Workflow-Planungen, Zugriffsrichtlinien und / oder Prüfungen (z. B. Ort des Zugriffs im zeitlichen Zusammenhang). Dieses Modell gilt als hochgradig sicher und kommt bei der Durchsetzung genauer Zugriffsentscheidungen pro Anfrage zum Einsatz.

3. Security by Design

Die Architektur von über 80 % der heute im Einsatz befindlichen Computersysteme, sei es on-premise (also durch Ihr Unternehmen selbst lokal administriert) oder cloud-basiert, stammt aus einer Zeit, in der IT-Sicherheit kein sehr wichtiger Teil der Design-Anforderungen war. So waren Firewalls und Antiviren-Software nicht Standardbestandteil von Betriebs-

system und Rechnernetzwerken, sie sind es vielfach bis heute nicht.
Stand 2021 zählt das Betriebssystem Windows 7 (Microsoft, Erstveröffentlichung 2009) ohne zusätzliche Maßnahmen der Härtung zu den mit Abstand unsichersten Betriebssystemen der Welt (inkl. Nachfolger). Systeme mit iOS-Betriebssystem (Apple, Erstveröffentlichung 2007) sind demgegenüber schon weit besser abgesichert. Eines der ersten für den Massenmarkt konzipierten und auf Security bedachten Betriebssysteme ist das cloud-basierte ChromiumOS (Google, Erstveröffentlichung 2011).
Die Sicherheit in den Fokus einer Systemarchitektur zu stellen, bezeichnet man als »Security by Design«. Dieses Prinzip wurde viel zu lange als nachrangig betrachtet und ist ein Grund für den aus der Sicherheitsperspektive desolaten Zustand unserer heutigen digitalen Infrastruktur.

Diese drei fundamentalen Bausteine helfen Unternehmen in erheblichem Maße bei der nachhaltigen Handhabung von Risiken der fortschreitenden Digitalisierung!

Herzlichen Dank fürs Lesen. Ich freue mich, wenn Impulse für Sie dabei waren.

Mein Name ist Thomas Salvador. Ich bin Geschäftsführer der QM Experts GmbH. Wir sind spezialisiert auf Beratung zur Informationssicherheit und zertifizierte Managementsysteme nach ISO/IEC 27001, BSI IT-Grundschutz sowie TISAX, dem führenden ISMS-Standard in der Automobilindustrie.

www.qmexperts.de/kontakt
www.linkedin.com/in/mrsalvador/

Foto: Christian Willner Photographie

THOMAS SALVADOR, DIPL.-ING. (UNIV.)

Ihr Unternehmen. Zertifiziert.
Experte für Informationssicherheit und zertifizierte Managementsysteme

Thomas Salvador ist geschäftsführender Gesellschafter der QM Experts GmbH, einem auf die Automobilindustrie spezialisierten Beratungsunternehmen im Bereich Zertifizierung und Managementsysteme mit Hauptsitz in München. Er ist Sachverständiger für ISO-Zertifizierungsleistungen und BSI IT-Grundschutz-Praktiker. Als Lead-Auditor u. a. nach ISO/IEC 27001 und 22301 bereitet er regelmäßig Unternehmen auf Zertifizierungen auf dem Gebiet der Informationssicherheit vor. Er spricht regelmäßig auf internationalen Kongressen und Konferenzen. Für TISAX gilt er als ausgewiesener Experte und Security Consultant.

Webseite: www.qmexperts.de
E-Mail-Adresse: office@qmexperts.de

Wissen ist unnütz!

Zu glauben, etwas zu wissen, ist die Garantie zu scheitern!

Wissen ist nützlich, das ist nicht in Frage zu stellen, werden jetzt die meisten sagen. Viele Menschen bauen aber alles nur auf ihr Wissen auf. Im besten Fall bedienen sie sich noch des Wissens von anderen Personen, indem sie recherchieren, Bücher lesen oder einen Experten fragen. In der heutigen Zeit ist der größte Teil des Wissens der Menschheit für jeden frei zugänglich und auch relativ leicht und schnell zu finden. Von der Gebrauchs- und Reparaturanleitung eines Staubsaugers bis zum Aufbau einer menschlichen Zelle lässt sich alles sehr schnell finden, erklärbar und sichtbar machen. Ich gebe zu, das ist nützlich. Aber genau darin liegt das Problem: Nützlich ist es nur innerhalb der Grenzen dessen, was bekannt ist und deshalb:

Wissen ist unnütz, es ist nur Irrtum 2.0!

Wissen ist unnütz, es ist nur Irrtum 2.0!

Es ist der Grund, warum die meisten Menschen, nein sogar fast die ganze Menschheit auf der Stelle tritt. In meinen Augen ist es ein weltweites Phänomen.

Sich bei Problemlösungen am Bekannten zu orientieren kann das »im System befindliche Problem, welches eigentlich schon gelöst ist« ausfindig machen und beseitigen. Natürlich kann man auch auf dem Bestehenden aufbauend Lösungen erarbeiten. Ein Ingenieur wird eine Lösung aber immer auf seinem Wissen aufbauen. Es mag ja auch schon als erfolgreich gelten, ein Ingenieur zu sein, aber wirklicher Erfolg ist eine ganz andere Sache. Ein guter Problemlöser im vorgenannten Sinne wird nie erfolgreich und noch weniger glücklich sein. Sofern die Definition von »erfolgreich« der Vergleich mit dem Durchschnitt ist, vielleicht schon, aber erfolgreich im eigentlichen Sinne niemals! Die gesamte Ausbeute einer Problemlösung ist auf bereits Bestehendes begrenzt oder aber mindestens auf bekannte Gesetzmäßigkeiten. Somit ist man, ohne es zu bemerken, um den größten und weitaus interessanteren möglichen Lösungsansatz gebracht.

Vermutlich liegt es an unseren Bildungssystemen, die genau darauf aufbauen, sich Wissen anzueignen. Alles führt dazu, dass Kreativität, Träumerei und Spinnerei verkümmern, obwohl genau darin das Geheimnis des Fortschritts liegt. Es gilt, aus dem bestehenden Rahmen auszubrechen, man muss quasi aus dem Rahmen fallen. Im Unterschied zum Ansatz des gemeinsamen »Brainstorming«, was nichts weiter ist als der irrwitzige Versuch einer kleinen Anzahl von in sich bereits auf das Wissen »verkümmerten« Personen, etwas Gewaltiges zu schaffen. Dieses Vorgehen ist in der Regel wenig erfolgreich. Das Problem liegt tiefer in jedem von uns verborgen. Sofern wir es schaffen, die Ebene des reinen Wissens und des reinen (Sach-)verstandes zu verlassen, hat jeder von uns ein weitaus größeres Potenzial, ganz alleine.

Die Lösung liegt darin, genau aus diesem geschlossenen System des Bekannten auszuscheren, zu spinnen, an Möglichkeiten zu glauben, sich nicht beirren zu lassen von »Wissenden«. Komischerweise setzt genau dieses Handeln eine riesige Menge an Energie frei und ermöglicht vorher nicht im Ansatz absehbare Bereitschaft zur Anstrengung hin zu einer neuen Lösung. Wenn die Begrenzung durch das Bestehende überwunden ist, dann gibt es im wahrsten Sinne des Wortes keine Grenzen mehr. Damit einher geht im Allgemeinen auch eine völlige Immunität gegen Zweifel, Neider, Gegner usw. Alles ist plötzlich nur noch auf ein Ziel gerichtet, das es zu erreichen gilt.

Spinner verändern die Welt!

Spinner verändern die Welt!

Leider werden Personen, die aus dem gewöhnlichen Raster fallen, oft als »Spinner« wahrgenommen. In vergangenen Zeiten auch als Scharlatane bis hin zu Verbündeten des Teufels. Im Grunde sind aber genau diese Menschen die Antreiber des Fortschritts. Als Elon Musk die Idee hatte, eine Rakete sollte zur Erde zurückkehren und stehend landen, war er auch nur ein »Spinner«. Natürlich hielten alle es für unmöglich. Eine Rakete taugte nur für die Einbahnstraße von der Erde ins All.

Eine solche Testrakete hat es fast geschafft, ist aber beim Aufsetzen explodiert. Auf diesen Misserfolg angesprochen, entgegnete er nur, er habe jetzt die Daten, die er bräuchte. Die Bezeichnung der Landung als Misserfolg war hier nur die Wahrnehmung eines Menschen, der in seinem begrenzten Wissen gefangen war. Das ist alles! Das Projekt steht kurz vor dem Erfolg und ich bin mir sicher, dass Elon Musk nicht den Bruchteil einer Sekunde vom Zweifel gelähmt war und ist.

Beispiele gibt es genug:

Steve Jobs wollte ein Telefon ohne Tasten mit glatter Oberfläche – völlig unmöglich, und doch halten wir alle heute ein Smartphone in der Hand.

Ein Schweizer erfand die Digitaluhr (ohne Zahnrädchen und die ganzen Kleinteile), was als unmöglich galt. Selbst als es funktioniert hat, wurde er dafür ausgelacht. In der Schweiz, der Hochburg der Uhrenherstellung, hielt man es für unmöglich, dass jemand eine Uhr ohne Zeiger haben will. Ergebnis: Die Amerikaner und Japaner fanden es gut, die Schweizer Uhrenindustrie ging den Bach runter!

Die gute Nachricht ist, wir haben alle das Zeug dazu, die bestehenden Grenzen zu durchbrechen. Wir müssen nur das meist etwas verkümmerte oder weggesperrte Kind in uns wieder zum Leben erwecken. Kinder haben eine unbeschränkte Vorstellungskraft, einen Entdeckergeist und keine von Wissen blockierten Rahmen, die sie begrenzen. Wenn wir wieder zu uns finden und ganz bei uns innen anfangen, können wir diese Ebene wieder zum Leben erwecken und unsere Grenzen überwinden oder zumindest verschieben. Auch können wir uns aktiv bewusst machen, dass unser Denken von unserem Wissen blockiert wird. Schon die Akzeptanz, dass es jenseits unseres Wissens noch etwas gibt, ist ein Schritt in die richtige Richtung. In Wirklichkeit ist das, was außerhalb unseres Wissens liegt, viel größer und gewaltiger, als wir es erahnen können.

Das Antrainierte gibt uns vermeintliche Sicherheit und vermittelt uns das Gefühl von Können und Macht. Leider ist das ein großer Schwindel! Wir können schon klarkommen damit, aber es ist ziemlich langweilig, normal und tot. Diese Erkenntnis sollten wir uns immer vor Augen halten.

Nichts ist unmöglich und nichts ist, wie es scheint!

> Nichts ist unmöglich und nichts ist, wie es scheint!

Alles, was wir heute als selbstverständlich ansehen, anwenden und als Wissen anerkennen, war vor gar nicht langer Zeit noch völlig unmöglich. Zum Glück gab es schon immer Spinner, die das nicht interessiert hat. Trotzdem machen wir immer noch den gleichen Fehler und denken, jetzt wären wir allwissend oder tun zumindest so. Jeder, der diesen Denkansatz verlässt, begibt sich automatisch auf die Erfolgsspur. Auch der Versuch, das Nicht-Erklärbare mit unserem Wissen zu verknüpfen, erzeugt nur ein Scheinwissen, aber nichts ist, wie es scheint.

Wissen ist unnütz!

In diesem Sinne: Werdet zu Spinnern!

KARL GEIGER, STEUERBERATER / COACH

Menschen aus ihren Grenzen befreien

Menschen und Organisationen befreien, damit Unmögliches möglich wird – Grenzen aufgehoben, durchbrochen, verschoben werden: Das ist die Mission von Karl Geiger. Unbegrenzte Möglichkeiten sind für jeden vorhanden, macht die Augen auf!

Die Deklarations-Täuschung

Augen auf beim Futterkauf

Als Besitzer einer eigenen Hundefuttermarke ist es naheliegend, dass man die Mitbewerber (Marktbegleiter, wie ich sie immer nenne) kennt. Genauer angeschaut haben wir uns diese im Zuge der Erstellung eines Businessplans für die Bank. Wir planen, ein Grundstück zu kaufen und ein Hunde-Kompetenzzentrum darauf zu bauen. Ein Traum für jeden Hundebesitzer: vom Hundefriseur über Hundephysiotherapie, Hundefutter, Leinen und Zubehör, Training, Beratungen und Seminare, alles an einem Standort. Von Hundeliebhabern für Hundeliebhaber. Der Bank war der Kundennutzen schnell erklärt und die Synergieeffekte für die einzelnen Geschäfte lagen auf der Hand. Der Businessplan wurde zügig erstellt, drei Marktbegleiter benannt, wir haben uns positioniert und gut war es. War es das? Nein, war es nicht!

Bei der Festlegung der Marktbegleiter haben wir dann ein wenig mehr über den Tellerrand geschaut und uns nicht nur die Gründerjahre und die Finanzzahlen angeschaut, sondern auch die einzelnen Produkte und deren Werbeaussagen. Ausgelobt wurde ja alles Mögliche. Schnell hatten wir ziemlich viele Zettel vollgekritzelt und verloren die Übersicht. Also musste eine Übersichtsliste her, in die wir alles eintrugen. Die Liste füllte sich immer mehr und die unterschiedlichsten Deklarationen stellten uns vor eine schwierige Aufgabe, den Dschungel der Angaben zu durchschauen.

Also sind wir das Ganze professioneller angegangen. Wir legten Kriterien fest, aufgrund derer Verbraucher ein Produkt kaufen oder aber sich für ein anderes Produkt entscheiden würden. Der erste

Punkt: Ist das Produkt ein Bio- oder ein konventionelles Produkt? Dann kam ein sehr wichtiger, entscheidender Punkt: Enthält das Produkt synthetische Zusatzstoffe oder nicht? Später zeigte sich, dass dieser Punkt gar nicht so leicht zu beantworten war. Ein weiterer wichtiger Punkt für alle Hundebesitzer, die einen Hund mit Allergien haben, ist die Frage, ob das Produkt ein Single-Protein oder ein Mehrfachprotein ist. So, dachten wir, alles geschafft. Jetzt noch schnell die Zusammensetzung und die Analysewerte in die Liste eintragen und dann können wir das ganze Projekt abschließen und ein paar Kennzahlen für uns ermitteln. Schon wieder hatten wir uns geirrt. Bei vielen Marken konnten wir den Ausweis des Produktionswassers, der Brühe oder der zugesetzten Feuchtigkeit bei den Angaben nicht erkennen. Die Angaben der Feuchtigkeit bei den Analysewerten passten, aber bei der Zusammensetzung wurden keine Angaben gemacht. Wir wussten ja von unserem Produzenten, dass es erlaubt ist, das zugesetzte Kochwasser dem Fleischanteil hinzuzurechnen. Dass aber so viele Marktbegleiter diese verbrauchertäuschende Möglichkeit nutzen, verblüffte uns doch sehr. Also wurde dieser Punkt auch in unserer Matrix mit aufgenommen. Bei dem Punkt Zusammensetzung wurde es dann fast wissenschaftlich. Unglaublich, was der Markenhersteller hier laut Gesetz für Möglichkeiten hat, sein Produkt »schönzuschreiben«.

Bei vielen Marken konnten wir den Ausweis des Produktionswassers, der Brühe oder der zugesetzten Feuchtigkeit bei den Angaben nicht erkennen.

Die Kennzeichnungspflicht der Futtermitteldosen wird durch die VERORDNUNG (EG) Nr. 767/2009 DES EUROPÄISCHEN PARLAMENTS UND DES RATES vom 13. Juli 2009 über das Inverkehrbringen und die Verwendung von Futtermitteln, Anhang VI, Kapitel I, 3, geregelt.

Nachdem wir uns unsere Marktbegleiter diesbezüglich angeschaut hatten, wurden wir vom Ehrgeiz gepackt. Unser kleines Projekt forderte uns nun heraus. Jetzt wollten wir es genau wissen. Wir kauften über den Fachmarkt und das Internet genau 100 Sorten

Hundenassfutter in 400-g-Dosen ein, um diese genau unter die Lupe zu nehmen. Zwei weitere Unterscheidungspunkte kamen dann bei unserer Liste noch hinzu. Wurde das Futter als Alleinfuttermittel oder als Ergänzungsfuttermittel deklariert? Dies ist ja immer der Streitpunkt, wenn es um einen Hundefuttertest bei Stiftung Warentest geht. Hier werden die teuren und hochwertigen Futtersorten meist abgestraft, weil sie oft keine synthetischen Zusatzstoffe im Futter haben. Bei diesen Tests geht es immer um Alleinfuttermittel. Warum die Markenhersteller, die keine synthetischen Zusatzstoffe in ihrem Futter haben, nicht einfach Ergänzungsfuttermittel schreiben, konnten wir uns nicht erklären. Wir erkannten jedoch, dass sehr viele Markenhersteller inzwischen einen »Mineralmix« in ihr Futter mischen, um so als Alleinfuttermittel bei einem Test nicht abgestraft zu werden. Für den Verbraucher ist aber meistens nicht zu erkennen, dass es sich hier um synthetische Zusatzstoffe handelt.

> Wir erkannten, dass sehr viele Markenhersteller einen »Mineralmix« in ihr Futter mischen, um so als Alleinfuttermittel bei einem Test nicht abgestraft zu werden. Für den Verbraucher ist aber meistens nicht zu erkennen, dass es sich hier um synthetische Zusatzstoffe handelt.

Eine interessante Variante der Zusammensetzung verblüffte uns dann doch. So gibt es Markenhersteller, die ein Bio-Hundefutter auf den Markt bringen, dann aber synthetische Zusatzstoffe zusetzen. Über die Sinnhaftigkeit sollte dann jeder einzelne Verbraucher selbst entscheiden. Schließlich sind es die Zweibeiner, die das Produkt kaufen und die Näpfe ihrer Lieblinge füllen.

Zum Schluss haben wir dann noch durch Recherchen im Netz und in verschiedenen Sozialen Medien festgestellt, dass der Verbraucher gerne wissen will, wo seine Marke überhaupt gefertigt wird. Dies war für uns jetzt nicht so eine interessante Frage, da wir ja wussten, dass es nur sehr wenige Produzenten in Deutschland gibt, die ihre eigenen Sorten und dann noch für mehrere sogenannte Privat-Label-Kunden nach deren Rezepturen produzieren. Unser Produzent von MIRALS gehört zu einem der größten Produzenten und die Markenhersteller, die er beliefert, könnten unterschiedlicher nicht sein. Der Markenhersteller ist für die Rezepturen verantwortlich, nicht der Produzent. Wenn dort ein gutes Produkt hergestellt wird, heißt es nicht, dass alle Produkte von diesem Produzenten gut oder umgekehrt schlecht sind. Was für unsere Betrachtungsweise hier allerdings sehr interessant war, ist die Möglichkeit, dass der Markenhersteller in ein paar Bundesländern entscheiden kann, ob seine Dosen mit der Herstellernummer (länderbezogen nach Bundesland) oder der Zulassungsnummer (deutsche Bezeichnung) bedruckt werden.

In der (EG) Nr. 183/2005 (Futtermittelhygieneverordnung vom 12.01.2005) findet man dann einen Verweis auf die Heimtierfutterbetriebe nach Artikel 24 Absatz 1 Buchstabe e der Verordnung (EG) Nr. 1069/2009. Hierbei handelt es sich um die Zulassungsnummer für Heimtierbetriebe. Diese Zulassungsnummer findet man leicht im Internet und man kann den Markenhersteller dem Produzenten zuordnen. Schwieriger wurde es bei den Markenherstellern, die mit der länderbezogenen Herstellernummer deklarierten.

Das wird gemacht, wenn der Markenhersteller den Produzenten nicht preisgeben will. Uns ist es jedoch gelungen, allen 100 Hundefuttersorten den Produzenten zuzuweisen. Wir geben zu, es war nicht einfach und wir mussten auch bei der einen oder anderen Behörde anfragen. Das Fazit aus diesem ursprünglich kleinen Projekt ist, dass sehr viele Hundefutterhersteller nicht offen deklarieren und dass es oft sehr schwierig für den Verbraucher ist, die Deklaration auf den Etiketten richtig zu lesen. Unser Ziel ist es, hier Aufklärung zu betreiben und für mehr Ehrlichkeit und Transparenz zu sorgen. Aus den ganzen Ergebnissen unserer Recherchen entsteht gerade ein kleines Buch mit allen Daten und Fakten und den entsprechenden Bildern. Wir hoffen, dem Leser unseres Buchbeitrags die Welt der »Hundefutter-Deklaration« etwas näher gebracht zu haben, und freuen uns auf euer Feedback.

Unser Ziel ist es, hier Aufklärung zu betreiben und für mehr Ehrlichkeit und Transparenz zu sorgen.

Foto: Mario Andreya | Fotografie

TIM KNOBLOCH

Expertenstatus: Hundekompetenz aus einer Hand

Ernährungsseminare, angefangen vom B.A.R.F über Dosenfütterung bis zum Trockenfutter, sowie Verhaltensseminare und Antworten auf die Frage, welcher Hund passt zu mir, gehören zum Beratungsangebot von Tim Knobloch. Seine eigene Hundefutter-Marke MIRALS, für die er jede Rezeptur selbst entwickelt hat, ist seit über fünf Jahren erfolgreich am Markt. Ständige Inspiration durch seine Hunde und Kunden veranlassen ihn, neue Artikel oder Nahrungsergänzer zu entwickeln. Die eigene Hundeschule mit einem großen Trainingsangebot runden sein Portfolio ab. Beratung – Ernährung – Training, die drei Säulen für glückliche und gesunde Hunde.

http://www.luftleine.de/
http://www.mirals.de/

Führungskraft – Mit Klarheit, Konsequenz und Kühnheit zum Business-Erfolg

Wir können nicht nicht-führen.

FLORIAN T. HOCHENRIEDER

Führung ist eine Entscheidung für messbaren Business-Erfolg. Führung entscheidet. Sie prägt Erfolg oder Misserfolg. Sie beeinflusst, ob wir im Leben und Business das erreichen, was wir uns vorstellen. Jeder Einzelne von uns geht in Führung oder nicht. Es gilt: Wir können nicht nicht-führen. Wir werden entweder durch Umstände oder andere Menschen geführt. Oder wir entscheiden uns, selbst im Fahrersitz zu bleiben. Haben Sie die Entscheidung für sich getroffen? Führen Sie sich und Ihre Mitstreiter bereits klar, konsequent und kühn in die richtige Richtung? Entscheiden Sie sich! Als Anführer brauchen Sie Kraft. Konkret: Führungskraft. Diese steckt schon im Begriff »Führungskraft«, den wir uns gerne auf die Fahne schreiben. Hier ist von der Führungskraft die Rede, die in uns steckt, und die wir trainieren können, nicht von der formalen Rolle einer Führungskraft.

In Politik, Wirtschaft und Gesellschaft spiegelt sich aktuell ein gefährliches Bild. Wir verlieren scheinbar unsere Kraft im Allgemeinen und Führungskraft im Speziellen. Wir verlernen, kraftvoll zu führen, um Mittelmaß zu besiegen und Spitzenleistung zu erzielen, was uns einst in vielen Feldern zu Weltmeistern und Marktführern gemacht hat. Zum Glück gibt es sie allerdings noch, die vorbildhaften Anführer, Führungskräfte, Unternehmer und Spitzenfirmen, die unsere Welt gestalten und verändern. Von ihnen können wir über Klarheit, Konsequenz und Kühnheit lernen.

Erfolgreiche Führung stellt ein edles Ziel dar. Das Streben nach Führungsqualität mit messbarer Wirkung lohnt sich für alle Beteiligten. Es ermöglicht Kunden- und Mitarbeiterbegeisterung, smarte Geschäftssysteme und profitables Wachstum. Gerade in unseren digitalen und dynamischen Zeiten brauchen wir Führungskraft im eigentlichen Sinne des Wortes, Führungsfreude und Führungskompetenz, um das Chaos, die Komplexität und die Unsicherheit zu meistern. Eine ideale Basis ist dafür beispielsweise ein gemeinsames Leitbild aus Vision, Mission und Passion.

Führungskraft ist Veränderungskraft

Zeiten ändern sich. Und Zeiten ändern uns und unsere Ansprüche. Dies betrifft Anführer und Unternehmer sowie deren Mitarbeiter, Kunden und Organisationen. In uns wohnt die Kraft, unsere Zeit und unsere Zukunft mitzugestalten. Nutzen Sie Ihre Führungskraft. Führen Sie durch Vorbild. Machen Sie auch andere fit für die Zukunft. Entfesseln Sie die Veränderungskraft anderer durch Ihre Führungskraft!

Um Kraft optimal zu entfalten, brauchen wir Klarheit, Konsequenz und Kühnheit. Meine Führungsreise begann nicht klar, konsequent und kühn. Ich hatte aber das Glück, früh von Mentoren geprägt zu werden. Daraus konnte ich Erfolgsfaktoren ableiten, die sich in heftigen Kontexten wie der Bundeswehr, Amazon und Top-Beratungen bewährt haben. Das ging los mit meinem Großvater, meinem Onkel und meinem Vater. Diese führten auf ihre Weise: als Offizier, Top-Manager und Akademiker. So konnte ich früh die Wirkung von vorhandener oder nicht vorhandener Klarheit, Konsequenz und Kühnheit auf Resultate und Erfolge im Leben und in der Geschäftswelt beobachten und dass Veränderung die Regel ist.

Eine Lehre war, dass wirksame Führung auf Ergebnisse, Effizienz und Wachstum zielt und danach strebt, die richtigen Dinge richtig zu tun, gemeinsam mit loyalen Mitstreitern, Kunden und Partnern. Später verinnerlichte ich als Offizier und als Amazon-Leader die Idee der beidhändigen Führung (Ambidextrie). Dabei fragen Sie sich als Anführer: Was bewahren Sie bewusst? Was lassen Sie los? Was verändern oder verwerfen Sie? Sie fragen nicht nur: Warum handeln Sie? Was machen Sie? Wie tun Sie es? Sondern immer auch: Warum handeln Sie NICHT? Was machen Sie NICHT? Wie tun Sie es NICHT? So kann es auch in volatilen Zeiten optimal und vor allem profitabel gelingen, gut vorbereitet, voll konzentriert und recht kraftvoll in Führung zu gehen und dabei andere empathisch mitzunehmen.

Führung braucht strategische Klarheit – Erwarte das Unerwartete

Uns fehlt oft strategische Klarheit. Viele sogenannte Führungskräfte verlieren sich im Tagesgeschäft. Sie sind ständig im Feuerwehr-Modus, getrieben von Mails, Meetings und Aufgaben. Echte Anführer setzen dagegen auf Klarheit, bei sich und bei anderen. In meiner Zeit als Offizier und in Spezialeinheiten habe ich dazu die Rolle der Haltung, der Vorbereitung und des Lagebildes verinnerlicht: Pflegen Sie Ihre Haltung täglich. Machen Sie sich (und anderen) immer wieder klar, wofür Sie angetreten sind. Was ist Ihre edle Sache? Was ist dabei für Sie selbst und die anderen Beteiligten drin? Ergänzend gilt: Erwarten Sie das Unerwartete. Bereiten Sie sich gründlich vor, um für Herausforderungen gewappnet zu sein, auch wenn diese nicht wie geplant eintreten. Und gewinnen Sie ein angemessenes Bild der Lage aus der eigenen und aus der anderen Sicht: Was sind Ihre Optionen? Wie sind diese zu bewerten? Auf welcher Basis? Was ist die potenziell optimale Option?

Führung setzt auf Konsequenz – Der Wille entscheidet

Messbare Resultate entstehen dann durch Konsequenz und Willenskraft. Ihr Wille entscheidet: Hören Sie auf aufzugeben. Packen Sie nur Dinge an, die Sie radikal durchziehen. Ob wir uns die Römer, spanische Eroberer, chinesische Heerführer, Spezialeinheiten oder Anführer aller Art ansehen, oft waren große Siege die Folge von »verbrannten Schiffen«. Rückzugsoptionen waren ausgeschlossen. In der Führung bei Spitzenfirmen habe ich dazu die Bedeutung von Prinzipien, Aufgaben und smarten Systemen erfahren. Konzentrieren Sie sich auf wenige, einschlägige Prinzipien, Aufgaben und Systeme, und machen Sie diese zur Gewohnheit von sich und den Anderen. Prinzipien wie Ergebnis-, Handlungs- und Kundenorientierung oder Verantwortung, Qualität und Innovation, fördern konsequentes Handeln für die gemeinsame Sache. Bei Aufgaben und Systemen zahlen sich Vereinfachung und Fokus aus. Schaffen Sie Systeme, die Leistungs- und Verbesserungsstreben anreizen. Befähigen Sie sich und Ihre Mannschaft, sich effektiv selbst zu managen, stets einen Plan zu haben sowie diesen konsequent und messbar durchzuziehen.

Simpel: Planen Sie. Setzen Sie um. Checken Sie. Passen Sie sich dann smart an.

Führung bedeutet Kühnheit – Nur wer wagt, der gewinnt

Neben Klarheit und Konsequenz lebt erfolgreiche Führung von Kühnheit. Es zählt, Chancen und Risiken zu analysieren, Optionen zu bewerten und Entscheidungen zu treffen. Abwarten, Absichern und Herauszögern ist keine Grundlage von Erfolg. Kühnheit für Anführer bedeutet, sich und andere aus der Komfortzone heraus- und an Grenzen heranzuführen, um Herausforderungen zu meistern. Als Berater und Leader habe ich bei Branchen- und Marktführern oft die

Wirkung einer furchtlosen Mission für die gemeinsame Sache wahrgenommen. Wenn dazu objektive Ziele, kombinierte Kräfte, unfaire Vorteile, Strategie und Taktik sowie Führung mit System kommen, wird aus Kühnheit, Klarheit und Konsequenz messbarer und profitabler Geschäftserfolg. Unten folgen ein Link und QR-Code für mehr Einblick.

Führung heißt Kraft für eine edle Sache entwickeln

Anführer und Unternehmer mit Führungskraft bringen Klarheit, Konsequenz und Kühnheit in Ihren Wirkungskreis. Sie erzielen messbare Resultate und Erfolge, indem sie Kraft für die Sache fördern. Sie führen durch Vorbild, setzen auf Ziele und strategische Initiativen, messbare Schlüsselresultate und proaktives Handeln. Sie wecken in sich und in Ihren Mitstreitern immer wieder den schlummernden »Glückskrieger«, der klar, konsequent und kühn für die gemeinsame Sache eintritt.

Hier sind sechs einfache Impulse zur Steigerung Ihrer täglichen Führungswirkung:

1) Ausrichtung: **Was ist Ihre edle Sache?**
2) Lageorientierung: **Sehen Sie, was ist.**
3) Prioritäten: **Erkennen Sie, was wirkt.**
4) Umsetzen: **Machen Sie das, was zählt.**
5) Teamkraft: **Befähigen Sie Ihre Mitstreiter.**
6) Wandel: **Seien Sie die Veränderungskraft.**

Herzlichen Dank fürs Lesen. Ich freue mich, wenn Impulse für Sie dabei waren. Sie finden mehr Impulse und nächste Schritte auf der Webseite und Online-Präsenz.

Mein Name ist Florian Hochenrieder. Ich stehe für kühne, besonders wirksame Führung. Wenn Sie Fragen zu exzellenter Führungskraft und Führungsqualität in digitalen Zeiten haben, bin ich gerne Ihr Sparringpartner für strategische Klarheit, Konsequenz und Kühnheit. Finden wir gemeinsam heraus, wie wir Ihre digitale Führungsstärke und Ihr profitables Wachstum besonders effektiv transformieren.

Kostenloses Geschenk für Leser und Leserinnen:
www.fhochenrieder.com/geschenk/
Oder via QR-Code direkt zum Geschenk:

Foto: Dominik Pfau

FLORIAN T. HOCHENRIEDER, MBA

Leader und Unternehmer zu erfolgreichen Anführern machen

Florian T. Hochenrieder ist angetreten, um Leader und Unternehmer zu mehr Führungskraft, messbarer Wirksamkeit und profitablem Business-Erfolg zu begleiten. Er inspiriert tausende Kunden auf der ganzen Welt und befähigt sie mit seiner FTH-Methode zu Führungsexzellenz durch strategische Klarheit, Konsequenz und Kühnheit sowie durch maßgeschneiderte Strategien, Taktiken und Fahrpläne.
Es ist seine Mission und Leidenschaft, Menschen zu erfolgreichen Anführern in digitalen Zeiten zu machen und gemeinsam die Mittelmaß-Falle zu besiegen. Er liefert dazu neue Impulse für die Unternehmenswelt und begeistert mit einzigartigen Einblicken in beste Führungspraktiken von hoch profitablen Spitzenfirmen, agilen Spezialeinheiten und kristallklaren Kampfkunstmeistern.

Webseite: www.fhochenrieder.com
E-Mail-Adresse: contact@fhochenrieder.com
www.linkedin.com/in/fhochenrieder/

»LEAD und KISS mit P(f)iff©«

oder wie man Menschen und Unternehmen (noch) erfolgreicher macht!

»Es ist keine Gabe, Menschen und Unternehmern noch erfolgreicher zu machen, sondern es ist die Kompetenz und das Wissen um das Wie!«

JÜRGEN PIFFER

Die Erfolgsgeschichte meiner selbst entwickelten Führungs- und Managementmethoden begann im Jahre 1977, als ich mit elf Jahren bei den Pfadfindern die erste Chance bekam, eine kleine Gruppe von fünf Menschen zu führen. Unser Gruppenleiter setzte Vertrauen in mich und er sollte recht bekommen.

Gleich im ersten Jahr hatten wir nicht nur als jüngste Patrouille mehrere Wettkämpfe in Pfadfindertechniken gewonnen, sondern wurden auch beim landesweiten Wettkampf (von über 50) auf Anhieb zweite. Gewonnen hat damals knapp eine Gruppe bereits erfahrener Pfadfinder. Schon damals hielt ich mich aber im Wesentlichen bereits an mein heutiges Erfolgsrezept.

Mit 17 Jahren übernahm ich dann einen wilden, lustlosen und pubertierenden »Haufen« von 15 Jungs zwischen 11 und 14 Jahren, aufgeteilt in drei Patrouillen. Sie waren bis dahin bei allen Wettkämpfen immer die Schlusslichter. Nach einem Jahr gewannen »meine« Jungs ohne Druck, sondern weil sie es selbst wollten, bei Wettkämpfen alles, was es nur zu gewinnen gab. Wenn ich heute noch den einen oder anderen von ihnen treffe, sprechen sie von dieser »geilen« Zeit.

»Wähle einen Beruf, den du liebst, und du braucht keinen einzigen Tag mehr zu arbeiten« – es brauchte eine Weile, bis ich Konfuzius verstand, dann aber richtig.

Nach meiner Ausbildung und dem Wehrdienst stieg ich mit 19 ins Berufsleben bei einer Bank ein und wurde bereits mit 21 zum damals jüngsten Gruppenleiter befördert. Mit 25 übernahm ich die Leitung einer Bankfiliale und schließlich war ich mit nur 27 Jahren der jüngste »Bankdirektor« Österreichs. Mit meinen Teams gelangen über viele Jahre unglaubliche Erfolge, sowohl im Vertrieb als auch im Ertrag. Wir gewannen innerhalb von zehn Jahren den internen Filialwettbewerb 6-mal, waren aber immer unter den Top 3. Dies ohne Druck und mit viel Freude und Wertschätzung bei der Arbeit. Im Rahmen der ersten Siegerehrung sagte unser Vorstand damals: »Dieses Ergebnis zeigt uns, was trotz manchmal fehlendem Fachwissen und Dienstalter mit Teamgeist und Zusammenhalt alles möglich ist.«

»Dieses Ergebnis zeigt uns, was trotz manchmal fehlendem Fachwissen und Dienstalter mit Teamgeist und Zusammenhalt alles möglich ist.«

Obwohl ich mehrere Erlebnisse dieser Art hatte, ist mir eines besonders in Erinnerung geblieben. Im Rahmen der Filialübernahme führte ich mit jedem Mitarbeiter ein persönliches Gespräch. Eine Mitarbeiterin, nennen wir sie Laura, kam herein und sagte zu mir: »Also eines sage ich dir gleich, ich kann und ich will nicht verkaufen!« Nachdem ich ihr mitgeteilt hatte, dass dies heute nicht unser Thema ist, führten wir ein sehr angenehmes Gespräch. Ein Jahr später war sie – weil sie es wollte – nicht nur Topverkäuferin, sondern wurde später Gruppenleiterin und schließlich eine meiner Nachfolgerinnen und führte erfolgreich die Filiale. Heute ist Laura eine glückliche Ehefrau und Mutter und verkauft nebenbei mit großem Erfolg Kosmetik. Ihr Sohn arbeitet an seiner Tenniskarriere – weil er es will.

Nach einer Trainerausbildung durfte ich dann sowohl mein Fach- als auch Managementwissen im Rahmen der Bankenakademie an meine Kollegen weitergeben. Die Seminare und Workshops waren sehr gut gebucht und es mussten sogar immer wieder Zusatztermine geschaffen werden. Viele profitieren seither von meinen aufeinander abgestimmten Führungs- und Managementmethoden. Meine Führungsspanne erweiterte sich immer mehr und so führte ich als Bereichsleiter bis zu acht Teams mit über 80 Mitarbeitern. Die Methoden blieben immer dieselben und drangen über die Führungskräfte bis zu allen Mitarbeitern durch.

Nach der Bankenkrise 2009 entschied ich mich für die Selbständigkeit als Unternehmensberater. Es macht seither viel Spaß – gemeinsam mit meinen Klienten –, Businessmodelle zu entwickeln oder zu adaptieren und die darauf basierenden Erfolge zu sehen und zu begleiten.

Ich freue mich, hier die wichtigsten Eckpunkte der beiden Methoden kurz vorstellen zu können:

LEAD steht für Leadership (Führung), Engagement (Beteiligung), Appreciation (Wertschätzung) und Delight (Freude).

P(f)iff-LEAD© baut auf dem bereits bei den Pfadfindern spielerisch Erlernten auf und steht für »Führen mit P(f)iff«, einem Wortspiel mit meinem Nachnamen. LEAD steht für Leadership (Führung), Engagement (Beteiligung), Appreciation (Wertschätzung) und Delight (Freude). Das Konzept ist durch ein hohes Bewusstsein an persönlichen Freiheiten und starke Förderung der intrinsischen Motivation geprägt. P(f)iff-LEAD© ist aber nicht nur das Summary von selbst erprobten Ergebnissen, sondern ist durch die Thesen von Dale Carnegie*, Josef Murphy**, Blake / Mouton und ihrem 9,9-Führungsstil*** sowie der

* Dale Carnegie war ein US-amerikanischer Kommunikations- und Motivationstrainer im Bereich des positiven Denkens.

** Dr. Joseph Murphy war ein irischer Autor im Bereich der Neugeist-Bewegung, mit christlich-pantheistischem Hintergrund.

*** Robert Blake und Jane Mouton entwickelten das sogenannte »Managerial Grid«, ein wissenschaftliches Modell, das die Kombinationsmöglichkeiten von Mitarbeiter- und

DISG*-Philosophie bestätigt und daher auch wissenschaftlich abgesichert.

Die wichtigsten Eckpunkte der Methode sind:

1. Vorbild sein, Leidenschaft und Begeisterung im Tun und Senden positiver Emotionen, auf Augenhöhe sein, wertschätzend, interaktiv und kooperativ agieren
2. Vorgelebte Eigenverantwortung, Vertrauen und das Übertragen von zusätzlichen Aufgaben, das sogenannte Empowerment, bringen überdurchschnittliche Leistungsbereitschaft der Mitarbeiter. Angst, Druck oder ständige Kontrollen sind hingegen kontraproduktiv.
3. Eine passende, typengerechte Teamzusammensetzung** ist eine wichtige Kernverantwortung – ohne diese sind Spitzenleistungen viel schwerer möglich.
4. Ohne »Charisma« geht gar nichts, sowohl bei der Führungskraft als auch beim Mitarbeiter
5. Förderung – auch der persönlichen Entwicklung – der Mitarbeiter
6. Ständiges Fordern (ohne Druck), eine offene Kommunikation und ehrliches Feedback spornen an.
7. Zeiträume für die Mitarbeitergespräche schaffen (z. B. mit KISS mit P(f)iff©) und auf individuelle persönliche Bedürfnisse eingehen. Mitarbeiter gehen dann auch mit Veränderungen leichter um.

Sachaufgabenorientierung im Management aufzeigt und auf Forschungsergebnissen der US-amerikanischen Ohio State University beruht.

* DISG (engl. DISC) bezeichnet einen auf Selbstbeschreibung beruhenden Persönlichkeitstest mit den vier Grundtypen Dominanz, Initiative, Stetigkeit und Gewissenhaftigkeit.

** Buchtipp dazu: »Erfolgsgeheimnis Teambildung« von Ros Jay

8. Transparente Entscheidungen (wenn möglich gemeinsam) treffen, diese offen kommunizieren und dazu stehen – »herumeiern« hilft niemandem.

Die »KISS mit P(f)iff©-Methode« bringt Höchstleistung auf Basis einfacher Grundregeln, frei nach dem Motto »keep it simple and stupid«. Das wesentliche Ziel des Konzeptes ist eine unkomplizierte Anwendung und Optimierung der Abläufe. Die Methode erweitert die persönliche Leistungsfähigkeit der handelnden Personen, bei gleichzeitiger Qualitätssicherung im Rahmen der Prädikatsschleifen, und sichert diese ab.

Ein erwähnenswerter Teil davon ist z. B. das »Kalender & Mailhandling mit P(f)iff©« (Genaueres dazu steht als Download auf meiner Website zur Verfügung). Es ermöglicht einen schnellen und einfacheren Umgang mit der Mail-Flut und mehr Übersicht im Outlook-Kalender, frei nach Arthur Schopenhauer: »Gewöhnliche Menschen überlegen nur, wie sie ihre Zeit verbringen. Ein intelligenter Mensch versucht, sie auszunutzen.«

Die Ergebnisse der zahlreichen Anwendungen in der Vergangenheit führten zu der Bewältigung von enormen Arbeitspensa in kürzester Zeit, zu unterschiedlichen Themen und bringen in der Regel im geschäftlichen Kontext deutlich höhere Deckungsbeiträge bei höchstmöglicher Eigenmotivation der Mitarbeiter. Das Konzept eignet sich sowohl für kleine, eng strukturierte, aber auch für größere Teams.

Mit dem seit mehreren Jahren ergänzend angewandten systemischen Ansatz habe ich die beiden Konzepte zudem nochmals verfeinert.

Foto: Marcel A. Mayer

JÜRGEN PIFFER

»Menschen und Unternehmen mit Leidenschaft noch erfolgreicher machen«

Über 44 Jahre Führungs- und Managementerfahrung, 30 Jahre Fach-, Verkaufs- und Führungskräftetrainer, ein Vierteljahrhundert im Bankmanagement und seit über zehn Jahren erfolgreich als internationaler Consultant, Manager und Coach, seit 2018 auch Honorarkonsul des Königreiches Thailand in Vorarlberg – das sind die Eckpunkte des Profils von Jürgen Piffer. Altruismus und das Ziel, Menschen und Unternehmen mit Passion zu fördern, um sie (noch) erfolgreicher zu machen, stehen immer im Mittelpunkt. Sein Können und ein hohes Maß an Menschlichkeit verbinden praktisches mit abgesichertem wissenschaftlichem Wissen in Kombination mit dem Gewinn zahlreicher Auszeichnungen und Awards – national und international.

Ich weiß, dass ich nicht viel weiß! All das Wissen auf dieser Welt in einem Raum ausgedruckt, gestapelt oder fein säuberlich in Büchern gebunden, würde eine riesige Bücherei ergeben, oder wir schauen einfach im Internet nach.

Wir Menschen kommen als Babys auf diese wunderschöne Welt, die wir Erde nennen, mit einer riesigen Menge an Potenzial, aus dem wir schöpfen können und eines Tages auch zu einem wahrlich echten Homo sapiens heranwachsen könnten. Nur leider kommt uns da etwas dazwischen, das wir Erziehung nennen, der Einfluss von Familie und Umgebung. Selbstverständlich nur mit den allerbesten Absichten werden die Kinder zu dem geformt, was in unserer modernen Welt allgemein akzeptiert wird, wir werden »normalisiert«. Was dann dabei herauskommt, ist nur noch eine normierte und potenzialarme Version dessen, was einmal möglich gewesen wäre.

Heraus kommt eine normierte und potenzialarme Version dessen, was einmal möglich gewesen wäre.

Um dann im Nachhinein wieder das Potenzial der Menschen zu heben, die Fähigkeiten zu verbessern und zu verbreitern, das Blickfeld zu weiten, auf eine Vielzahl an Geräuschen gleichzeitig zu hören, den eigenen Körper und die Gefühle wahrzunehmen, Emotionen zu erlauben und bedingungslose Liebe in die Welt zu senden, dafür haben wir dann die Persönlichkeitsentwicklung.

Ich gehe absolut davon aus, dass alle Eltern in allerbester Absicht handeln und das Beste, was sie für die Kinder tun können, auch tun, mit liebevollem Weitblick und Wohlwollen. Eltern wollen eben nur das Beste für ihre Kinder. Auch ich bin seit 2008 Vater von mittlerweile zwei Kindern, ganz wundervolle und tolle Kinder, die ich liebe, genau wie auch meine Frau. Zwei Kinder, die einzeln betrachtet, sehr unterschiedlich sind und sich auch gegenüber Mitmenschen unterschiedlich verhalten. Sie haben genau wie ich bei einigen Merkmalen der Persönlichkeitsstruktur einiges an Andersartigkeit in den Genen mitbekommen. Eigenschaften und Merkmale, die aufgrund ihrer Extremität nur ganz selten toleriert werden, weil sie für andere Menschen nicht mit den eigenen Werten vereinbar sind.

Wie gut versteht derjenige, der gerne bis in die allerkleinsten Details erzählt und dabei erst so richtig in Fahrt kommt, den anderen, für den die Wörter »Ja« und »Nein« schon ganze Sätze darstellen und alles weitere nur Zeitverschwendung ist? Und andersherum?

Wahrscheinlich kommen die beiden nur unzureichend miteinander aus und sind bei der Zusammenarbeit in Projekten zerstritten. Bei meiner früheren Arbeit in Projekten habe ich das allzu oft miterlebt. Vor allen Dingen bei abteilungs- und geschäftsbereichs-übergreifenden Projekten war die Zusammenarbeit eher eine alleinige Befriedigung der bereichseigenen Bedürfnisse. Wie viel schneller und besser hätten die Projekte erfolgreich abgeschlossen werden können, wenn zusammen und mit Akzeptanz der anderen Charaktere gearbeitet worden wäre?

Wenn Menschen die Expertise einer anderen Person ablehnen, nur weil der Charakter so unterschiedlich zur eigenen Person ist, dann schließt sich der Kreis zur Persönlichkeitsentwicklung.

Wenn Menschen die Expertise einer anderen Person ablehnen, nur weil der Charakter so unterschiedlich zur eigenen Person ist, dann schließt sich der Kreis zur Persönlichkeitsentwicklung.

Selbstverständlich hat ein Buchhalter oder Steuerberater andere charakteristische Persönlichkeitseigenschaften als z. B. ein Vertriebsmitarbeiter oder Webdesigner, oder sollte sie jedenfalls haben. Viele Personalverantwortliche kennen sich selbstverständlich damit aus und nicht von ungefähr wird der Bewerber auch in den Bewerbungsgesprächen absichtlich unter Stress gesetzt, um herauszufinden, wie denn die Strukturen so im Allgemeinen und ganz besonders unter Stress ausgebildet sind.

So ein Pilot z. B. sollte doch, gerade wenn er in Stress gerät, absolut die Strukturen der Arbeitsanweisungen einhalten und bestimmt nicht nach eigenen kreativen Ideen zur Ursachenbehebung forschen und somit die Passagiere und Crewmitglieder in noch größere Gefahr bringen.

Genau aus diesem Grund wird auch bei Piloten der Stresstest durchgeführt, um genau herauszufinden, wie der Anwärter in Stresssituationen reagiert. Das beruhigt mich sehr und ich weiß, dass nur geeignete Menschen für diesen Job eingestellt und ausgebildet werden.

Betrachten wir dann einmal den Buchhalter, der Unstimmigkeiten in der Buchhaltung oder Bilanz sucht und hoffentlich auch findet und dabei sehr akribisch jede Zahl genau überprüft. Wie anders sähe es aus, wenn einfach ein paar Cent hier und ein paar Euro da vermauschelt werden, nur um schnell fertig zu werden?

Die wahrscheinlich bahnbrechendste Erkenntnis, so war es bei mir, ist, dass Menschen im entspannten Zustand willentlich entscheiden können, ob sie genau ihrem Programm folgen oder sich anders verhalten wollen. »Im entspannten Zustand kann jeder alles!« Genau in diesem Moment, wenn im Unterbewusstsein die bereits bekannten strukturellen Abfolgen einer Handlungsserie abgerufen werden und das Bewusstsein dann feststellt, »Hoppla, genau so wollte ich doch nicht reagieren (oder denken), heute mache ich es einmal anders ...« und dann bemerkt werden kann, wie neue Datenverbindungen zwischen den Synapsen aufgebaut werden und dadurch neue Handlungsstränge bildlich gesprochen von Trampelpfaden im Dschungel durch mehrmaliges Handeln zu immer weiter ausgebauten Datenautobahnen gefestigt werden. Dann ist ein neues Verhalten viel einfacher auszuführen als vorher und wird zum Standardprozedere.

»Im entspannten Zustand kann jeder alles!«

Dieses Aufbauen neuer Datenautobahnen kann, wie oben beschrieben, durch willentliche Entscheidung, durch Reflexion der eigenen Handlungen, Gedanken und Glaubenssätze (die Meinung darüber, wie die Welt funktioniert, ob etwas einfach oder schwierig ist) herbeigeführt werden, oder ganz einfach bei uns in der »BERDICK Academy – für deinen Lernerfolg, Selbstbehauptung und dein Mindset«.

In unserer heutigen Zeit sind viele Menschen oft und heftig am Meckern, am Klagen und sich Beschweren über dies und das und anderes im ganz Besonderen. Den vergoldeten Hintern, die berühmten vier Buchstaben zu erheben und für sein eigenes Leben einzustehen, die Verantwortung für das eigene Leben wieder in die eigenen Hände zu nehmen, bedeutet auch dem Ungewissen zu trotzen, sich die bestmögliche (realistisch gesehen und wer mag mir das Träumen verbieten) Zukunft vorzustellen und dafür Tag für Tag seine Ziele zu realisieren. Mit Freude und Spaß an die Arbeit zu gehen, die sich so ganz anders anfühlt, vielleicht nur weil sie Spaß macht und innerlich eine Zufriedenheit da ist, genau zur richtigen Zeit am richtigen Ort zu sein.

Auch in meiner Vergangenheit sind viele Dinge passiert, die ich, mit meinem heutigen Wissen, damals so nicht gemacht hätte. Es gab Menschen, die ich selbst aufgrund ihres Verhaltens verurteilt habe und von denen ich aufgrund meines Verhaltens verurteilt wurde. Nur wäre ich heute nicht ich selbst, wenn etwas in der Vergangenheit anders gewesen wäre, daher bin ich froh, heute im Hier und Jetzt zu sein, meine eigene Zukunft selbst zu gestalten.

Kommt mit!

Als ehemaliger Schmerzpatient mit über 35 Jahren Erfahrung mit vielen verschiedenen Autoimmunerkrankungen, mit schweren Depressionen und häufigen Wutausbrüchen, ist dies heute alles nur noch Vergangenheit.

Lerne auch du dein »WOZU« im Leben kennen, erfahre deinen Zweck der Existenz und wieso sich Menschen so verhalten, wie sie es tun.

Foto: Kai-Uwe Berdick

KAI-UWE BERDICK

Menschenlesen leicht gemacht

Umsätze in mehrfacher Millionenhöhe in den letzten Jahrzehnten erwirtschaftet, erfolgreicher Geschäftsmann im Immobiliengewerbe, über 35 Jahre eigene Erfahrung als Schmerzpatient mit schweren Depressionen, Burnout und jahrelanger Antriebslosigkeit, heute schmerzfrei, Motivationsexperte und Head of Coaching der BERDICK Academy sowie Mentor. Er hat hunderte von Menschen in Coachings und auf Social Media inspiriert und zum Umdenken gebracht. Mit einer Stimme, die schon selbst ein Versprechen in sich einlöst, wenn seine Stimme erklingt, berührt er die Menschen tief im Inneren. Er ist da, um Sie, um dich zum inneren Gleichgewicht zu führen.

Führung und MotivACtion

Jeder von uns kann sich noch an den ersten Schultag, den ersten Kuss und die erste Übernachtung bei der großen Liebe erinnern. Die Nervosität stellt sich ein, die Knie werden weich und der Magen ist flau. Gleichzeitig fühlt man sich aber auch ziemlich groß, unbesiegbar und extrem stolz. Mir ging es nicht nur bei diesen Erlebnissen so, an die ich mich zugegebenermaßen nicht nur erinnern, sondern in die ich mich auch hineinfühlen kann.

Auch am ersten Arbeitstag empfand ich so. Wie wird das sein? Werden die Kollegen mich akzeptieren? Dasselbe stellte sich ein, als ich das erste Mal Führungskraft geworden bin. Und da jede neue Führungsrolle oder jedes neue Projekt wieder das erste Mal ist, kommen die Gefühle auch wieder. Nicht mehr so intensiv wie beim ersten Mal, aber doch.

Über Menschenführung wurde und wird exorbitant viel geschrieben, über Motivation noch viel mehr. Es gibt nur wenige, die sich mit beiden im Einklang beschäftigen. Das finde ich schade. Alle Führungsprinzipien zahlen am Ende auf zwei Komponenten ein: Wertschätzung und Motivation. Ich bin angetreten, um durch wertschätzende Führung und Motivation aus jedem Mitarbeiter und auch Menschen – es muss nicht immer disziplinäre Führung sein – das Beste zum Vorschein zu bringen. In diesem Artikel wird auf keine Werkzeuge oder Blaupausen eingegangen, sondern auf die Effekte, die es zu erzielen gibt. Nähere Beschreibungen zu Tools und Checklisten finden sich als Downloads unter www.florianpfeffer.com/Führung-MotivACtion.

> Alle Führungsprinzipien zahlen am Ende auf zwei Komponenten ein: Wertschätzung und Motivation.

Erfolgreiches Führen heißt, den Mitarbeitern ihre einzigartigen

Beiträge von der Wiege bis zur Bahre bewusst zu machen. Der einzigartige Beitrag beschreibt den Verantwortungsbereich und die Erfolgskriterien eines Mitarbeiters. Dadurch gibt es keine Überschneidungen von Aufgaben unterschiedlicher Teammitglieder. Das schafft klar zugeordnete Verantwortungen und fördert die Selbstwirksamkeit der involvierten Personen.

Nur wenn man Besitztum schafft und den Mitarbeitern Verantwortung überträgt, werden sie die Aufgaben so lösen, als würden sie es für ihr eigenes Unternehmen tun. Das ist die Erkenntnis, die ich als Mitarbeiter gewonnen habe. Als Führungskraft ist mir das in den letzten 15 Jahren immer bewusster geworden und ich habe diese Mechanismen zu Beginn unterschätzt. Exzellente Führung bedeutet, Ergebnisse einzufordern, statt Aufgaben zu stellen.

Nur wenn man Besitztum schafft und den Mitarbeitern Verantwortung überträgt, werden sie die Aufgaben so lösen, als würden sie es für ihr eigenes Unternehmen tun.

Ich stehe für Führung mit Pfeffer und Motivation mit C – MotivACtion. Im Wort Motivation ist ein Buchstabe, das C, verloren gegangen. Meiner Meinung nach sollte sich das Wort aus Motiv und Action zusammensetzen. Das Motiv ist immens wichtig. Die einzigartigen Beiträge Ihrer Mitarbeiter müssen für diese sinnstiftend sein. Nur wenn dies der Fall ist, dann werden sie die Ergebnisse auch ohne Kompromisse liefern. Sie kommen ins Tun, daher das Wort Action. Wenn die Mitarbeiter ins Tun kommen, dann sind sie selbstwirksam. Jedes Gefühl, jede Tat, jeder Gedanke ist auf Liebe oder Angst zurückzuführen, deshalb ist Motivation so wichtig. Durch das Beginnen, das die größte Blockade um ins Tun zu kommen darstellt, werden die Zweifel aus dem Weg geräumt. Als Führungskraft muss man den Weg ebnen, damit die Mitarbeiter zweifelsfrei beginnen, also ins Tun kommen. Man kann das auch als Wertschöpfung durch Wertschätzung bezeichnen, oder treffender, als MotivACtion.

Wenn Chefs sagen, dass Mitarbeiter Zeit kosten, dann haben sie es nicht verstanden – es nimmt höchstens Zeit in Anspruch, weil es ein Investment mit hoher Rendite ist.

Was macht nun eine gute Führungskraft aus? Am besten, Sie fragen Ihre Mitarbeiter. Diese sagen es Ihnen ziemlich deutlich. Schauen Sie genau hin. Sie zeigen und sagen es Ihnen, jeden Tag. Aus meiner Sicht macht eine gute Führungskraft aus, dass sie in der Lage ist, situativ zu führen und zu motivieren. Junge Mitarbeiter brauchen andersgeartete Unterstützung als erfahrene. Wenn das Team multinational ist, kann es auch kulturelle Aspekte geben, die zu berücksichtigen sind. Auch Branchen haben Einfluss auf das Führungsverhalten. Die Beziehungen der Teammitglieder zueinander sowie die Unternehmenszugehörigkeit haben Auswirkungen auf die zwischenmenschlichen Dynamiken.

Egal ob Sie als Führungskraft der größte Experte im Team sind oder wenig Ahnung im Detail haben, die Führungsaufgaben sind in beiden Fällen ident! Auch wenn die Führungsaufgaben extrem komplex sind, lassen sich diese auf drei übergeordnete Schwerpunkte subsumieren:

- Ziele definieren und Ergebnisse einfordern
- Ressourcen und Information beschaffen und verteilen
- Mitarbeiter entwickeln

Mehr ist es nicht. – Das war's! – Leider nicht ganz. Denn wenn es nur drei Themenfelder sind, kann das ziemlich herausfordernd sein oder werden.

So simpel es klingt, so einfach kann es auch sein, aber manchmal ist der Berg verdammt hoch. Auch für Führungskräfte gilt: MotivACtion anstatt Zweifel haben.

Ziele definieren und Ergebnisse einfordern: Dabei geben Sie Ihren Mitarbeitern die Richtung vor. Sie leuchten ihnen den Weg mit einem Scheinwerfer aus. Dadurch werden sie erst wirksam. Sie wissen, was sie zu tun haben, und machen das in der Regel auch. Mitarbeiter wollen Klarheit – sie lechzen förmlich danach! Vereinbaren Sie einmal im Jahr gemeinsam mit Ihrem Team die großen Ziele. Sie werden sehen, welche Kraft das hat. Ihre Mitarbeiter stehen hinter den Zielen, weil sie Teil des Zielvereinbarungsprozesses waren und bei den Rahmenbedingungen mitgestalten durften. Sie werden über die Ergebnisse überrascht sein.

Ressourcen und Information beschaffen und verteilen: Als Führungskraft haben Sie die Verantwortung, die Rahmenbedingungen zu schaffen, die Ihre Mitarbeiter zur Lieferung der Ergebnisse benötigen. Das sind Arbeitsmittel, zusätzliches Know-how und das Bauen von Brücken zu anderen Bereichen oder Kompetenzträgern. In einem Satz zusammengefasst: Sie organisieren die Zusammenarbeit. Hier sind Sie als Führungskraft im klassischen Sinne mit Managementaufgaben betraut. Koordinieren, Organisieren und, was oft vergessen wird, Informieren sind Kernelemente der Führung. Was eine gute Führungskraft zu einer Top-Führungskraft macht, hängt unmittelbar davon ab, wie die Führungskraft mit ihren Mitarbeitern umgeht.

Mitarbeiter entwickeln ist die geheime Kernaufgabe einer Führungskraft. Zugegeben, ich habe in dem Kontext alle Aufgaben als Kernaufgabe bezeichnet. Es ist aber wichtig, das zu tun. Warum ist das wichtig? Jeder Mensch hat die ureigene Motivation, sich ständig weiterzuentwickeln. Denken Sie doch mal an sich. Sie haben sicher etwas, wo Sie besser werden wollen, sei es beim Sport, bei der Rasenpflege oder einfach eine bessere Version Ihrer selbst.

Jeder Mensch hat die ureigene Motivation, sich ständig weiterzuentwickeln.

Menschenführung ist total erfüllend und macht richtig Spaß – wenn man Menschen mag. Ich brenne dafür, Führungskräfte und ihre Teams dabei zu unterstützen. Mehr dazu gibt es auf www.florianpfeffer.com. Schreiben Sie mir Ihre Erfahrungen als Führungskraft und (Selbst-)Motivator. Ich freue mich über jeden Impuls.

FLORIAN PFEFFER

Der Speaker und Experte zu Führung mit Pfeffer und MotivACtion. »Keiner verbindet Führung und Motivation so wie er!«

Florian Pfeffer ist langjährige Führungskraft in unterschiedlichen Branchen. Er hat in seiner Führungsarbeit Stationen mit diversen Agenden, wie zum Beispiel Vertrieb, Geschäftsfeldentwicklung, Aufbau von Managementsystemen, Prozessoptimierungen bis hin zu Sanierungsaufgaben geleitet. Sein Wirkungsbereich umspannt über zehn europäische Länder, in denen er virtuelle Teams aus verschiedenen Kulturen und mit unterschiedlichen organisatorischen Reifegraden geführt hat. Dabei entwickelte er seinen Stil, den er »Führung mit Pfeffer und MotivACtion« nennt.

Mehr dazu finden Sie unter www.florianpfeffer.com

Glückliche Mitarbeiter = glückliche Kunden

Oder weshalb intelligente Kurzschulungen in Unternehmen ALLES verändern!

Die allermeisten Unternehmen kümmern sich nicht wirklich um ihre Mitarbeiter und verschlafen damit fahrlässig enorme Potenziale!

Weshalb richtet die Lufthansa auf deutschen Flughäfen Business Lounges ein? Damit sie sich dort um ihre Vielflieger kümmern und ihnen das gute Gefühl geben kann, Teil der Lufthansa-Familie zu sein.

Warum drehen so manche Vielflieger kurz vor Jahresfrist noch eine spontane Extra-Runde? Um genügend Flugsegmente zusammenzubekommen, damit sie Status und Anerkennung ihrer silbernen, goldenen oder platinfarbenen Kärtchen nicht verlieren und damit sich weiter ganz besonders um sie gekümmert wird.

Das macht die Lufthansa ganz selbstverständlich schon für ihre Kunden, die gerade einmal 30 Flüge im Jahr mit ihr fliegen. Und was machen wir in Unternehmen mit unseren Mitarbeitern? Wird sich um Mitarbeiter, die 25.000 € oder 100.000 € und mehr verdienen und die den Unternehmen ein Vielfaches davon erwirtschaften sollen, auch so gekümmert?

Aus eigener Erfahrung weiß ich, dass man als neuer Mitarbeiter in manchen Firmen schon froh sein darf, wenn am ersten Arbeitstag ein eingerichteter Arbeitsplatz auf einen wartet! Geschweige denn, dass sich aktiv darum gekümmert wird, erst einmal anzukommen, sich schnell einzuleben und sich dann dauerhaft wohlzufühlen.

Die Lufthansa stellt ihren Vielfliegern dafür einen schönen Raum zur Verfügung mit ruhigen Ecken, in denen sie ein wenig entspannen können. Dazu werden Getränke gereicht, etwas zu essen angeboten, Zeitungen ausgelegt und es gibt dort jemanden, den man bei Fragen jederzeit ansprechen kann. Mit also einigermaßen überschaubarem Aufwand erreicht die Lufthansa so eine ganz wunderbare Kundenbindung.

Welchen Aufwand müssen wir als Unternehmen betreiben, um unsere wertvollen Mitarbeiter ähnlich gut an uns zu binden?

Kostenseitig – ich darf es vorwegnehmen – ist der Aufwand überraschend gering. Es sind eher ein wenig Mühe und Aufmerksamkeit in Verbindung mit den richtigen Werkzeugen, die benötigt werden.

Aber gerade diese Mühe ist vielen einfach lästig und es ist schon spannend zu beobachten, wie achtlos Führungskräfte mit neuen Mitarbeitern trotz enormen Fachkräftemangels weiter umgehen.

Versetzen wir uns doch mal kurz in die Lage eines neuen Mitarbeiters direkt vor seinem ersten Arbeitstag. Welche persönliche Entscheidungsfindung liegt hinter ihm, diese neue Stelle anzutreten? Welche Risiken ist er möglicherweise eingegangen, um in unserem Unternehmen überhaupt anzufangen? Was hatte er für Vorstellungen von seinem neuen Arbeitsplatz? Welche Wünsche, Ziele und Hoffnungen verknüpfte er mit dem Arbeitsplatzwechsel? War es die richtige Entscheidung, eine andere Stelle aufzugeben, um zu uns zu kommen?

Und in diesem Bewusstsein fragen wir uns, was diesem Mitarbeiter durch den Kopf geht, der an seinem ersten Arbeitstag schon achtlos begrüßt wird, und wie es dann um seine Motivation bestellt sein mag, alles für uns zu geben!

Berechnungen der Mobilfunkindustrie zufolge dauert es ca. sechs Monate, bis ein neuer Mitarbeiter produktiv arbeiten kann. Und es dauert bis zu neun Monate, bis er letztlich auch das in den ersten sechs Monaten in ihn (durch die laufenden Gehaltszahlungen) investierte Geld zurückverdient haben wird. Die Kosten für den Auswahlprozess eines neuen Mitarbeiters sind hierin noch gar nicht berücksichtigt.

Es scheint also doch ganz spannend zu sein, sich mit diesem »lästigen Thema« mal näher zu beschäftigen.

Denken wir also weiter darüber nach, was sich der neue Mitarbeiter von seinem ersten Arbeitstag eigentlich erhofft.

Zunächst einmal will er doch von uns begrüßt und in seinem neuen Unternehmen willkommen geheißen werden. Er will uns kennenlernen. Er will wissen, was wir alles machen. Er will wissen, wie wir funktionieren, welchen Prinzipien wir uns verpflichtet fühlen, wie unsere Regeln sind. Und er will wissen, was uns als Unternehmen antreibt und welchen Beitrag er leisten kann, dieses Ziel auch zu erreichen.

Also sollten wir uns doch erst einmal Zeit für ihn nehmen und uns um ihn kümmern. Wir dürfen ihn jetzt nicht alleine lassen mit all diesen Erwartungen und Fragen. Und wie schön wäre es, wenn er sogar spüren würde, wie froh und vielleicht auch erleichtert wir sind, dass er endlich angekommen ist?

Versetzen wir uns nun der Vollständigkeit halber auch für einen kurzen Moment in die Position desjenigen, der per Flurauftrag zum Anlernen des Neuen verdonnert wurde und weder weiß, was von ihm erwartet wird, noch wie er es überhaupt umsetzen soll.

So stehen sich also auf beiden Seiten Menschen gegenüber, die sich in ihrer Rolle nicht wohlfühlen. Was für ein Start!

Dabei kann ein wenig Aufwand für alle Beteiligten tatsächlich Wunder bewirken!

Nach Begrüßung und Vorstellungsrunde in der Filiale oder Abteilung muss unserem neuen Mitarbeiter in Form von strukturierten Kurzschulungen erst einmal der Rahmen gegeben werden, wie unser Unternehmen aufgebaut ist, welche Unternehmensziele wir verfolgen und was wir uns von seiner Einstellung erwarten.

> Unserem neuen Mitarbeiter muss in Form von strukturierten Kurzschulungen erst einmal der Rahmen gegeben werden, wie unser Unternehmen aufgebaut ist.

Wir müssen die Unternehmensleitlinien vermitteln und zeigen, was sie in der täglichen Praxis bedeuten. Dann müssen wir die internen Strukturen und Ansprechpartner vorstellen, die für ihn in den unterschiedlichen Unternehmensbereichen wichtig sind.

Anschließend geht es darum, ihm die fachlichen Aspekte beizubringen, die er an seinem Arbeitsplatz schnellstmöglich benötigt, um sich ohne lange Anlaufzeit in seine Aufgabe einzufinden.

Noch mal! Ja, es kostet ein wenig Mühe und Zeit, die Programme aufzubauen und dafür notwendige Inhalte zu entwickeln. Jeder muss seine Rolle und seine Verantwortung kennenlernen und diese leben. Und es braucht eine neue Einstellung neuen Mitarbeitern gegenüber. Aber genau dieses neue Mindset verändert ALLES!

Denn in dem Moment, in dem wir uns um den neuen Mitarbeiter aktiv kümmern und Verantwortung für ihn übernehmen, lernen wir ihn besser kennen und fühlen uns selbst auch schneller wohl mit ihm. Ganz plötzlich ist die Einarbeitung nicht mehr lästig, sondern spannend und interessant!

> Es braucht eine neue Einstellung neuen Mitarbeitern gegenüber. Aber genau dieses neue Mindset verändert ALLES! (...) Wenn wir als Team gut funktionieren, merken und spüren es direkt auch unsere Kunden!

Diese neue Stimmung färbt sofort auf unser gesamtes Team ab, und wenn wir als Team gut funktionieren, merken und spüren es direkt auch unsere Kunden!

Gleichzeitig reduzieren wir das Risiko, dass er uns frustriert und enttäuscht wieder verlässt und wir von vorne anfangen müssen.

Aber wer soll das umsetzen, und wie soll das umgesetzt werden?

Wer einen Nagel in die Wand schlagen will, braucht einen Hammer, und auch für Kurzschulungen braucht es das passende Werkzeug! Dieses Werkzeug und noch viel mehr beschreibe ich in meinem neuen Buch und freue mich auf Ihre Vorreservierung unter

www.derschulungsexperte.de/buchreservierung

Unternehmen mit 500, 1000 oder 10.000 Mitarbeitern darf ich unsere Erstinformation zu unserer APP-gesteuerten Schulungsform levelcoaching® unter www.levelcoaching.com/erstinfo empfehlen.

Glückliche Mitarbeiter = glückliche Kunden wünscht Ihnen
Ihr Wolfgang zu Putlitz

WOLFGANG ZU PUTLITZ

Mit intelligenten Kurzschulungen zur Marktführerschaft! Der Schulungsexperte Deutschlands!

Unternehmer, Unternehmensgründer und geschäftsführender Mitgesellschafter der lc Wissensmanagement GmbH und deren eigener Schulungsform levelcoaching® mit über 125.000 umgesetzten Mitarbeiterschulungen; Kenner der deutschen, amerikanischen und südamerikanischen Baumarktindustrie, Buchautor und Redner.

Er begeistert in seinen Vorträgen zum Thema Schulung und zeigt, wie nachhaltiges Vermitteln von Fachinformation und Soft Skills tatsächlich dauerhaft funktioniert. Dabei gibt er jedem seiner Zuhörer sofort umsetzbare Impulse mit – egal ob Mitarbeiter, Vorgesetzte, Filialleiter, Unternehmenslenker oder Unternehmer – und das mit bemerkenswerten Resultaten.

HypnoBirthing – ein Geschenk fürs Leben

Mit Anfang 30 war ich beruflich erfolgreich und hatte endlich auch meinen Traummann gefunden. Nach unserer Hochzeit wurde ich direkt in den Flitterwochen mit unserem ersten Wunschkind schwanger und neun Monate später wurde unsere erste Tochter geboren. Ihre Geburt war eine sehr interventionsreiche, schwierige Erfahrung für mich, aber zum Glück ging alles gut und sie wurde gesund geboren. Wir hatten keinen leichten Start und die ersten drei Lebensmonate kämpfte unser kleiner Schatz mit einer Regulationsstörung. Sie schrie mehr als acht Stunden am Tag. Zum Glück wurde es nach drei Monaten besser. Wir hatten gelernt, ihr zu helfen, und ich war sehr dankbar, dass ich die restliche Babyzeit mit ihr genießen konnte. Nach einem Jahr Elternzeit freute ich mich auch wieder auf meinen Job, doch die Rückkehr war eine große Enttäuschung, denn ich fand mich auf dem Abstellgleis wieder. Ich wurde wieder schwanger mit unserem zweiten Wunschkind. Ich dachte schon aufgrund meiner schweren ersten Geburtserfahrung über einen geplanten Kaiserschnitt nach, als ich zufällig bei einem Friseurbesuch von Herzogin Kate von England las, die gerade ihr erstes Kind zur Welt gebracht hatte. Laut des Berichts soll sie sich wohl mit HypnoBirthing auf ihre Geburt vorbereitet und damit eine leichte und angenehme, natürliche Geburt gehabt haben. Ich konnte zunächst gar nicht glauben, dass es so etwas gibt! Meine Neugier war geweckt und ich begann zu recherchieren. Ich erfuhr, dass HypnoBirthing eine besondere Geburtsvorbereitungs-Methode für Paare mit Hypnose ist.

Sie wurde 1990 von Marie F. Mongan in Amerika entwickelt und soll schon vielen zehntausenden Frauen auf dieser Welt geholfen haben, eine natürliche und angenehme Geburtserfahrung zu machen. Ich fragte meinen Mann, ob wir gemeinsam so einen Kurs machen könnten. Als Schulmediziner war er zunächst skeptisch, ob es vielleicht etwas Esoterisches sein könnte, willigte dann aber ein und meinte: »Wenn es dir hilft, dass unsere zweite Geburt besser wird, unterstütze ich dich gern.«

Der HypnoBirthing-Kurs, den eine tolle Hebamme durchführte, begeisterte uns sehr und ich konnte damit alles, was bei unserer ersten Geburt nicht gut gelaufen war, für mich selbst heilen. Meine erste Erkenntnis war, dass ich die zweite Geburt aktiv und selbstbestimmt gestalten wollte und nicht wie beim ersten Mal komplett passiv und fremdbestimmt. Durch HypnoBirthing lernten wir gemeinsam, uns auf unsere zweite Geburt ganz anders als beim ersten Mal vorzubereiten: Positiv, entspannt und angstfrei – voll bestärkt im Vertrauen auf meine bzw. unsere natürlichen, gesunden, körperlichen und mentalen Fähigkeiten. Wir lernten im Kurs, wie wir uns dabei mit Hypnose selbst helfen konnten, alle Ressourcen zu aktivieren, in der Kraft und entspannt zu bleiben und alte, negative Glaubenssätze durch positive zu ersetzen. Wir wurden angestupst, positive Veränderungsarbeit selbst in die Hand zu nehmen und uns so von Ängsten und negativen Gedanken zu befreien. Ich übte jeden Tag besondere Atem-, Entspannungs-, Vertiefungs- und Visualisierungstechniken. Mein Mann lernte, wie er mir helfen konnte, die Entspannung zu verankern, damit ich sie bei der Geburt automatisch abrufen könnte. Unsere zweite Geburt mit HypnoBirthing war noch viel besser, als ich es mir je hätte vorstellen können. Ich konnte es nicht fassen, wie leicht und schön eine Geburt auch sein kann, und unser Sohn kam gesund und sehr entspannt zur Welt. Als er da war, wurde ich geflutet von Glückshormonen und ich fühlte mich so gut! Er war so ein glückliches, einfaches Baby. Nach einem Jahr war ich wieder zurück im Job, die Situation dort hatte sich für mich noch weiter verschlechtert. Ich beschloss, zu kämpfen und der Frosch im Butterfass zu sein, der so lange stram-

HypnoBirthing ist eine besondere Geburtsvorbereitungs-Methode für Paare mit Hypnose.

pelt, bis die Milch zu Butter wird und er sich retten und befreien kann. Ich begann mich mit Persönlichkeitsentwicklung zu beschäftigen und las sehr viele Bücher. Zwei Jahre später kam unser drittes Wunschkind, unsere zweite Tochter mit HypnoBirthing ganz sanft zur Welt. Diesmal war die Geburt sogar schmerzfrei! Was für ein einzigartiges Erlebnis! Ich war so begeistert, dass ich beschloss, die Ausbildung zur HypnoBirthing-Kursleiterin zu machen, um mich mit diesem Beruf selbstständig zu machen und werdenden Eltern mit HypnoBirthing zu helfen. Endlich hatte ich mein Herzensthema gefunden! Meine Leidenschaft, meine Berufung, die sich anfühlt wie Urlaub und die mir selbst so guttut. Ich begann, mich immer weiter zu bilden und traute mir schon bald eine eigene Praxisgründung zu. Was für ein Geschenk und eine Befreiung, seine eigene Chefin zu sein und selbst erfolgreich zu gründen, sich etwas aufzubauen – um den eigenen Kindern ein tolles Vorbild zu werden. Ich hätte nie gedacht, dass man so einen schönen Beruf haben kann, der so sinnvoll, wichtig und erfüllend sein kann und der darüber hinaus auch noch gut mit meiner Familie vereinbar ist. Bald schon bekam ich auch die Gelegenheit, mich sogar zur Dozentin für HypnoBirthing-Ausbildungen weiterzuentwickeln. Es machte mir so viel Spaß und ich durfte von meiner Mentorin so viel lernen. Ich konnte mein Glück kaum fassen, als sie mir bald schon ihre Nachfolge anbot. Ich stellte die Weichen und traute mir nun auch zu, als mittlerweile fast vierfache Mutter die HBGE zu übernehmen und in eine erfolgreiche Zukunft zu führen. In meinem ersten Jahr in dieser neuen, herausfordernden Rolle und Pandemiezeit kam unser viertes Wunschkind, unser jüngster Sohn, mit HypnoBirthing zur Welt. Unser Kleeblatt war komplett und unser Glück perfekt!

HypnoBirthing hat das Potenzial, Eltern auch über die Schwangerschaft und Geburt hinaus zu helfen.

HypnoBirthing hat das Potenzial, Eltern auch über die Schwangerschaft und Geburt hinaus zu helfen. Auch bei Herausforderungen im Alltag zum Beispiel mit Baby, Kindern, in der Partnerschaft oder im Beruf können die erlernten Methoden der Selbsthypnose helfen und jederzeit selbstgewünschte, positive Veränderung und Entspannung bringen.

Ich selbst habe mich mit Elementen von HypnoBirthing sogar auf meinen ersten Marathon vorbereitet. Es war mein Traum, mir zu meinem 40. Geburtstag zu schenken, wieder richtig fit zu sein und meinen ersten Marathon erfolgreich geschafft zu haben. Ich habe drei Monate trainiert und bin 2019 erfolgreich in Stockholm meinen ersten Marathon gelaufen – es war ein großartiges Erlebnis, das mir so viel Selbstvertrauen geschenkt hat!

Oft werde ich gefragt: Wie schaffst du das alles als vierfache Mutter und Unternehmerin?

Meine Antwort lautet: Mit Selbsthypnose – neben meiner Familie und meiner Gesundheit das größte Geschenk meines Lebens!

Foto: Karoline Glasow

JULIA MAAK

Werdenden Familien helfen, mit HypnoBirthing eine gute Geburt zu erleben und Menschen zu erfolgreichen HypnoBirthing-Kursleitern ausbilden

Erste Karriere als Managerin in der Medizinprodukteindustrie, Familiengründung, danach Karriereknick, Entdeckung des eigenen beruflichen Herzensthemas: Werdenden Familien mit HypnoBirthing, der Geburtsvorbereitung mit Selbsthypnose, zu helfen; Weiterbildung und Persönlichkeitsentwicklung, zweite Karriere als selbstständige HypnoBirthing-Kursleiterin, Gründerin einer eigenen Praxis in Erlangen, Dozentin für HypnoBirthing-Ausbildungen, seit 2019 geschäftsführende Gesellschafterin der HypnoBirthing Gesellschaft Europa GmbH (HBGE) mit Sitz in Erlangen; erfolgreich und glücklich als vierfache Mutter und Unternehmerin, HypnoBirthing-Expertin, -Forscherin und Autorin.

Freu dich schon jetzt auf die nächste Krise

Wie du Chancen erkennst und nutzt (auch in Krisenzeiten)

Was Krisen angeht, bin ich wirklich eine absolute Expertin. Denn ich glaube, ich habe keine ausgelassen. Aber auch in Sachen Chancen konnte ich im Laufe meines Lebens zur absoluten Expertin aufsteigen. Ich habe stets den Mut der Verzweiflung genutzt und mein Leben verändert. Ich will dich dafür sensibilisieren, dass du deine Chancen nicht verstreichen lässt.

Was eine Krise ist, entsteht erst durch deine Bewertung. Wird eine Krise ausgelöst durch den Tod eines nahestehenden Menschen, den Verlust deines sicheren Jobs oder die Trennung von deinem Traumpartner oder Ehemann, ist das sicher eine Herausforderung, sie zu bewältigen.

Den Unterschied macht die Motivation, mit der ich an die Krise herangehe. Will ich einfach weg, raus aus der Krise, egal wie – dann ist die Motivation, die mich antreibt, die »weg von«-Motivation. Eine »hin zu«-Motivation ist geprägt von »das will ich wirklich!«. Etwas, was dich antreibt und dir die Energie gibt dranzubleiben.

Die 4 Phasen einer Krise

1. Schock,
2. Reaktion,
3. Bearbeitung und
4. Neuorientierung.

Jeder hat seine Art und sein Timing, eine Krise zu bewältigen. Die Dauer der Bewältigung einer Krise ist individuell und jeder braucht seine Zeit.

Orientierst du dich gerade neu, gibt es nur eins aus meiner Sicht: schonungslose Ehrlichkeit. Guck in den Spiegel und schau hin. Das kann zwar echt hart sein, doch wenn du das nicht machst, bleibst du im gleichen negativen Kreislauf stecken.

Hängt deine Krise mit einem persönlichen Erlebnis (Trennung, Trauer, Jobverlust etc.) zusammen, denk daran, wie du ggf. schon einmal eine kritische Phase in deinem Leben gewuppt hast. Was hat dir Kraft gegeben? Welche deiner Fähigkeiten (oder Ressourcen) konnten dich unterstützen? Ich empfehle dir, dass du dir einen Profi an deine Seite holst, weil du deine blinden Flecken nicht sehen kannst.

> »Krise ist ein produktiver Zustand. Man muss ihr nur den Beigeschmack der Katastrophe nehmen.« (Max Frisch)

Eine Krise entsteht dann, wenn ein System nicht mehr funktioniert und zusammenbricht. Nie wirst du mehr und größere Chancen bekommen als im Zustand einer Krise.

Aus einer Krise heraus hatte ich den Mut, mich selbstständig zu machen. Wer mich kennt und weiß, dass ich ein schüchterner Mensch bin, kann sich vielleicht ausmalen, welch ein Riesenschritt das für mich war.

Wie du der Krise den bitteren Beigeschmack nimmst und sie in Chancen verwandelst

Wenn du schonungslos ehrlich mit dir selbst bist, lernst du am meisten. Genau darin liegt eine große Chance. Sich den Spiegel vorzuhalten ist bestimmt nicht das Einfachste, dafür aber das Lehrreichste. So habe ich vor einigen Jahren Byron Katies »The Work. Vier Fragen, die alles verändern – können« kennengelernt.

»The Work« ist eine der bekanntesten und effektivsten Methoden. Du reflektierst auf heilsame Weise dein Leben, die Gedanken, die dir Stress machen, und kommst auf einfache, leichte Art und Weise darauf, in welchem Muster du gefangen bist.

Alles hängt mit deinem Denken über etwas zusammen. Damit steht und fällt dein Glück oder Unglück, dein Erfolg oder Misserfolg.

Aus einer Krise kannst du folgende Erkenntnisse mitnehmen:

- So kreativ wie in einer Krise wirst du wahrscheinlich nie wieder sein.
- Sie macht dir deutlich, auf wen du dich WIRKLICH verlassen kannst.
- Du kannst so viel Mut entwickeln wie sonst nie und Neues wagen.
- Du kannst etwas tun, was du sonst nicht tun würdest.
- Stell dir wichtige und richtige Fragen, die dich weiterbringen.

»Jede Krise ist auch eine Chance! Die Chance besteht darin, die gemachten Fehler zu erkennen und sie nicht zu wiederholen!« (Unbekannt)

Du kannst dich entscheiden: Willst du in der Opferrolle bleiben oder krempelst du die Ärmel hoch und übernimmst Verantwortung? Das nennt man Selbstbewusstsein.

Warum Bedürfnisse und Emotionen die wahre Botschaft für dich bereithalten: Wenn du ständig über deine Bedürfnisse hinweggehst, wachsen Emotionen wie Trauer, Wut, Hilflosigkeit, Frust usw. an. Fühlst du dich vom Leben unfair behandelt, guck mal genauer hin. Wo behandelst DU dich unfair?

In jeder Krise wichtig: Wie viel Widerstandskraft hast du?

Die Chance, die du während einer Krise auch bekommst, ist zu erkennen, wie widerstandsfähig du bist. Dies ist der passende Moment für den Hinweis auf die Kauai-Studie von Emmi Werner und Ruth

Smith (Werner, 2008). Sie wird in der Literatur oft als die älteste und bekannteste Studie zur Resilienz betrachtet.

Für deine Widerstandskraft stehen diese 7 Säulen:

1. Akzeptanz
2. Lösungsorientierung
3. Optimismus
4. Verlassen der Opferrolle
5. Verantwortung übernehmen
6. Zukunftsplanung
7. Netzwerkorientierung

Fühlst du dich in einer Krise haltlos und wie ein Blatt im Wind oder kann dich so leicht nichts umhauen? Welche Bereiche deiner Persönlichkeit und auch deines Lebens steuerst und regulierst du so, dass es dir damit gut geht? Trotz Krise kannst du dich selbst am besten mit positiven Gedanken und Gefühlen unterstützen.

Die Chance einer Krise beinhaltet die Erweiterung deiner Fähigkeiten und Kompetenzen

»Es kommt nicht darauf an, wie hoch du springen kannst – es kommt darauf an, wie hoch du glaubst, dass du springen kannst.« (Julia Engelmann)

Wie stark ist der Glaube an dich und dein Können? Wie überzeugt bist du, dass du Wege und Lösungen findest, um jede Krise zu meistern? Welche Fähigkeiten hast du dafür? Welche könntest du dir noch aneignen? Wann hat dir welche Fähigkeit schon weitergeholfen?

Was in keiner Krise fehlen darf

Mit MUT fangen die schönsten Geschichten an ...

Für viele Dinge brauchst du Mut. Denn du kannst noch so viel Optimismus haben, hast du keinen Mut, verschenkst du wahrscheinlich die eine oder andere Chance. So baut sich Mut auf:

Das 7-Zonen-Mut-Modell (Engelmann)

1. Angstzone
2. Komfortzone
3. Traumzone
4. Selbstvertrauenszone
5. Wachstumszone
6. Absprungzone
7. Mutzone

Mutig zu sein bedeutet nicht, keine Angst zu haben, sondern es trotzdem zu tun

Ich bin eine Kämpfernatur und ausgesprochen mutig. Doch das war beileibe nicht immer so. Diverse Krisen haben mich sukzessive dazu gebracht bzw. gemacht. Du musst nicht alles wissen oder können. Dafür gibt es Gott sei Dank Therapeuten, Coaches und Berater, die sich, wie ich, diesem Thema angenommen haben. Keine Angst vor Krisen! Bis zur nächsten Krise und zu den nächsten Chancen – ich freu mich drauf!

Foto: Kerstin Seipt

SUSANNE KÖRNER

Krisen als Chance

Über 12 Jahre Systemischer Coach; Heilpraktikerin für Psychotherapie; regelmäßige Aus- und Weiterbildungen: Hypnose, EMDR, Wingwave, Emotionscode, emTrace.
Ob Côte d'Azur oder Kiel, Düsseldorf oder direkt im Herzen Hamburgs am Ballindamm / Jungfernstieg: Für meine Klienten ist mir kein Weg zu weit. Meine Klienten profitieren nicht nur von meiner Lebenserfahrung und meiner Expertise. Engagiert und mit viel Empathie gehe ich Blockaden auf den Grund und bringe meine Klienten in ihren ressourcevollen Zustand zurück.

Du brauchst Eier!

Moment der Erkenntnis

Als Kind liebte ich den Rote-Grütze-Kuchen, den meine Mutter zu besonderen Anlässen für mich gebacken hat. Genau jenen Kuchen wollte ich an meinem 30. Geburtstag selbst backen. Der fruchtige Geschmack lag noch auf meiner Zunge. So groß war die Vorfreude. Auf einem vergilbten Zettel waren in Handschrift die Zutaten geschrieben:

ROTE-GRÜTZE-KUCHEN
250 g Margarine
200 g Zucker
200 g Mehl
2 Rote Grütze
1 Backpulver
1 Fl. Saure Sahne

All diese Zutaten hatte ich beisammen. Nacheinander in die Schüssel. Verrühren, in die Form gießen, eine Viertelstunde backen. Fertig. Gekostet. Enttäuscht gewesen: Der Kuchen war völlig anders, als ich ihn in Erinnerung hatte. Früher war er locker und fruchtig, heute krümelig und trocken. Trostlos im Geschmack.

Nun, ich rief natürlich umgehend meine Mutter an. Was ich denn wohl falsch gemacht hätte, wollte ich wissen. Ich beschrieb ihr, wie ich genau nach Plan vorgegangen sei, und las ihr das Rezept noch einmal vor, ging jeden Schritt mit ihr durch. Noch heute höre ich sie lachen.

Schmunzelnd widmete ich mich der Kuchenbäckerei erneut. Schließlich erwartete ich Gäste! Denen hatte ich einen von mir selbst gebackenen Kuchen versprochen. Oder sollte ich mich von dem Umstand, dass ich bereits beim ersten Versuch den Vorrat an Rote-Grütze-Pulver aufgebraucht hatte, aufhalten lassen? Eines war klar, ohne Rote Grütze konnte es nicht der Kuchen werden, den ich mir vorgestellt hatte. Jedoch war ich angetrieben von dem Glücksgefühl, das Erfolgserlebnisse bei mir hervorrufen. Und meinen Gästen einen leckeren Kuchen servieren zu können, war für mich ein Erfolgserlebnis. Also durchsuchte ich meine Vorräte auf einen adäquaten Ersatz. Am Ende improvisierte ich. Mit Kakao.

Dann stand ich vor dem Backofen und sah meiner Kreation durch das glühende Glas beim Backen zu. Die Aufregung stieg mit jeder Minute. Was wäre, wenn der Versuch scheiterte? Aber hey, ich könnte es sowieso nicht mehr ändern.

Das grelle Klingeln der Eieruhr beendete die Grübelei. Zuversichtlich öffnete ich den Ofen, die Hitze strömte mir aus dem Ofen entgegen, als ich die heiße Backform herausholte. Noch etwas abkühlen, dann auf den schon gedeckten Kaffeetisch.

Und was soll ich sagen, der Kuchen war hervorragend gelungen. Wenn auch weit weniger fruchtig als mit Roter Grütze. Locker-luftig in der Konsistenz, fantastisch im Geschmack und so herrlich schokoladig, wie mir meine Gäste bestätigten.

Ein Moment der Erkenntnis. Gleich drei wichtige Botschaften nahm ich an diesem Tag für mein berufliches Leben mit und diese prägen meine Denkweise auch noch heute!

Lessons Learned Nr. 1

Erstens: Wenn ich daran festhalte, was und wie es einmal war, werde ich wahrscheinlich leicht enttäuscht werden. Und war es auch noch so schön. Es lohnt sich für mich, Altbekanntes neu zu denken.

Diese von mir erzählte Begebenheit kommt mir heute noch oft in den Sinn. Wenn ich in einem disruptiven Wirken bin, wenn Unternehmen neuen Kurs aufnehmen wollen, wenn etwas Neues entstehen soll, Strukturen zu verändern sind, wenn das Ziel klar ist, aber der Weg dorthin sehr steinig zu sein scheint.

Etwas schaffen, das bleibt. Ich kenne meinen Motor.

So wie vor noch nicht allzu langer Zeit, zum Beispiel: In einem Unternehmen, das sich ein neues Geschäftsfeld erschließen wollte, doch offenbar ließ die konkrete Idee für die Umsetzung schon längere Zeit auf sich warten. Stratege und Macher gesucht. Dann heißt es: »Wollen Sie das machen? Sie haben doch immer so Ideen, wissen doch wie es geht. Hier können Sie gestalten.« Etwas schaffen, das bleibt. Ich kenne meinen Motor.

Lessons Learned Nr. 2

Zweitens: Wenn ich einige der bewährten Methoden beherrsche, schaffe ich mir kreativen Freiraum und jede der Methoden führt zum gewünschten Ziel.

Ich backe Kuchen, wenn ich über ein neues Geschäftsmodell nachdenken muss. Beim Backen habe ich eine Methode, ich halte mich strikt an das Rezept, an den Plan. Plus eine Prise X für die Kreativität. So ist es auch beim Denken. Ich verfolge eine klare Methodik, um zu gestalten und zu steuern. Wissenschaftliche Basis für das Management vom Feinsten, für eine schlüssige Strategie. Arbeite handwerklich einwandfrei, inhaltlich durchdacht und mit viel Sympathie für die eigenen Macken. Identifiziere die erfolgsrelevanten Bausteine mit der zentralen Frage danach, welche Potentiale sich dem Unternehmen bieten. Zu komplex? Dann eben eine systematische Annäherung über Teilfragen. Was sind die Herausforderungen des Unternehmens? Was sind die Potenziale? Sieh über den Tellerrand hinaus. Sei pragmatisch.

Für mich ist es ganz klar: Eine erfolgsversprechende Lösung braucht einen methodischen Rahmen. Mach ein Projekt entweder mit Methode oder gar nicht. Mit Plan plus X. Dieses »plus X« kann man nicht erklären, das muss man leben. Plus X tut nicht weh. Es ist sogar inspirierend. Ein bisschen im Vorratsschrank wühlen, Kakao finden, und fertig. Einfach wissen, dass es passt. Aus Erfahrung. Mit Selbstvertrauen. In beiden meiner Disziplinen, in der Managementberatung und im Recht.

Mach ein Projekt entweder mit Methode oder gar nicht.

Lessons Learned Nr. 3

Und drittens: Ich brauche Eier!

Dann überlegen, diskutieren, machen, und zack, gegen den Wind. Das gehört dazu. Den Widerstand aushalten – objektiv und konsequent – Eier haben eben. Für eine neue Struktur im Unternehmen gibt es nicht nur Blumen. Es kann auch mal ein Blumentopf sein. Moderieren, alle Beteiligten ins Boot holen, Vorbehalte ausräumen. All das ist wichtig. Das ist bekannt. Den Turnaround im Blick. Das ist der Auftrag. Wer sich dabei nur Freunde machen will, versteht die Systematik nicht. Ohne Gegenwind gibt es keinen Wandel, sondern nur eine neue Politur. So einfach ist das.

Ich bin ein Wendekind. Wir Wendekinder sind den Wandel gewohnt. Das sagen auch die Akteure der Initiative Dritte Generation Ostdeutschland. Recht haben sie. Wenn der Markt sich ändert oder die Gesetze, nutze ich die Chance, die Normalität neu zu gestalten, zum Besseren.

Wenn der Markt sich ändert oder die Gesetze, nutze ich die Chance, die Normalität neu zu gestalten, zum Besseren.

Wozu diese – subjektiven – Weisheiten? Damit die erarbeiteten Konzepte tragfähig sind. Damit ganzheitliche Restrukturierungsprogramme konsequent umgesetzt werden. Damit der Kuchen so schmeckt wie früher. Oder eben noch viel besser.

Eier musst du haben! Oder wie es auch so schön heißt: Eier sind nicht alles, aber ohne Eier ist alles nichts.

Foto: Karoline Wolf

SABINE NAGEL

Management und Recht bei Umbruch und Aufbruch

Wendekind mit ausgeprägter Transformationserfahrung und Transformationskompetenz. Mehr als 500 Unternehmensinsolvenzen mitbetreut in zehn Jahren als Anwältin in renommierten Insolvenzverwalterkanzleien. Beraterin und Impulsgeberin für strategische Neuausrichtungen, Restrukturierungskonzepte und Compliance.

Der lange Weg

Im Internet liest man oft: Online Geld verdienen ist ganz einfach! Aber eigentlich ist es gar nicht so. Im Gegenteil, es kann ein sehr langer Weg werden. Viele der großen Online-Marketer sind nicht über Nacht berühmt geworden. Viele Wochen, Monate oder sogar Jahre harter Arbeit lagen davor. Wenn du dann also endlich berühmt und vielleicht auch reich bist, hast du vorher viel Schweiß und Tränen vergossen.

Einer, der davon ein Lied singen kann, ist Joschi Haunsperger. Über 30 Jahre in der Medienarbeit und fast 15 Jahre im Online-Marketing tätig, weiß der quirlige Bayer, was es heißt, diesen Erfolg zu erreichen. Nicht nur, dass er mittlerweile vom *Erfolg Magazin*, vom *Founders Magazin*, von der *StartupValley* und von der *Netcoo*, den vier führenden Zeitungen im Online-Marketing, ausgezeichnet worden ist. Nein, es gibt noch viel mehr: Als Joschi Haunsperger ins Online-Marketing eingestiegen ist – das Ganze liegt, wie gesagt, schon fast 15 Jahre zurück – war er im Offline-Marketing tätig. Offline-Marketing ist ein Begriff, den er selbst geprägt hat. Damals hat er Reporte verkauft. Gedruckte Reporte oder besser gesagt kopierte Reporte. Diese hat Haunsperger meist aus Amerika bezogen und übersetzt. Viele gab es aber dann auch schon in Deutschland. Dafür hat er die Lizenz erworben, mit denen er diese kopieren und weiterverkaufen durfte. Für besonders Eifrige, und Joschi Haunsperger war ein solcher, gab es auch sogenannte Staffelpreise. Wenn man sie nutzte, konnte man mit diesen Reporten auch gutes Geld verdienen. Wie das ging? Ganz einfach: Man inserierte in Kleinanzeigenmärkten, zum Beispiel in der *Süddeutschen Zeitung*, in der *Welt*, in der *Frankfurter Rundschau* und hat so Kunden akquiriert. Haunsperger nennt das gern die »Vor-Internet-Zeit«. Diese akquirierten Kunden haben dann etwa fünf oder zehn Euro in Briefmarken geschickt. Dafür wiederum hat Joschi Haunsperger die Reporte kopiert, in ein Kuvert gepackt, die Adresse draufgeschrieben und verschickt. Mühsam, aber effektiv, wenngleich auch bei den jeweiligen Bestellungen nur ein paar Euro überblieben. Aber das war zu Beginn seiner Online-Marketing-Zeit nicht anders. E-Books wurden damals für kleines Geld verkauft, Videokurse gab es nicht oder kaum. Aber zurück zum Offline-Marketing. Nachdem die Reporte versendet waren, konnten die Erwerber selbst überlegen, ob sie die Lizenz nehmen oder per Staffelpreisliste bestellen wollten. Dies waren praktisch die Vorläufer sogenannter Upsells oder Downsells. Das alles natürlich analog und nicht digital und viel, viel aufwendiger, als das heute der Fall ist.

Nach der Offline-Marketing-Karriere ging es ins Online-Marketing. Dort startete Joschi Haunsperger mit seinem E-Book-Shop ebookgigant. Ihm folgte die ebookflat. Inspiriert durch den Affiliate-Marketer Ralf Schmitz, hat Joschi Haunsperger jeden Monat eine neue Publikation, meist ein E-Book, an seine Abonnenten verkauft, mit zugehöriger Lizenz, damit sie diese weiterverkaufen konnten, sogenannte Reseller-Lizenzen. Wiederum durch diese Geschichte angestachelt, gründete Haunsperger 2012 den PLR-Club. Mit einer einmaligen Lifetime-Mitgliedschaft konnten die Mitglieder pro Monat eine deutsche und eine englischsprachige PLR erwerben. PLR bedeutet Private Label Rights. Das sind Rechte, die dem Erwerber alle Möglichkeiten geben, das Produkt weiter zu vermarkten. Dazu gehört auch, dass das Produkt eventuell neu gestaltet wird und eventuell unter einem neuen Titel verkauft wird. Die Idee kam, wie bei so vielen, aus den USA. Nachdem Joschi Haunsperger bereits als Offline-Marketer gute Erfahrungen mit dem System in Amerika gemacht hatte, setzte er dies online fort. Allerdings sah er, und das gefiel ihm nicht, dass sehr wenige Personen dies umsetzten. Viele stellten die E-Books und Publikationen eins zu eins ins Internet.

Und so tauchten plötzlich bei Ebay, Amazon und Co zehn bis zwanzig E-Books mit demselben Titel auf. Das ist natürlich nicht Sinn der PLR, der Private Label Rights. Heute nennt man diese Produkte übrigens White-Label-Produkte. Also überlegte Joschi Haunsperger, was er machen soll, und kam dann darauf, den PLR-Club zu verkaufen. Der neue Eigentümer Heiko Häusler setzt diesen jetzt weiter um. Joschi Haunsperger wiederum, und das zeichnet ihn aus, änderte seine Strategie. Er gründete den Online-Marketing-Kongress, den OMKO in Ingolstadt. Mittlerweile hat sich dieser Kongress zu einer der Top-Adressen im Online-Marketing gemausert.

Wer jetzt glaubt, Joschi Haunsperger würde nur auf das eine Pferd OMKO setzen, der liegt gehörig falsch. Anders als manche seiner Kollegen, die immer davon sprechen, sich nur auf eine Sache zu konzentrieren, weiß Haunsperger sehr genau, dass es extrem wichtig ist, verschiedene Einkommensströme zu generieren. Der OMKO ist also nur eine Säule im Einkommensnetzwerk des Bayern. Daneben gibt es noch das Affiliate-Marketing, die Medienarbeit, das Coaching und das Mentoring.

Joschi Haunsperger legt großen Wert auf diese mehrsäulige Strategie. Das bringt er auch seinen Coaching-Kunden bei. Hat man sich nämlich nur auf einen Einkommensstrom konzentriert und bricht dieser weg, bedeutet das womöglich am Ende den Zusammenbruch der kompletten Firma. Ein Onlinebusiness also auf einer Einkommenssäule aufzubauen wäre fatal. Darum, und genau das ist sein Credo, hat er dieses mehrstufige System entwickelt. Eine der Säulen ist das Affiliate-Marketing. Nicht umsonst ist Joschi Haunsperger bei den großen Vendoren, wie zum Beispiel Ralf Schmitz, Oliver Pott, Sven Hansen und Tommy Seewald, Jens Neubeck und Pascal Schildknecht und vielen anderen immer unter den Top Ten Affiliates zu finden. Neben dem OMKO und dem Affiliate-Marketing gibt es dann noch die Medienstrategie. Diese hat der Kongressveranstalter in den über 30 Jahren Medienarbeit entwickelt. Sie bedeutet, dass man durch kostenfreie Pressemitteilungen Traffic auf seine Webseiten und Landingpages lenken kann. Dieser Traffic wiederum bedeutet Leads. Ein Lead ist ein Eintrag in den Newsletter, der dann immer wieder angeschrieben werden kann. Ein Lead ist also die Vorstufe eines Kunden, denn daraus werden letztendlich Kunden.

Die Medienstrategie ist mittlerweile schon so fortgeschritten, dass Joschi Haunsperger darüber ein Mentoring anbietet. Neben diesem Mentoring, dem Medienmaster-Mentoring, gibt es auch noch ein Coaching. Dieses bezieht sich auf das Affiliate-Marketing, nämlich auf die Möglichkeit, ohne sein Gesicht zu zeigen, ohne eine eigene Webseite zu haben, ohne eine Liste zu haben und ohne im Internet verkaufen zu müssen Einkommen zu generieren.

Dazu kommen dann auch noch die Bücher des Ingolstädters. Joschi Haunsperger hat mittlerweile vier gedruckte Bücher geschrieben. Diese gibt es zum großen Teil als Free-Plus-Shipping, also als kostenlose Bücher, für die nur das Porto bezahlt werden muss oder als Verkaufsbücher. Auch das ist ein Einkommensstrom oder zumindest ein Leadgenerator von Joschi Haunsperger.

Allerdings, und auch das muss der Wahrheit wegen gesagt werden, sagt Joschi Haunsperger auch seinen Coaching-Kunden, dass diese sich erst mal auf einen Einkommensstrom konzentrieren sollen und dann den nächsten aufbauen, wenn der erste läuft. Bestenfalls kann man mit dem Affiliate-Marketing beginnen und dort nach verkauften Abos ein passives Einkommen erzielen. Laufen dann erst mal die ersten Gelder, kann man sich an die nächste Stufe wenden. Eine Stufe, der Joschi Haunsperger hier besonderes Augenmerk zollt, ist die Speaker-Story. Joschi Haunsperger ist nämlich neben seinem eigenen Kongress auch immer wieder als Speaker unterwegs. Viele der großen Kongresse haben ihn gebucht. Hier geht es Haunsperger vor allem um das Netzwerken. Nicht umsonst bezeichnet ihn Mike Hager, der in Bayern als Studiotechniker Nullinger von Antenne Bayern bekannt ist, als den »Netzwerkexperten« schlechthin. Die Devise »Dein Netzwerk ist dein Nettovermögen«, geprägt von Hager, wird von Joschi Haunsperger umgesetzt. Immerhin sind ihm seine Kontakte sehr wichtig. Letztlich sind sie es, die sein Business ausmachen. Und so darf man gespannt sein, welche neuen Einkommensströme Haunsperger in den nächsten Monaten und Jahren generiert. Denn eines ist sicher: Wer ihn kennt, weiß, dass er sich stetig weiterentwickelt.

Dies zeigen auch die zahlreichen Auszeichnungen, die er errungen hat. Joschi Haunsperger bleibt nicht stehen, im Gegenteil. Bereits jetzt befinden sich zahlreiche neue Projekte in der Pipeline. Man darf also gespannt sein.

JOSCHI HAUNSPERGER

Joschi Haunsperger ist nicht nur Onlinemarketing-Experte der ersten Stunde, sondern auch ein ausgewiesener PR-Fachmann. Seit 2007 ist er im Onlinemarketing tätig, wo er anfangs einen E-Book-Shop betrieb und vier Jahre später mit dem plrclub startete.

Wieder vier Jahre später organisierte er zum ersten Mal den OMKO, den Onlinemarketingkongress, mit vielen bekannten Speakern.

Für die Bewerbung seiner Projekte nutzt er von Anfang an, neben den verschiedenen bekannten Werbemöglichkeiten des Onlinemarketings, auch die klassischen analogen und digitalen Methoden der Medienarbeit. Zudem ist er als Coach für Online- und Affiliate-Marketing und als Autor diverser Bücher, E-Books und Ratgeber tätig.

Tatort Corona!

Völker dieser Erde, vergebt ihnen, denn sie wissen nicht, was sie tun!

Der Mensch – als Krone der Schöpfung, eine sich selbst überschätzende Spezies? Na klar, die Corona, die Krone wird ihm jetzt vom Kopf gerissen und auch das hat er selbst im Kollektiv verursacht. Das Universum ist als Einheit aus Freude und in Frieden immer zu unserem Besten erschaffen worden. Dies beinhaltet, dass alles, was da ist, im Frieden und zu unserem Wohle in tiefste Selbsterkenntnis führend, erschaffen worden ist. Auch die Viren, Bakterien und Keime. Doch wie schon so oft wird hier von Experten in allerbester Absicht, aber ohne jedwedes Verständnis für die energetischen Gesetzmäßigkeiten und Zusammenhänge ein düsteres Bild erzeugt, werden Ängste geschürt und in die Zukunft projiziert. Angst vor Krankheit und Tod, im Laufe der Zeit vor finanziellem Abstieg, Bedeutungslosigkeit und Einsamkeit.

Über 99 % unseres und jedes anderen Wesens besteht aus freifließender Energie.

Hier gilt es zu verstehen, wie Energie wirkt. Über 99 % unseres und jedes anderen Wesens besteht aus freifließender Energie. Der winzige andere Rest erst ist Materie, also verdichtete Energie. Dieses unendlich große Energiefeld können wir nützlich oder schädlich informieren durch unsere Gedanken, Worte und Taten. Und wir tun dies immer, in jeder Sekunde unseres Daseins. Es gibt kein Vakuum.

Im Corona-Fall haben die Experten beim Auftreten der ersten Viren Alarm ausgelöst und diesen lustigerweise viral verbreitet. Dies stellt nur den materiellen Teil dar, denn als ausstrahlende Wesen haben sie auch die 99 % ihres eigenen freifließenden Energiefelds negativ programmiert und informiert, also in hochmotivierte Kampfform gebracht. Es gilt halt Energieverdichtung nach Formvorgabe. Stell es dir wie ein Sandförmchen vor, dessen fest vorgegebene Struktur und Form nun mit Sand gefüllt wird, damit ein schöner Sandkuchen entsteht. Übersehen wird, dass die Zutaten für dieses Sandförmchen dem unendlichen Shopping-System des Universums entstammen und auch einen 24/7-Lieferdienst beinhalten. Alles wohlwollend zu unserem Nutzen erschaffen, hier nun in grenzenloser Unwissenheit, aber allerbester Absicht durch Experten in Gesundheit, Politik und Medienwelt als schädlich interpretiert und daraus folgend mit negativ informierter Energie gefüllt.

So arbeitet eben das menschliche Gehirn. Es ist negativ verkabelt. Einzig darauf ausgelegt, uns am Leben zu erhalten. Und dies tut es sehr effektiv mit allerlei Strategien, die es im Laufe des Lebens erlernt und automatisiert hat. Kein Mensch ist neutral, sondern betrachtet die Welt durch seine Sinneswahrnehmungen und Erfahrungen, die er tief in seinem Inneren als gemeingültige Wahrheit abspeichert und im Laufe seines Lebens durch beständiges Wiederholen zu Automatismen formte. Im Erwachsenenalter bilden sie, wie der im Unterwasser schlummernde Teil des Eisbergs, 90 % seines Unbewussten. Er wird von seinen eigenen Kindheitsprägungen, meist durch nicht erfüllte Bedürfnisse nach bedingungsloser Liebe, Verbundenheit und individueller Entwicklung seines einzigartigen Potenzials getrieben und erzeugt dadurch ein Perpetuum mobile an Mangelbewusstsein.

Wie an einer langen Hundeleine hängend verspürt er latent eben dieses nicht erfüllte Bedürfnis nach bedingungsloser Liebe und gleichzeitiger Anerkennung seiner Einzigartigkeit, und es drängt ihn unbewusst nach Bedürfnisbefriedigung.

Das Universum sendet uns immer wohlwollende Energie, die je nach Formvorgabe interpretiert wird. Die Viren waren schon lange vor uns da und lebten in einer friedlichen Koexistenz aus Geben und Nehmen auch in unserem Körper, denn auch sie – wie alles auf dieser lustigen bunten Kugel – entstammen derselben Urquelle und tragen denselben göttlichen Funken in sich. So auch du. Die einzige Lebensaufgabe ist es, diesen Funken in dir zu entdecken und seine Strahlkraft auf deine ganz einzigartige, unnachahmliche und individuelle Art und Weise zu entfalten. Hat der Funkenbesitzer dieses Strahlen noch nicht in sich entdeckt, versucht er, es im Außen zu finden, unbewusst. Und da ist kein Weg zu weit, dem Einfallsreichtum sind keine Grenzen gesetzt. Die Geschichte zeigt hier eine ganze Reihe von Extrembeispielen, wo Menschen durch ihr Charisma und ihr großes Mangelbewusstsein ganze Herden und Völker in Angst und Schrecken geführt haben, um so ihre eigenen Bedürfnisse nach Einzigartigkeit in trauriger Weise zu stillen.

Aktuell sind Masken, Abstand und Lockdown nur einige dieser angsterzeugenden, abgrenzenden Maßnahmen, die die Energie von vielen Menschen negativ beeinflussen.

Das Funkenbesitzergehirn vermischt eigene Bedürfnisbefriedigung, vorhandenes Expertenwissen, Berufs- und Lebenserfahrung zu einem toxischen Cocktail, ohne jedoch die metaphysischen Erkenntnisse zu berücksichtigen. In der festen Überzeugung, die Welt sei in einer Dualität von Gut und Böse erschaffen worden, wird mit allen Mitteln versucht, das Böse zu bekämpfen. Und das wird ständig befeuert vom eigenen Tagesbewusstsein, informiert durch automatisierte Abläufe und gesteuert aus dem Bedürfnis nach Bedeutsamkeit. Die Interpretation einer bösen Existenz ist erst entstanden, als die männliche Kraft die Herrschaft über die weibliche an sich gerissen hat. Die Kraft, die sie geboren, genährt und beschützt hat. Keine Frau ist aus den sauren Rippchen eines Mannes entstanden, aber jeder Mann aus und durch eine Frau. Denn SIE war der erste Mensch auf dieser Erde. Und IHRE Weiblichkeit stellt die integrative Einheit der scheinbaren Dualität dar. Tief im Inneren spürt SIE hormonell gesteuert die Einheit von Wachstum und Reife. Später im

Die Interpretation einer bösen Existenz ist erst entstanden, als die männliche Kraft die Herrschaft über die weibliche an sich gerissen hat.

Zyklus sichtbar geworden durch einen systemisch bedingten Wechsel von »Beauty and Beast«. Also ist und war die Integration von allem, was da ist, schon immer die einzig wahre Weltformel und vom höchsten Schöpfer genauso geplant.

Also ist und war die Integration von allem, was da ist, schon immer die einzig wahre Weltformel und vom höchsten Schöpfer genauso geplant.

Es liegt auf der Hand, dass die Materie, die sich schwächer fühlt, mit aller Macht ihre ganze Kraft einsetzt, alle augenscheinlichen Feinde zu bekämpfen – auch mit Einsatz des negativ geprägten grenzenlosen Schöpferpotenzials.

Das Böse, den Teufel oder die Krankheit gibt es nicht. Sie sind, wie alles, reines Gedankenkonstrukt. Botschafter unseres eigenen inneren Mangels, der uns tief in unserem Gehirn und Herzen permanent antreibt, etwas Gegebenes zu ändern, zu verbessern (positive Energie) oder gar zu bekämpfen (negative Energie). So wird das Feuer des Widerstands und die Rekrutierung neuer Streitkräfte unaufhörlich angefacht. Ein menschengemachter Teufelskreis, der sich nur durch Bewusstseinswandel durchbrechen lässt. Bist du dabei?

Vielen Dank für dein aufmerksames Lesen, Reflektieren und Verbreiten!

In grenzenloser Verbundenheit,
Deine Katja Ruth
Die Klimawandlerin®

KATJA RUTH

Klimawandlerin in Mikrokosmos Betrieb und Makrokosmos Umwelt

30 Jahre kauffrauliche Tätigkeit in Logistik, Außenhandel und GF-Assistenz haben mich bei vielen Führungspersonen Muster erkennen lassen, die sich nach meiner tiefsten Überzeugung höchst schädlich auf persönliches und unternehmerisches Handeln auswirken. Berufsbegleitend habe ich meinem inneren Impuls folgend wissenschaftliche Erkenntnisse, eigene Weisheit und Spiritualität vereint, um mit meinem rheinisch-fröhlichen Cocktail dem betrieblichen und, daraus folgend, dem universellen Klimawandel auf die Sprünge zu helfen und letztlich meine Berufung als Autor, Coach und Speaker zu leben.

Was sind Sternschnuppen, Meteoriten, Kometen und Weltraumschrott?

Beim Spazierengehen am Nördlinger-Ries-Kraterrand bei Harburg beobachtete ich eine Sternschnuppe, die am Abendhimmel hell aufflackerte und in wenigen Sekunden wieder erlosch. Solch ein Schauspiel ereignet sich tagtäglich und warf in mir Fragen auf.

War es ein Asteroid, ein Meteorit, ein Komet oder Weltraumschrott?

Um mehr zu erfahren, besuchte ich das Rieskrater-Museum in Nördlingen am Eugen-Shoemaker-Platz, wo ich viele interessante Antworten fand.

Bis in die Siebziger vermuteten Forscher, der Nördlinger Rieskrater sei ein Vulkankrater mitten in Deutschland.

Eugene Merle Shoemaker war Geologe und der Wissenschaftler, der als Erster das Geheimnis über die Entstehung des 24 Kilometer großen Rieskraters löste, das sich hier vor 15 Millionen Jahren ereignete. Durch Proben aus dem Kraterrand fand er grüne Glassplitter, die nur durch eine schnelle, gewaltige Hitze und sehr schnelles Abkühlen entstehen konnten. Er nannte dieses Gestein Suevit und fand es in der ganzen Region, als Bausteine für Gebäude und auch an der Nördlinger St. Georgs Kirche mit ihrem berühmten Turm Daniel.

Ein Meteoriteneinschlag vor 15 Millionen Jahren war der Grund für die Bildung des kreisrunden Kraters, der lange als Kornkammer der Römer galt.

Leider verstarb Eugene Merle Shoemaker 1997 bei einem Autounfall in Australien.

Der Unterschied von Meteoriten, Asteroiden, Kometen oder Weltraumschrott

Asteroiden:

Asteroiden sind Gesteins-, Eis-, Metall- oder Mineralgeröll Flugkörper, die in einem Asteroidengürtel am äußersten Rand unseres Sonnensystems zwischen Jupiter und Saturn ihre Kreise ziehen. Bis eine Kollision oder die Veränderung der Gravitation sie aus ihrer Bahn wirft und sie quer durch das All driften lässt. Sie sind aus der Zeit des Urknalls, die Überbleibsel von Kometen oder entstanden aus Zusammenstößen anderer Planeten.

Wie es auch bei unserer Erde einst geschah. Sie kollidierte mit einem anderen Planeten und brach in viele Teile, doch die Anziehungskraft des inneren Kerns sog das Gestein wieder an sich und bildete unsere Erde neu. Auch im Orbit entstand ein weiterer Himmelskörper, ein Trabant, unser Mond.

Meteoriten:

Meteoriten sind Splitter des Mutterkörpers, des Asteroiden. Es sind Überreste, die die Atmosphäre durchdrangen und nicht vollständig verglühten, bis sie auf die Erdoberfläche aufschlugen. Die meisten Gesteinsbrocken fallen, da sie an Geschwindigkeit verloren haben, einfach zu Boden.

Andere wiederum schlagen mit gewaltiger Wucht und großer Zerstörungskraft ein. Sie bilden gewaltige Krater und werfen viel Geröll heraus, das als Staub und Asche zurückstürzt. Jährlich stürzen tausend Tonnen von ihnen auf uns herab und bringen Mineralien, Wasser und vermutlich das Leben auf die Erde.

Weltraumschrott:

Mit jeder Rakete, jedem Satelliten und jeder Forschungsstation, die in den Orbit geschossen wurde, gelangten Kleinstteile wie Schrauben, Lacksplitter, Tanks, Solarzellen und andere Überreste in die Umlaufbahn. Beim Herabfallen bilden sich tausende weltraumschrott-ähnliche Leuchtfeuer am Firmament.

Brachten sie Leben auf die Erde?

Forscher vermuten es, doch bisher konnten sie es nicht zu hundert Prozent nachweisen, noch rätseln und streiten sie darüber.

Doch durch die NASA-Raumfahrtmissionen sind wir mittlerweile in der Lage, Asteroiden anzufliegen, Proben zu entnehmen und auf der Erde von Wissenschaftlern untersuchen zu lassen.

Wo kommen Asteroiden her?

Sie bildeten sich kurz nach der Entstehung unserer Galaxie und schwirren zu Tausenden im Asteroidengürtel am Rand unseres Sonnensystems zwischen Jupiter und Saturn umher. Durch Kollisionen und Gravitationsveränderungen verlassen sie ihre bisherige Bahn und werden von der Sonne und den Planeten ins Innere unseres Sonnensystems gezogen.

Was sind Kometen?

Sie sind Wanderer aus der Zeit des Urknalls und tragen die DNA der Entstehung des Universums in sich. Sie bestehen aus Eis, Geröll und Schmutz – ein riesiger Schneeball. Kometen reisen durch unsere Galaxie und ziehen bei Annäherung an die Sonne einen großen Schweif hinter sich her, den man von der Erde aus mit bloßem Auge sehen kann.

War ein Meteorit schuld am Aussterben der Dinosaurier?

Die Wissenschaftler glauben, dass ein riesiger Asteroid zum Aussterben der Dinosaurier beigetragen hat. Sie haben einen 85 Millionen Jahre alten Einschlagskrater in Yucatán am Golf von Mexico gefunden, der durch einen hundert Kilometer großen Asteroideneinschlag entstanden ist und mit 85 Prozent nahezu alles Leben auslöschte.

Können Meteoriten gefährlich für uns auf der Erde werden?

Ja, sobald sie eine gewisse Masse von 140 Meter Durchmesser übersteigen, können sie Planetenkiller sein. Es gibt zurzeit ca. 9000 Asteroiden, die eine potenzielle Gefahr für die Erde darstellen.

Wie der Asteroid, der die Dinosaurier zum Aussterben brachte.

Wir haben zum Glück zwei Asteroiden-Sauger im All, die die meisten Brocken abfangen.

Jupiter und unser Mond, die von Einschlagskratern regelrecht übersät sind.

Sind alle Sternschnuppen Meteoriten?

Der größte Teil ja, doch es gibt auch Weltraumschrott, der täglich in unsere Atmosphäre eintaucht und wie Sternschnuppen leuchtet. Es sind Überreste von Raketenteilen, kaputte Satelliten von der Raumstation Mir, und bei jedem Raketenstart werden es mehr.

Brachten Meteoriten das Leben auf die Erde?

Wissenschaftler erforschen die Meteoriten im Labor, um die Bausteine des Lebens in ihnen nachzuweisen. Die NASA hat eine Raumfahrtmission gestartet, um Asteroidenstaub unverfälscht von dem Gesteinsbrocken zu sammeln und zur Erde zu bringen.

Sie erhoffen sich davon, Spuren von Kohlenstaub-Aminosäure, DNA und RNA zu finden. Die Bausteine des Lebens.

Es ist nicht eine Frage, ob wir mit einem Einschlag rechnen müssen, sondern wann.

Nach Berechnungen der Wissenschaftler ist er schon längst überfällig.

Also, wenn ihr wieder einmal am Nachthimmel eine Sternschnuppe seht, wünscht euch was, denn sie soll Glück bringen. Aber niemandem den Wunsch erzählen, sonst erfüllt er sich nicht.

Hier noch ein Gedicht von mir, das über die Entstehung und die Erkenntnis des Rieskraters erzählt.

Die Entschlüsselung vom Ries

15 Millionen Jahre verbarg es ein Geheimnis.
Was war das nur für ein Ereignis?
Was hier gestaltet diesen Krater,
24 Kilometer Rund?

Wissenschaftler stellten Theorien in den Raum,
man glaubt es kaum.
Sie vermuteten, es sei ein Vulkan
und lag in einem Ozean.

Nein, nein, nein, das kann nicht sein,
schrie Eugene Shoemaker, dazu fehlt das typische Gestein.

Vom All da kam es her,
hell leuchtend und ziemlich schwer.

Tief bohrte er sich ins Gestein.
So entstand das Ries,
wie es Eugene Shoemaker bewies.

Foto: Dominic Schichl

THOMAS SCHICHL

Geboren 1968 in Nördlingen. Seit 1993 wohnhaft in Harburg (Schwaben). Ab 2000 befasste er sich mit Gedichten und Kurzgeschichten.

Drei Gedichte sind in der *Enzyklopädie der Nationalbibliothek des deutschsprachigen Gedichtes* in den Bänden 3, 5 und 20 abgedruckt.

Er stand 2018 viermal bei einem Poetry-Slam vor vierhundert Kulturliebenden auf der Bühne.

Seit 2018 ist er Mitglied beim Autorenclub Donau-Ries.

Sein Erstlingswerk *Meine dreizehn ersten Male* erschien Anfang Mai 2021. Er ist Experte für Astrologie und Meteorologie, da er in Nördlingen aufgewachsen ist und das Ries-Krater-Museum als seine zweite Heimat nutzte. Über Bücher und Videos hat er sein Wissen erweitert und sich in das Thema vertieft.

Roshido – Wahre Präsenz erleben

Innere und äußere Landschaften

Stell dir vor, du bist zum ersten Mal auf diesem Planeten und du hast die Möglichkeit, das Potenzial der Menschheit zu erforschen, das Potenzial, welches das menschliche Bewusstsein in sich trägt, zu entfalten, zu durchdringen, zu integrieren.

Ja, es ist tatsächlich möglich: Die Erfahrung des Alleinseins, die Begegnung mit dem Göttlichen, ein Leben in der Präsenz von Moment zu Moment, ganz im Hier und Jetzt, durch und durch verbunden mit dem Wesenskern der Schöpfung, als Teil des unendlichen Kosmos.

Möglicherweise hast du schon immer geahnt, dass die Welt viel größer ist, als aus der irdischen Perspektive gerade betrachtet.

Und daraus erwächst die Suche nach einem Weg, sich selbst im Großen und Ganzen zu erfahren, zu sehen und die eigene Wesensnatur zu verwirklichen.

Es gibt eine Fülle von Methoden und Traditionen, die dem inneren Ruf nach Tiefe als Wegweiser dienen können.

Nun, welchen Weg nach innen wirst du einschlagen, in welche Richtung wirst du gehen, womit gehst du in Resonanz?

Es ist nicht relevant, wie und wo der erste Ansatz gemacht wird. Sobald die ersten Schritte nach innen getan sind, kann die innere Führung, die innere Weisheit übernehmen. Im Grunde reicht eine sich wiederholende Tätigkeit, auf die sich der Geist vollkommen einlassen kann und in der er aufgeht, damit sich das Bewusstsein für den Ursprung der Schöpfung öffnen kann.

Es gibt im Ursprung der Traditionen Wegbeschreibungen und detaillierte Aufzeichnungen von großen Meistern, die den Wesenskern des Bewusstseins erreicht und den Entwicklungsprozess dorthin so gut es geht dokumentiert haben. Es hat zum Beispiel der Buddha Gautama die verschiedenen Bewusstseinsstufen, die in der Meditation erreicht werden können, bereits vor über 2000 Jahren klar und nachvollziehbar in Form der Jhana-Meditation beschrieben. Obwohl dies eine sehr praktikable und höchst effektive Methode ist, wird sie heute leider kaum noch authentisch gelehrt.

Für den Weg zur eigenen Wesensnatur gibt es eine innere Landkarte, ebenso auch eine äußere Landkarte.

Und für diese Landkarten gibt es einen verlässlichen Kompass, nach dem man seinen Weg ausrichten kann. Dieser Kompass auf dem Weg zu sich selbst ist sinngemäß ein erfahrener Weggefährte, jemand, der den Weg schon gemeistert hat, sprichwörtlich also ein Meister.

Für den Weg zur eigenen Wesensnatur gibt es eine innere Landkarte, ebenso auch eine äußere Landkarte.

Ich selbst habe auf meinem 30-jährigen spirituellen Weg unverzichtbare Begleitung von erfahrenen Meister:innen in der Rinsai-Zen, Soto-Zen, des Nondualismus und der Osho-Tradition erhalten. Zuletzt konnte ich nach intensivem Studium die Jhana-Meditation meistern. Parallel fand ich Coaching-Unterstützung, um aktuelle Konditionierungen, Prägungen und antrainierte Muster effektiv zu transformieren.

Die wahre Präsenz des gegenwärtigen Moments hat eine spezifische Frequenz, die einer geöffneten Blüte gleichkommt. Mit dieser Präsenz über die Gegenwart der Meister:in in Resonanz zu gehen, baut diese Frequenz nachhaltig auf, ist Hinwendung zum Authentischen. Dadurch entsteht Synchronizität mit der Meister:in und eine Transmission auf feinstofflicher Ebene wird mit Herz-Geist möglich.

In der Gegenwart von erwachten Meistern intensiv zu üben, ist für mich bis heute ein wichtiger Meilenstein zur Verkörperung und nachhaltigen Integration von Präsenz. Die Impulse dieser Meister sind tiefgehend und weitreichend.

Die berührende Begegnung mit dem Dalai Lama hat mir die Affirmation »Buddhahood this lifetime« geschenkt. Über einige Jahre bin ich jeden Morgen mit diesem Gedanken aufgewacht und das Unterbewusstsein hat somit bei der tatsächlichen Realisierung dieser spirituellen Ausrichtung meine manifestierenden Kräfte aktiviert.

Aus eigener Erfahrung kenne ich die unterschiedlichen Bewusstseinsstufen, die in der Meditation durchlaufen werden. Meine Hellhörigkeit, die sich nach einem Schießunfall bei der Armee aus einer vorübergehenden Taubheit entwickelt hat, ist in der Wahrnehmung der einzelnen Bewusstseinsstufen wie ein Echolot, das die Tiefe der jeweiligen Präsenz oder Frequenz erfassen kann.

Somit hilft mir die Hellhörigkeit auch zu erkennen, in welchem Bewusstseinszustand, in welcher Präsenz die mit mir Übenden sich befinden. Somit kann ich gezielt Orientierung und Unterstützung geben.

Es ist immer wieder eine Ehre, denjenigen beizuwohnen, die auf dem Weg nach innen das Ziel der absoluten Präsenz, der göttlichen Erfahrung erreichen und fortan aus diesem Bewusstsein heraus ihr Leben weiter entfalten.

Kommen wir nun zur äußeren Landkarte.

Durch die bewusste Verwendung von Geometrie, achtsamer Entwurfsarbeit, Steinsetzungen und Energiearbeit ist es möglich, Plätze zu schaffen, die die Frequenz von höchstem Bewusstsein tragen und ausstrahlen. Diese Plätze sprechen die reine Wesensnatur in uns an und aktivieren die göttliche Präsenz in uns. Sie strahlen eine tiefe Geborgenheit aus.

Die Wesensnatur des Göttlichen ist etwas Unsichtbares. Dies auf der äußeren Landkarte auszudrücken wird durch Formalität erreicht.

Oftmals sind diese Orte recht zurückhaltend gestaltet, es ist eher eine Qualität von Leere durch ordnende Strukturen und Geometrien gegeben. Eine Reduktion auf das Wesentliche wird akzentuiert durch angedeutete Asymmetrien oder einen Fokuspunkt, der den Betrachter in den Bann zieht und zum Innehalten bewegt.

Mit einfachen Mitteln das Große und Ganze durch einen gestalteten Ort auszudrücken, dient im Resultat dem Geist dazu, seine Empfangsbereitschaft für die einfachen, kleinen Dinge neu zu sensibilisieren, die häufig vom alltäglichen Leben überdeckt sind. Damit wird nun die Begegnung mit dem aktuellen Moment gefördert und Präsenz für den Moment möglich, ähnlich wie bei der Betrachtung eines Sonnenuntergangs am Meereshorizont.

Ein in sich ruhender Ort erfüllt beim Betreten unseren inneren Wunsch, in Wohlgefühl einzutauchen. Die alltägliche Welt und ihre Herausforderungen treten zur Seite, Gelassenheit und Freude finden nun Raum. Die offene Begegnung mit einem wunderschönen Objekt oder einer Blüte, die uns erfüllt, befreit unsere Sinne und verbindet uns in diesem Augenblick mit unserem innersten Wesen. Beim Verlassen dieser Geborgenheit geht alle Lebendigkeit des Ortes mit uns. Und wir kehren so lange immer wieder sehnsüchtig in diesen geborgenen Raum zurück, bis wir ihn in uns selbst gefunden haben, eins mit dem Ort als Spiegelbild.

Die Reise nach innen ist wohl das größte und wunderbarste Abenteuer, das es gibt. Roshido-Landschaften vermitteln einen Einblick in diese Wesensnatur, die sich dadurch erschließt.

In den letzten Jahren sind einige Orte mit dieser Qualität in Süddeutschland entstanden. Du kennst bestimmt das ergreifende Gefühl, wenn du die unberührte Natur besuchst und die Präsenz der Landschaft auf dich überspringt. Wenn du das jetzt nachempfindest, dann verstehst du, worum es mir bei dieser Arbeit geht und was sie zu bieten hat.

Die Reise nach innen ist wohl das größte und wunderbarste Abenteuer, das es gibt. Roshido-Landschaften vermitteln einen Einblick in diese Wesensnatur, die sich dadurch erschließt.

Foto: Dr. Jasmin Wollborn

JÜRGEN WOLLBORN

Dipl.-Ing. LandschaftsArchitekt bdla, Meditations-Counsellor
Jürgen Wollborn bringt Menschen und Orte in die wahre Präsenz

Über 1000 Projekte als Dipl.-Ing. LandschaftsArchitekt in 30 Jahren Berufserfahrung; Gesellschafter-Geschäftsführer WLG Wollborn Landschafts-Architekten GmbH; dreimaliger Gewinner der Auszeichnung »Gärten des Jahres«, des wichtigsten Garten-Awards im deutschsprachigen Raum D-A-CH. Werte wie Geborgenheit, Gemeinschaftsgefühl und Naturverbundenheit prägen die Projekte. Lehre an Universitäten zum Thema »Der Architekt als Unternehmer«; Ausgebildeter Meditations-Counsellor mit 30 Jahren und über 10.000 Stunden Meditations-Erfahrung, anerkannt in der Rinzai-Zen-, Soto-Zen- und Advaita-Tradition, Jhana-Meditations-Weg vollständig gemeistert. Er begleitet mit seiner authentischen Erfahrung Meditierende auf dem Weg zum wahren All-Einssein, durch akkurate Hellhörigkeit und hohe Sensibilität für das energetische Befinden von Menschen und Orten. Er kreiert unter der Marke »Roshido – innere und äußere Landschaften« individuelle Plätze, welche die Frequenz von höchstem Bewusstsein tragen und ausstrahlen. Es sind Orte, die uns an die innerste Wesensnatur erinnern und uns damit verbinden. Das ist Jürgen Wollborn – Er bringt Menschen und Orte in die wahre Präsenz.

www.roshido.com
www.wollborn.com

Das Workbook von Jürgen Wollborn »Jhana-Meditation, der Weg in die wahre Präsenz« wird gerne auf Anfrage über juergen@wollborn.com als Bonus zur Verfügung gestellt.

Vom karmischen Teebeutel, der Welt der Pluralismen und dem »fühlenden« Manager

Meine Entscheidung diesen Beitrag zu verfassen wurde von einer Tasse Hari Tea aus der sogenannten »Buddha Box« begleitet. Der Tee aus dem heimischen Bioladen ist liebevoll in Baumwollstoff gehüllt, mit biologisch abbaubarer Verpackung. Der wertschätzend anmutenden Teeschachtel ist die Aufschrift hinzugefügt »Bring the Temple Home« und die Innenlaschen stellen schließlich den Eingang eines Tempels dar, welchen man öffnen muss, wenn man sich einen Beutel herausnehmen möchte. In diesem Moment des Schreibens darüber fällt mir erst so richtig auf, wie wertvoll einem alltägliche Dinge erscheinen können, wenn man sie aufmerksam betrachtet.

Gleichzeitig wird mir bewusst, wie stark das kundenzentrierte Marketing um diese Teeschachtel ist, was mich dazu bringt, die Marke zu googeln. Ich erfahre, dass es sich um ein Familienunternehmen handelt, das nicht nur Tee, sondern vielmehr das Mindset verkauft, dass Menschen ihr volles Potenzial entfalten sollten. Und das ist der Augenblick, in dem ich erkenne, dass dieser belanglos anmutende Teebeutel mich in dem Moment, in dem ich diese Zeilen verfasse, zu einem Unternehmen führt, das mich nun als Fan hinzugewonnen hat, indem es mich erkennen ließ, dass es in seiner Ausrichtung meinem Mindset gleicht und sich offenbar der gleichen Sache verschrieben hat.

Jeder der Teebeutel trägt eine Art karmischen Spruch. Meiner an jenem Nachmittag trug das Motto »Gutes Bauchgefühl«, was mich in der getroffenen Entscheidung bestätigte. Zugleich lieferte der Spruch den Inhalt, den ich thematisieren könnte. Er lautete sinngemäß: Was das Leben dir an Erfahrungen schenkt, kannst du vielleicht nicht ändern. Wohl aber, was du daraus machst! Am besten, du vertraust auf dein gutes Bauchgefühl.

Was das Leben dir an Erfahrungen schenkt, kannst du vielleicht nicht ändern. Wohl aber, was du daraus machst! Am besten, du vertraust auf dein gutes Bauchgefühl.

Die Wörter des Teebeutels inspirierten mich, meine Sicht in Bezug auf unsere Welt, bestehend aus Pluralismus und Polaritäten, darzulegen, welcher wir alle zugehörig sind.

Ein Business-Sensemaking-Modell umschreibt dies mit dem Akronym »Vuca«, was bezüglich einer Ablösung durch »Bani« diskutiert wird. Ob Vuca oder Bani, unsere Welt ist zunehmend komplexer geworden, vielleicht sogar undurchsichtig, auf keinen Fall vollständig planbar. Laut Bani ist sie brüchig, ängstlich, nicht-linear und unbegreiflich. Ganze Branchen sind im Veränderungsprozess. Diese Rahmenbedingungen bringen uns an den Rand unserer Aufnahme- und Bewältigungsfähigkeit und stellen uns vor die Herausforderung, langfristige Entscheidungen aus unvollständigen Informationen heraus zu treffen. Es ist das Managen des Unerwarteten, an welcher Stelle die isoliert gehaltene Rationalität vielfach scheitert. Es scheint also eine Art Menschheitsaufgabe zu sein, in dieser Welt die Grenzen dieser Rationalität zu erkunden und neue Perspektiven mit einzubeziehen.

Forschungen legen nahe, dass intuitiv getroffene Entscheidungen zu besserer Qualität führen. Und wenn wir mal ehrlich sind, gehört es nicht tatsächlich zur Tagesordnung, dass Entscheidungen sogar in Unternehmen aus einem intuitiven Impuls heraus getroffen werden? Also, warum rollen wir diesem »weicheren« Pfad dann nicht offiziell auch im Business den roten Teppich aus?

Selbst Wissenschaftler fordern, dass wir neben der Rationalität nach einer eher instinktiven Weisheit suchen müssen, um unserer heutigen Welt adäquat zu begegnen.

Liefert der Teebeutel hier schon die passende Formel? Vertrauen, Bauchgefühl und Frieden finden – ein Modell fürs Business? Emotionen spielen hier doch gar keine Rolle, oder? Was, wenn dies jedoch genau der Schlüssel ist für diese nicht-lineare Welt? Bani offeriert hier passende Attribute: Einer solchen Welt ist u. a. mit Empathie, Achtsamkeit, Adaption, Sinnhaftigkeit, Transparenz und Intuition zu begegnen. Sind das nicht alles Attribute, die mit Emotionen verknüpft sind? Vor allem Intuition ist an der Stelle herauszugreifen, zu der wir eine Art Zugang öffnen und diese hoffähiger und akzeptierbarer machen sollten.

In den Kontexten innovativer Unternehmen geschieht das bereits anhand der Agenda von Mindfulness. Das Phänomen der Intuition, dass wir also etwas wissen, ohne dass wir wissen, wo dieses Wissen herkommt, kann u. a. mit unserer rechten Gehirnhälfte assoziiert werden. Experimente legen nahe, dass es sich hier um eine unbewusste Intelligenz handelt, welche die Wahrheit schon gefunden hat, während unser rationaler Verstand, unsere linke Gehirnhälfte, noch mit der Lösungsanalyse ringt. Bereits Einstein wagte den Umstand der stark rationalen Welt folgendermaßen zu kommentieren: »Der intuitive Geist ist ein heiliges Geschenk, und der rationale Geist ist ein treuer Diener. Wir haben eine Gesellschaft geschaffen, die den Diener ehrt und das Geschenk vergessen hat.«

Dass Intuition schon seit jeher in der Kommunikation zwischen Menschen eine Rolle spielt, zeigt das Konzept des »Double Bind«, das aus der (Kommunikations-)Psychologie bekannt ist. Es beschreibt, dass Menschen mit Störungen reagieren, wenn sie Mitteilungen bekommen, die sich gegenseitig ausschließen (gesprochenes Wort vs. Mimik, Gestik, Tonfall). Diese Störung führt dazu, dass unter Umständen die Authentizität und Glaubwürdigkeit des Senders in Frage gestellt wird.

Wenn wir also die Vuca-/Bani-Welt betrachten, dann sind Authentizität und Glaubwürdigkeit doch Schlüsselattribute heutiger Leader. Ich wage zudem die These aufzustellen, dass neuere Generationen, da in stärkere Komplexität geboren, damit auch andere »intuitive Skills« erworben haben und deshalb neue Erwartungen an einen Leader stellen. Rationale Argumentation und Ausführungsforderung sind hier zu kurz gegriffen – es muss eine »fühlendere« Kommunikation an die Tagesordnung, die sowohl intuitiven Prozessen des Senders als auch des Empfängers gerecht wird. Sinnhaftigkeit, eigene Wahrhaftigkeit und Storytelling sind hier die passenden Schlagwörter. Dies ist nur durch Klarheit in sich selbst, dem Eigenen in Kohärenz mit dem unternehmerischen »Warum« und damit verbundener Authentizität zu erreichen.

Ich postuliere daher weiter zu denken, über die Grenzen hinauszugehen: Die ausdrückliche Nutzung des Pfades der Intuition im Gleichgewicht mit Rationalität, eingebettet in ein Umfeld, das die Idee des Wechselwirkungsparadigmas zwischen Materie und Bewusstsein ergänzend fragend betrachtet.

Ich postuliere daher weiter zu denken, über die Grenzen hinauszugehen: Die ausdrückliche Nutzung des Pfades der Intuition im Gleichgewicht mit Rationalität.

Ein Pfad, aufgegriffen am Nerv der Zeit, den ich als entscheidenden Mittelweg in der Bewältigung unserer Realität ansehe. Zumindest sind bisher alle meine Erfahrungen an dieser Schnittstelle mit ausschlaggebenden Durchbrüchen verbunden. War es nicht seit jeher in der Geschichte so, dass das Unbekannte und die Arbeit an der Grenze des aktuellen Verständnisses der Ausgangspunkt für ein neues Bild unserer Welt war?

Am Ende lässt sich festhalten, dass die achtsame Auseinandersetzung mit einem Teebeutel eine Art philosophische Überlegung anstoßen kann, was doch der Beweis dafür ist, dass uns Achtsamkeit und Intuition zu neuartigen (Denk-)Prozessen führen, an deren Stelle sich dann auch neue Lösungen auftun.

In diesem Sinne, greifen Sie doch auch zu einer Tasse Tee, öffnen Sie Ihre Playlist und klopfen Sie in Achtsamkeit an der Tür in Richtung eines intuitiven Pfads.

Foto: DK Fotokunst

DR. MELANIE JUNG

Inspiration zum Leben deines Potenzials

Als promovierte Psychologin, Coachin und Autorin begleitet Dr. Melanie Jung Menschen zu neuen Perspektiven. Ihr Wirken hat mit dem Öffnen neuer Denkräume das Ziel, Menschen in privater und beruflicher Rolle zu ihrem wahren Potenzial und Sinnfindung zu führen. Zugang hierzu schafft eine analytische Vorgehensweise in Kombination mit unkonventionelleren Ansätzen, die vor allem einen intuitiveren Weg zur Lösung bieten – es wird dabei der im Beitrag postulierte Mittelweg adressiert, um der vorherrschenden Komplexität besser zu begegnen. Weitere Infos unter: www.meinglücksweg.com

Bunt ist eine Lebenseinstellung

Meine Lieblingsfarbe ist bunt. Das war schon immer so. Als ich zehn Jahre alt war, durfte ich im Fernsehen den Film »Der Tiger von Eschnapur« sehen. Am meisten beeindruckt war ich von den Farben: Dieser bunte Rausch der indischen (Farb-)Welt, die Teppiche, Saris, Diamanten und wilden Tiere. Ich war hin und weg und wusste da schon: Ich werde mal die zweite Mata Hari und gehe hinaus in die bunte Welt.

Jawoll: bunt.

Und dann kam die Ernüchterung. Als Berufseinsteigerin erfuhr ich gleich zu Anfang, dass das Einmaleins eines guten Marketings sei, »spitz« in den Markt zu gehen. »Spitz in den Markt«, d. h. so fokussiert wie möglich auf einen Hauptbereich, also die Juristin für alleinerziehende lesbische Mütter oder so was.

Und das ich!!! Diplomjournalistin, Kommunikationstrainerin, Künstlerin, Coach, Autorin, Business-Aufstellerin und Innendesignerin: Das sind nur einige Studienfächer beziehungsweise Ausbildungen, die ich erlernt und bestanden habe. Selbst eine Ausbildung zur weißen Hexe habe ich gemacht: Ich bin eine von vielleicht 30 Hexen auf der ganzen Welt, die ein Zertifikat für ihre Ausbildung bekommen haben. Wirklich. Wie man ein Aphrodisiakum herstellt und die richtigen Partner anzieht? Ich kann die Mixtur dafür zusammenstellen. Wie man sich mit einer Magic Love Soap unwiderstehlich macht? Ich weiß es. Heißt: Bei mir war nie weniger mehr, sondern schon immer mehr ist mehr.

Nur leider konnte ich damit ja nicht meinen Lebensunterhalt verdienen. Das dachte ich jedenfalls damals.

Und damit ging das Dilemma los:

Ich habe es zwar immer bewundert, dass Menschen von früh auf wussten, was sie mal werden und wo und wie sie leben wollten, nur es war und ist halt leider kein Lebenskonzept für mich.

Eine Freundin von mir hat sich schon immer ganz in Weiß eingerichtet, ganz edel und sehr chic, ein anderer Freund von mir wollte Anwalt für Menschenrechtsfragen werden und wurde das natürlich mit Erfolg.

Oder meine Architektenfreunde, allesamt sind sie heute fest und sicher im Job verankert.

Und ich mittendrin in all diesen linearen, eintönigen Lebensläufen. Ich konnte und wollte mich nicht entscheiden. Kein Entweder-oder, schwarz oder weiß, kein Nine-to-five-Job. Ich war schon immer schnell gelangweilt und brauche Abwechslung, ständig das Gleiche, diese mausgraue, langweilige Welt: Nein, danke. »Eigentlich« wollte ich Schauspielerin werden, aber leider blieb ich mit dieser Absicht im »Eigentlichland« stecken. Da Journalismus keine so »brotlose« Kunst war, wurde ich auf Drängen meiner Mutter dann Journalistin. Ich war halt jung und brauchte das Geld ... ☺

Ich weiß noch genau, ich war 22 und jüngste Redaktionsleiterin Deutschlands, angestellt bei der Norddeutschen Rundschau, da arbeitete ein 18-jähriger Jungspund für mich als freier Mitarbeiter: Er hatte seine Frau schon mit 15 in der Schule kennengelernt und war gerade dabei, auf dem Grundstück seiner Eltern ein Haus für sich und seine Frau zu bauen. Ich muss so verdutzt dreingeschaut haben, dass er mich fragte: »Wenn du jetzt eine Million Mark zur Verfügung hättest und dürftest dir dafür ein Haus bauen, in dem du dein ganzes Leben lang lebst, wo wäre das und wie sähe es aus?« Diese Frage hat mich damals tagelang beschäftigt und regelrecht unglücklich gemacht. Im Nachhinein freue ich mich, dass das wirklich nur eine total hypothetische Frage war. Ich bin in meinem Leben bis heute, und vermutlich ist das noch nicht das Ende, 24-mal umgezogen. Ich habe in München und Neuseeland studiert, war ein Jahr in Asien und dort in Indonesien, Malaysia, Thailand und Indien unterwegs, habe über drei Jahre als Künstlerin auf Ibiza gelebt, spreche Spanisch, Englisch, Französisch, ein wenig Indonesisch und Plattdeutsch und bin froh, dass ich diese eine Million mit 22 Jahren nicht zur Verfügung hatte.

»Das Leben ist groß und bunt, und ich bin ein Teil davon«, das wusste ich schon immer.

»Das Leben ist groß und bunt, und ich bin ein Teil davon.«

Kennst du das auch, dass dich zum Beispiel der Rausch der Farben- und Formenvielfalt in der Natur richtig von Sinnen macht? Farben sind das Lächeln der Natur, und jedes Jahr, wenn die lilafarbenen und gelben Krokusse aus der mausgrauen Erdentunke sprießen, hüpft mir das Herz hoch. Die Natur zeigt uns, wie Buntheit in ihrer schönsten Fülle aussieht.

Wusstest du, dass Goethe der Erfinder der Farbenlehre ist? Dass sich Johann Wolfgang von Goethe jahrelang mit der physischen und psychischen Wirkung von Farben auseinandergesetzt hat? Dass er mal gesagt hat, dass er sich auf alles, was er als Poet geleistet habe, nichts einbilde, aber auf seine Erkenntnisse der Farbenlehre äußerst stolz sei?

Goethe, und das ist heute ja wirklich bewiesen, wusste um die Macht und die Kraft der Farben.

Auch Kunsttherapie und Chakrenlehre arbeiten mit Farben und Ayurveda, die älteste Heilkunst der Welt. Sie setzt Farben ein und ordnet bestimmte Menschentypen bestimmten Farben zu. Die Astrologie geht da mit: Sternzeichen des Elementes Erde – also Steinbock, Jungfrau und Stier – mögen gerne erdige Farbtöne. Sie finden ihre Balance oder ihr Glück in ledernen, schweren Sesseln in einer Bibliothek aus Holz an einem bollernden Kamin. Hingegen Sternzeichen des Elementes Luft – also Zwillinge, Waagen und Wassermänner – wohnen gerne oben im Dachgeschoss mit großen luftigen Fenstern und leichten, gelben Vorhängen.

Das sind nur einige Beispiele.

Fakt ist: Alle diese Wissenschaften arbeiten sehr wirkungsvoll mit der Macht und der Kraft der Farben.

Als Künstlerin und Innendesignerin weiß ich, wie man mit Farben und Licht Räume kreiert, gestaltet und komplett verändert.

Hast auch du Lust, Farbe zu bekennen und zu erforschen, welche Farben gerade in deiner Lebensphase wichtig und richtig für dich sind?

Egal, ob es die Kleidung, die Haarfarbe, der Blumenstrauß auf dem Tisch oder die Farbe an der Wand ist: Wie kannst du deinen inneren Regenbogen nach außen hin sichtbar machen? Bunt ist eben eine Lebenseinstellung.

Denke bunt und dein Leben wird farbenfroher.
Mische bunt und dir wird auch im Leben nicht langweilig.

Und klaue heillos aus der Natur:
Das Licht hat sieben Farben, das Leben viel, viel mehr.

Ich mach mir die Welt, wie-di-wie-di wie sie mir gefällt: Und das ist bunt, von der frischen Blumenwiese über den Regenbogen bis zum Sternenhimmel und wieder zurück.

Sei du selbst der Farbklecks in deinem Leben und mache mit ... wie-di-wie-di wie es DIR gefällt.

Foto: Luis Limberg

RAIKA VON LENTZ

Raika von Lentz ist erfolgreiche Lebenskünstlerin und weiß um die Macht und Wirkung von Farben und Licht.

Nachdem sie Kunst, Diplom-Journalistik und Innenarchitektur studiert und viele Jahre als Journalistin gearbeitet hatte, war sie 16 Jahre für SAT.1 unter anderem als Projektleiterin des Cross-Promotion-Bereichs Entertainment / Kreativität tätig. Als Künstlerin und Innendesignerin arbeitete und lebte sie auf Ibiza. Sie ist so bunt und fröhlich wie ihre großen Bilder. Als Speakerin und Kreativtrainerin hat sie schon Tausenden Menschen gezeigt, welche Wirkung Farben auf die Stimmung und Emotionen haben und wie es gelingt, bunt zu denken. Mit ihren Vorträgen und Workshops, wie beispielsweise ihrer eigens entwickelten Methode »Power-Painting« als Teambuilding-Maßnahme oder die richtige Farbwahl für das Unternehmen, setzt sie wichtige Impulse für ein erfolgreiches und buntes Arbeitsleben. Raika von Lentz ist Autorin und Mitautorin mehrerer Bücher und gilt mittlerweile als DIE Farb-und Lebenskunstexpertin im deutschsprachigen Raum.

Das antike Szenarium läuft auf Hochtouren

Der »Abstand« des Apollon und die »Nähe« des Dionysos durch die Brille der Pandemie

Apollon und Dionysos bilden ein antikes Bündnis absoluter Gegensätze, das einmalig und einzigartig in die Geschichte der Antike einging und in der Pandemie aufs Neue erwacht ist.

Apollon steht mit seinen Symbolen für Gesetz, Ordnung und Distanz.

Dionysos ist der Gott der Nähe, der menschlichen Sinnlichkeit, der Ekstase, des Theaters, der Masken und des Weines.

Die beiden Gottheiten haben untereinander den heiligen Ort Delphi geteilt und jeder hat zu seiner Zeit die Regierung übernommen. Denn: Ordnung mit dem Abstand kann nicht ohne Sinnlichkeit mit der Nähe in der Gesellschaft überleben. Und der mächtige Zeus, der vom Olymp aus regiert, weiß, der Staat bedarf beider Kräfte.

Denn: Ordnung mit dem Abstand kann nicht ohne Sinnlichkeit mit der Nähe in der Gesellschaft überleben.

Den tiefen Sinn für das apollinisch-dionysische Bündnis spüren wir hier und jetzt äußerst stark: Der Staat versucht die Corona-Pandemie zu stoppen und regiert im Sinne der apollinischen Distanz per apollinischem Gesetz.

Die Ersten, die am allerschlimmsten darunter leiden, sind die Orte der dionysischen Nähe: Theater, Veranstaltungen, Bars, Restaurants. Und die Gesellschaft reagiert darauf mit zahlreichen Protesten und heimlich gefeierten dionysischen Coronapartys.

Die enorme Wichtigkeit der Präsenz des Dionysos verstand der mächtige Zeus allzu gut. Zeus selbst und seine liebsten Kinder Apollon, Athena und Hermes setzten sich für das Leben und das Überleben des Kindes Dionysos ein. Diese Rettungsaktion, an der die wichtigsten Götter des Rechtsstaates beteiligt waren, kennt nicht seinesgleichen.

Die Rettung von Dionysos beginnt bereits vor seiner Geburt.

Die Rettung von Dionysos

Laut der orphischen Überlieferung verführte Zeus in Gestalt einer Schlange die junge Persephone. Aus der Verbindung von Zeus und Persephone entstand ein Kind namens Zagreus, das in der Mythologie mit dem Dionysos gleichgesetzt wird. Die eifersüchtige Gattin des Zeus, Hera, erfuhr von seiner Existenz und überredete die Titanen (die der Vorgeneration der olympischen Götter um Zeus angehörten), das Kind in Stücke zu zerreißen und aufzufressen. Athena, die olympische Göttin der Weisheit und der Strategie, die geliebte Tochter von Zeus, erfuhr von Heras Plan und konnte das Herz des Kindes retten, um es Zeus zu bringen. Zeus verschluckte das Herz des Kindes.

Das Herz in seinem Inneren tragend, verführte Zeus Semele, die Tochter des thebanischen Königs Kadmos. Semele wurde schwanger und auf diese Weise wurde Dionysos zum zweiten Mal gezeugt.

Auch von der zweiten Zeugung und der Schwangerschaft von Semele erfuhr Hera. Sie nahm die Gestalt von Semeles alter Amme Beroë an und überredete Semele zu einer todbringenden Tat. Semele sollte nämlich Zeus darum bitten, dass dieser sich in seiner vollen göttlichen Majestät zeigt: als Blitz und Donner.

Semele kam der Bitte der Hera nach und Zeus seinerseits konnte dem Wunsch der Semele nicht widerstehen und zeigte sich Semele in seinem göttlichen Antlitz des Blitzes und des Donners. Die mächtigen Blitze trafen Semele und sie wurde dadurch verbrannt. Zeus schaffte es aber, Dionysos aus dem Schoß von Semele herauszuholen, und nähte das ungeborene Kind in seinem eigenen Schenkel ein. Als die Zeit reif war, öffnete Zeus die Naht und holte Dionysos heraus, wodurch Dionysos als »der zweimal Geborene« auf die Welt kam.

Laut einiger Überlieferungen übernahm Hermes, der Götterbote und nach Apollon der zweitliebste Sohn von Zeus, die Rolle der Hebamme bei der Geburt des Dionysos und wurde auch der Schutzpatron des Kindes.

In einer weiteren Version des Dionysos-Mythos stiftete die eifersüchtige Hera die Titanen an, das Kind Dionysos zu töten. Sie reißen das Kind in Stücke und Apollon, der zweitwichtigste olympische Gott nach Zeus, fügte die Teile des Dionysos zusammen und belebte das Kind wieder.

Diese außergewöhnlich lange Reihe von Rettungsaktionen des Dionysos durch die wichtigsten olympischen Götter stellt uns vor die logische Frage, warum Dionysos dermaßen bedeutend war?

Und gerade in der heutigen Zeit können wir diese Frage mit Sicherheit beantworten: Der Rechtsstaat kann ohne die Sinnlichkeit nicht überleben und wie die aktuellen Ereignisse der Lockdown-Zeit bezeugen, kann er durchdrehen.

Jedoch weiß man und darf ebenfalls nicht vergessen, dass auch Dionysos ohne Apollon nicht existieren kann. Daher war Dionysos selbst an dem Bündnis mit dem Gesetzgeber Apollon interessiert, denn die unkontrollierten freigelassenen dionysischen Kräfte entfalten sich in Orgien und Gewalt.

Hier und jetzt liefert unsere Gesellschaft die bildliche Verkörperung des antiken Bündnisses: Wir tragen alle per Gesetz dionysische Masken und spielen auch gewissermaßen die Rolle, die uns per apollinischem Gesetz zugewiesen wurde. Per Gesetz des Staates wird uns die apollinische Distanz – der Abstand – zusammen mit der dionysischen Maske verordnet und die dionysische Nähe wird gesetzlich geregelt.

Wir warten ekstatisch auf die Impfung, doch zugleich stellen wir ihre Wirkung infrage und haben Bedenken, uns impfen zu lassen. Tief in unserem Unterbewusstsein wissen wir, dass jede Injektion wie der Wein des Weingottes Dionysos / Bacchus lebensgefährlich sein kann. Doch die Annahme dieser begehrenswerten Substanz ist, metaphorisch gesehen, eine Bedingung für die Vereinigung mit der dionysischen Kraft der Sinnlichkeit. Die aktuelle Verabreichung erfolgt aber apollinisch kontrolliert und reguliert, wie wir das nicht aus der Antike kennen. An dieser Stelle haben wir einen weiteren Schritt für die Annäherung zwischen Apollon und Dionysos gewagt.

Und was erleben wir, sobald die dionysischen Masken fallen bzw. per Gesetz fallen gelassen werden?

Das antike Szenarium, das Aristoteles in seiner »Poetik« begründet, sieht das klar und deutlich vor: Wir werden den tiefen Sinn der »Reinigung« (der Katharsis) über das »Leiden« und das »Erlebnis« (den Pathos) verstehen oder vielleicht für uns neu entdecken. Im Leben wie auch auf der dionysischen Theaterbühne muss das »Leiden« erlebt werden, um in den Genuss der »Reinigung« zu kommen.

Es gibt keine »Reinigung« ohne »Leiden«.

Wir leiden zusammen mit unserem Planeten, doch es gibt keine »Reinigung« ohne »Leiden«.

Die Masken werden fallen und nach dem vorgegebenen Szenarium werden die »apollinische« und die »dionysische« Reinigung ihre Früchte tragen: Die »apollinische« Katharsis setzt die Wiederherstellung des Gleichgewichts zwischen Individuum und Staat voraus und die »dionysische« Katharsis reinigt die menschliche Seele und sorgt für neue innere Kommunikationswege. Die Masken werden fallen und mit der dionysischen reinigenden Impfung, die für uns eine der Zugangsvoraussetzungen zur dionysischen Nähe und den Festen bedeutet, haben wir *hoffentlich* die besten Aussichten, mit einem neuen »Wir«-Gefühl der dionysischen Nähe und einem gereinigten Gefühl zu apollinischer Distanz aus der Krise / dem Pathos herauszukommen.

Die Impfung bedeutet für uns eine Zugangsvoraussetzung zur dionysischen Nähe und den Festen.

Foto: Dave Mngola, Studioline Photography

DR. ANNA HÖRATH

Expertin in Psychologie des Mythos, Speakerin, Autorin, Persönlichkeitsentwicklung mit dem Programm »Das Mindset des Olymp von Zeus« Psychologische Beraterin

Dr. Anna Hörath, geb. 1973 in der Ukraine, studierte in den Fächern Russische und Französische Philologie an der Universität Potsdam und promovierte später an derselben Universität zum Thema »Auf den Spuren der griechischen Mythen bei Anton Tschechow«. Sie veröffentlichte Aufsätze über das antike Theater und dank Musikausbildung in Klavier verglich sie die dramatische Struktur von A. Tschechow mit der musikalischen Struktur von P. Tschaikowski. Sie war bei der Antenne Brandenburg und in der Redaktion der Zeitschrift »Gegenworte« der Berlin-Brandenburgischen Akademie der Wissenschaften tätig.

www.annahoerath.com
info@annahoerath.com
Social Media: Instagram, Facebook

Mehr Herz, mehr Verstand, mehr Seele

Ich bin in einem Lan oß geworden, in dem Frauen per se keine Seele haben. Ich muss mmer wieder spüren, dass mir etwas fehlt. Das wichtigste Glied in n er Kette. Und das habe ich geglaubt. Hinzu kam, dass mein Vater edingt einen Jungen haben wollte und so bin ich demnach äusse h sowie von meinem Verhalten her zu einem Jungen geworden.

Einen großen Teil mein rühen Lebens verbrachte ich damit, diese auferlegte Lüge zu leb nd mich als Frau zu verstecken. Das Leben hat mich dadurch gep .

Nach und nach habe ich ch gelernt: Ich bin mehr als diese übergestülpte Identität. Mei hres Selbst zu finden und auszubauen ist mein Lebensinhalt orden, mein Beruf und meine Berufung.

Ein Katalysator für meine nenschen, das bin ich geworden. Für den Sprung dorthin muss den Mut zur Selbstveränderung fassen und mich tief in die uren des menschlichen Daseins einfühlen. Um frei zu werde ste ich meine inneren Konflikte lösen. Und das Ergebnis zei inderung findet statt, wenn die Absicht klar ist.

Da es in Deutschland be ologiestudium primär um nüchterne Statistiken ging, b ach Kalifornien gezogen, um auf einer kleinen Universi ersonale sowie humanistische Psychologie zu studiere nrte jeder Dozent seine eigene thera peutische Praxis, w as Studium absolut praxisbezogen Die Grundlage un Handwerkszeug meiner heutigen A s promovierte Psy ogin wurden dadurch geschaffen.

Para l zu dium habe ich damals Energie , unter anderem von Barbara Ann Brennan sowie Choa Kok Sui, gelernt und des Weiteren Counselling-Kurse besucht. Dabei habe ich meine Hellsichtigkeit entdeckt, durch die ich das Energiefeld und die Energiezentren regelrecht lesen kann.

Durch die Energiearbeit steht mir als Coach für Kommunikation und Transformation ein breites Repertoire an Instrumenten zur Verfügung. Mit dieser recht einzigartig kombinierten Methode von Psychologie und Energiearbeit kann ich meine Klienten auf dem Weg zur inneren und energetischen Erneuerung liebevoll unterstützen.

Menschen beim Aufleuchten ihres authentischen Selbst zu fördern, darin liegt meine Kraft.

Die Erkenntnisse aus meinen Erfahrungen weiterzugeben, treibt mich an im Leben. Menschen beim Aufleuchten ihres authentischen Selbst zu fördern, darin liegt meine Kraft. Denn ich lebe das, was ich lehre; bewertungsfrei, beobachtend, achtsam und bewusst im Moment.

Heute beinhaltet meine therapeutische Arbeit im Einzelnen Gruppenseminare, Firmencoachings, Einzeltrainings und Intensiv-Kurse. Meine energetischen Arbeitsmethoden erlauben es mir, auch über die Distanz zu arbeiten. Dabei kommt es schon mal vor, dass neben der Arbeit am Energiekörper der Klienten auch Häuser und Plätze auf Wunsch mit gereinigt und transformiert werden.

Besondere Freude bereitet es mir, mehr Klarheit in die Kommunikation zwischen den Geschlechtern zu bringen, insbesondere auf der energetischen Ebene. In der Regel kommunizieren die Geschlechter energetisch auf verschiedenen Kanälen, dadurch sind Missverständnisse sowie Spannungen vorprogrammiert.

Die Kunst der Kommunikation auf energetischer Ebene kann eingeübt werden. Fragen wie: »Warum kann ich nicht sagen, was ich sagen will?« und »wenn ich es sage, warum kommt es nicht an?« lösen sich auf und liebevolle Begegnungen werden möglich.

Das ist zwischenmenschliche Verständigung und Unternehmenskommunikation der Zukunft – eine bewusste und klare Kommunikation mit Herz und Verstand.

Allen ist eine ähnliche Geschichte bekannt: »Meine Freundin / mein Freund / Mama / Papa kommt aus dem Wohnzimmer auf mich zu und schaut mich seltsam an. Mein Herz fängt an zu pochen, meine Hände fühlen sich kalt an und in meinem Kopf fangen die Gedanken an zu rasen: ›Was habe ich angestellt?‹ Mein Hals ist wie zugeschnürt. Ich möchte fragen: ›Alles ok? Kann ich etwas für dich tun?‹ Ich bekomme kein Wort heraus. Erzeugen meine Gedanken, etwas falsch gemacht zu haben, ohne es zu wissen, die Blockade? Oder ist es etwa diese starke, fast physische Angst, nicht geliebt zu werden, die mir den Hals zuschnürt? Oder irgendetwas anderes? Wie komme ich aus dieser Enge heraus?»

Besondere Freude bereitet es mir, mehr Klarheit in die Kommunikation zwischen den Geschlechtern zu bringen.

Derartige Situationen möchten wir alle in den Griff bekommen. Es geht dabei nicht um die Sprache an sich oder ob ein großer oder kleiner Wortschatz vorhanden ist. Sondern es geht darum, unsere eigene energetische Körpersprache zu verstehen und die Energiezentren ins Gleichgewicht zu bringen. Dies innerhalb von Sekunden zu beherrschen ist das Ziel, zum Beispiel auch dann, wenn wir uns in nicht gerade leichten Situationen befinden. Dann können die passenden Worte ganz von alleine kommen und wir können sie souverän und gelassen von uns geben und das ausdrücken, was uns gerade auf dem Herzen liegt.

Das braucht anfänglich Mut. Das ist Arbeit. Sie lohnt sich, für uns und für die anderen um uns herum. Mit der Zeit entwickelt sich ein freudiges Grinsen von innen heraus, ein authentisches Lachen, das ansteckend ist. Für mich ist es wunderbar zu sehen, wie wir wachsen, wie wir uns entfalten, unser Bewusstsein erhöhen, mehr aus uns herausholen, als wir jemals für möglich gehalten haben.

Diese Transformation beginnt mit der ehrlichen Absichtserklärung für das eigene Wachstum. Denn unser menschliches Bewusstsein ist ausgerichtet auf Klarheit und Wachstum. Die Klarheit des Bewusstseins bedingt das Wachstum und die Kraft zur Manifestation.

Oft ist das Bewusstsein eingetrübt, so dass Wachstum kaum möglich ist. Der Klarheit stehen in der Regel unbewusste Blockaden, Emotionen, Traumata oder ein starres Selbstbild entgegen.

Bei den Mutigen unter uns gibt es oft das tiefe Verlangen, diese Barrieren abzubauen und dadurch zu mehr Bewusstsein zu gelangen. Mit dem Blick in den eigenen Spiegel findet zwar eine Konfrontation mit den Gegebenheiten statt, jedoch gelingt eine Eigentherapie eher selten. Der Spiegel im Gegenüber durch Supervision, Coaching und Bewusstseinsarbeit hat hier den gesunden Abstand. Als Therapeutin stehe ich gerne den Mutigen auf der Welt als Katalysator für persönliches und unternehmerisches Wachstum zur Seite, für ein freudiges Leben im Hier und Jetzt.

Oftmals beginnen meine Sitzungen mit der Frage: »Bist Du glücklich?«

Wenn ich dann jemandem zuhören darf, der nörgelt, der wahrscheinlich grundlos unzufrieden ist und Gott und der Welt die Schuld zuweist, dann frage ich weiter: »Fühlt es sich gut an, mit dem Finger auf die anderen zu zeigen, oder ist es an der Zeit, über diese Schuldzuweisung hinauswachsen zu wollen und in ein neues, bewusstes Leben einzusteigen?«

»Du kannst es leben: Mehr Herz, mehr Verstand, mehr Seele.«

Dieses Mantra begleitet mich und meine Klienten täglich, seit über 30 Jahren.

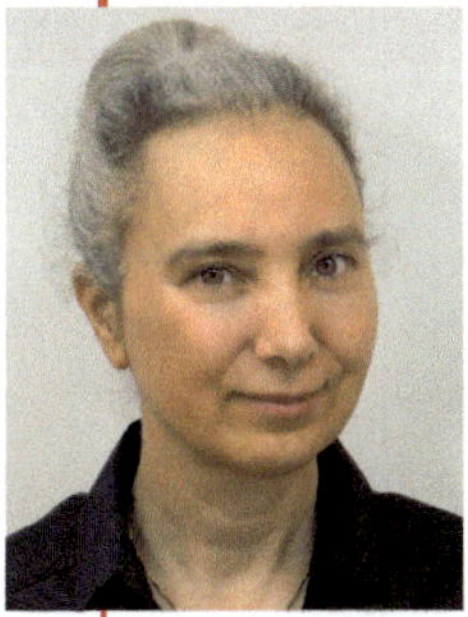
Foto: Jürgen Wollborn

DR. JASMIN WOLLBORN

Katalysator für mehr Herz, mehr Verstand, mehr Seele

Über 3500 Klienten als Doktor der Psychologie in der transpersonalen sowie humanistischen Praxis, einzigartig kombinierte Methoden von Psychologie und Energiearbeit, mehr als zehn Unternehmen in der langfristigen Entwicklungsberatung, 30 Jahre Berufserfahrung; Hellsichtigkeit, auch aus der Ferne, Arbeit mit den Energiezentren und den Energiefeldern von Menschen, Plätzen sowie Häusern; 100 transformierte Plätze, über 1000 Steinsetzungen und Kristall-Programmierungen; Entwicklerin und Produzentin der der Roshido Harmony Sprays durch die ROSHIDO AG, Autorin von vier Büchern. Das ist Dr. Jasmin Wollborn: Katalysator für mehr Herz, mehr Verstand, mehr Seele.

Geschäftsführerin der ROSHIDO AG & der ROSHIDO Consultants GmbH in Appenzell

www.drjasminwollborn.com

Das eBook von Dr. Jasmin Wollborn »Der Ruf des magischen Steins – Die Transformation von Henry« wird gerne auf Anfrage über info@drjasminwollborn.com als Bonus zur Verfügung gestellt.

Darth Vader im Supermarkt

Es gibt Tage, da habe ich schlichtweg keinen Bock einzukaufen. Aber wenn der Kühlschrank leer ist und die Vorräte zur Neige gehen, muss das leider sein. Also nach der Arbeit noch mal aufraffen und ab zum Supermarkt.

Und dann kommt, was immer passiert: Der Parkplatz ist voll, überall laufen Menschen mit ihrem Einkaufswagen herum und ich bin schon genervt, bevor ich überhaupt im Laden bin. Der Eingang, die klassische Obst- und Gemüseabteilung, ist verstopft mit zwei Frauen, die genüsslich tratschen, sich über Gott weiß was austauschen und mit ihren Einkaufswagen den Weg versperren. »Lasst mich vorbei, ich hab's eilig«, schreit es in meinem Kopf und mein Puls steigt. Können die sich nicht woanders unterhalten? Warum gerade hier und jetzt? Ich will doch nur ganz schnell meine Besorgungen erledigen. Warum muss mir das immer passieren?

Du machst die Dinge neu. DU bist der Schöpfer deiner Realität.

Ja, warum eigentlich? Weil ich zulasse, dass es genau so ist und kommt, wie es vermeintlich immer kommen muss. Doch du machst die Dinge neu. DU bist der Schöpfer deiner Realität, denn DU entscheidest, ob du die Dinge so machst, wie du es immer tust, oder ob du etwas anders machen willst.

Irgendwann war es dann mal wieder so weit. Der nächste Einkauf stand bevor. Vielleicht war ich entspannter oder gelassener, habe womöglich eine Zeit erwischt, in der nicht so viel los war. Jedenfalls kam es dieses Mal anders.

Ich war auf dem Weg zum Supermarkt, wollte schnell das Nötigste einkaufen und dann endlich den Feierabend genießen. Auf dem kleinen Weg zum Eingang lief einige Schritte vor mir ein älterer

Mann, bestimmt weit über 80 Jahre alt. Er war sehr groß, aber auch sehr langsam unterwegs.

Mein altes Denkmuster meldete sich wieder in meinem Kopf: »Soll ich mich an ihm vorbeidrängeln, um schneller wieder nach Hause zu kommen? Nein, lieber nicht. Das ist unhöflich. Im Supermarkt muss ich sowieso das Tempo drosseln, weil bestimmt wieder jede Menge Leute die Gänge verstopfen. Also, was soll's. Tief durchatmen, langsamer machen und einfach mal nach links und rechts gucken.«

Also drosselte ich mein Tempo und lief langsam weiter. Und weil ich dabei eh nichts zu tun hatte, schaute ich nicht nur in der Gegend herum, sondern einfach mal hoch.

Aber was war denn das? Auf dem gefühlt riesigen Rücken sah mir grimmig Darth Vader von einem winzig kleinen Kinderrucksack entgegen. Sofort ging mein Kopfkino los und ich vergaß meinen vorher aufkeimenden Ärger. War das vor mir ein Star-Wars-Fan? Wie groß mag seine Sammlung von Fanartikeln zu Hause wohl sein? Sitzt er womöglich regelmäßig vor dem Fernseher, ein Laserschwert in der Hand, und kämpft den Kampf der Gerechten? Oder steht er etwa auf der dunklen Seite der Macht? Weiß er überhaupt, wer Darth Vader ist?

Vielleicht hat er den Rucksack auch nur von seinem Enkel geschenkt bekommen, ohne zu wissen, wen er da mit sich herumträgt. Wie auch immer die Geschichte dahinter sein mochte, ich war von dem Anblick so begeistert und förmlich hypnotisiert, dass ich mich gar nicht mehr an den eigentlichen Einkauf erinnern kann.

In dem Moment, in dem wir uns entscheiden, z. B. Dinge, Ereignisse oder Ergebnisse nicht als unabwendbar vorwegzunehmen, ist in uns etwas, das die Dinge anders machen will, etwas, das eine Transformation anstrebt, was sagt: »Irgendwie will ich etwas verändern.«

Jeder von uns weiß, dass Veränderung auf vielen Ebenen total schwierig ist, vor allen Dingen langfristig. Aber im Grunde genommen ist Veränderung ganz leicht. Wir müssen nur verstehen, warum uns Veränderung schwerfällt, und mit diesem Verständnis dafür ist es auf einmal ganz leicht, die Dinge neu zu machen und Dinge zu verändern.

Letztendlich funktionieren wir über tausende von Algorithmen, die irgendwann in der Vergangenheit entstanden sind. Zum Zeitpunkt unserer Geburt können wir uns unser Gehirn vorstellen wie eine leere Festplatte, einen Computer ohne Programme, der zwar in sich hochintelligent ist, aber noch überhaupt nicht weiß, wie er diese Intelligenz anwenden kann, weil noch gar keine Programme da sind, keine Schreibprogramme, keine Rechenprogramme, nichts.

Und so wird unser Gehirn Jahr für Jahr von Moment zu Moment geformt und befüllt, und irgendwann ist es so, dass wir größtenteils aus der Vergangenheit kreieren, aus dem, was wir bereits gelernt und erlebt haben.

So kommt es, dass wir uns bestimmte Dinge erzählen, die wir für wahr halten. Wir glauben, so ist die Welt und so wird sie bleiben. Unsere Welt basiert auf Erfahrungen, aus denen wir Schlussfolgerungen ziehen und uns damit beschränken. Manchmal ist das von Vorteil, weil es unglaublich effizient ist, dass wir uns nicht jedes Mal neu entscheiden müssen, was wir tun wollen. Gleichzeitig ist es dadurch aber auch so, dass wir ganz viele Möglichkeiten nicht ausschöpfen. Abläufe sind abgespeichert und uns damit bekannt. Wir brauchen zwar nicht mehr darüber nachzudenken, allerdings kreieren wir damit unser Leben aus der Vergangenheit.

Auch auf der körperlichen Ebene symbolisiert unser Körper genau das: Vor uns, auf der Körpervorderseite, liegt die Zukunft und unser Raum an Möglichkeiten. Auf der Körperrückseite, hinter uns, liegt das, was wir bereits erlebt haben und was uns zu einem gewissen Teil steuert. Die Vergangenheit bestimmt einen großen Teil der Zukunft. Außer: Wir setzen neue Impulse, verändern unsere Gedanken und

Überzeugungen und versuchen mit neuen Handlungen nach und nach neue Gewohnheiten zu implementieren.

Wir können das bei älteren Leuten oft beobachten, manchmal auch schon bei jungen Menschen. Wenn die Vergangenheit beginnt, die Zukunft zu dominieren, gehen diese Menschen ein wenig oder auch sehr gekrümmt. Häufig sind auch die Augen zusammengekniffen und schränken den Sichtradius ein. Bei diesen Menschen ist dann relativ wenig Spielraum vorhanden für alles, was noch kommt, an Jahren oder Erfahrungen. Das gesamte Potenzial wird relativ klein und die Vergangenheit immer größer.

Da ist kein Gefühl mehr von: »WOAH, das kann ich alles noch erleben, das ist alles in meinen Möglichkeiten.«

Wir kreieren unser Leben jeden Tag neu.

Aber genau da wollen wir doch wieder hin, dass wir erkennen, wir sind kein Opfer der äußeren Umstände und wir sind auch kein Opfer unserer Vergangenheit, sondern wir kreieren selbst jeden Tag neu unser Paradiesleben. Wir kreieren unser Leben jeden Tag neu.

Wenn wir uns öffnen, auf der körperlichen und der mentalen Ebene, und damit unseren Handlungsspielraum wahrnehmen können, unser ganzes Potenzial, alle Visionen, alle möglichen Wege in alle denkbaren Richtungen, erkennen wir, dass wir unendlich viele Möglichkeiten haben und je nachdem, wohin wir unsere Energie lenken, entsteht unsere Realität.

Ich kann meine Realität selbst kreieren. Dazu muss ich aufhören, aus der Vergangenheit zu kreieren, sonst wird morgen wie gestern und übermorgen wie vorgestern und dabei mache ich eben nicht die Dinge neu.

Veränderung muss nicht schwer sein. Manchmal machst du die Dinge neu, indem du einfach nur deine Augen aufmachst und offen bist. Und wer weiß, vielleicht triffst du ja das nächste Mal Darth Vader im Supermarkt.

Foto: Kerstin Migas

KERSTIN MIGAS

Du machst die Dinge neu

Kerstin Migas ist Rechtsanwältin und arbeitet bei einem Bundesverband der Abfallentsorgung. Eine tiefe Leidenschaft für Heavy Metal, der Einsatz für Umweltschutz seit frühester Kindheit sowie die Liebe und Begeisterung für Yoga und Ayurveda – all das ist Kerstin Migas. Bei der wunderbaren Heilkunst Ayurveda, die ursprünglich »Wissen vom Leben« bedeutet, geht es um gesunde Lebensführung, Heilkunst und Ernährungslehre. Ayurveda ist mehr als nur ein aktueller Trend, es ist eines der ältesten Naturmedizinverfahren, die es gibt, und ist heute noch genauso effektiv und gesund wie vor 5000 Jahren. Yoga kann dabei wunderbar unterstützen, Körper und Seele in Einklang zu bringen. Dieses Wissen soll sich weiterverbreiten.

Du willst erfahren, wie du gesünder leben und deinen Körper besser ins Gleichgewicht bringen kannst? Dann schreib mir gerne an hello@kerstinmigas.com unter dem Stichwort »Ayurveda Hacks« und ich schicke dir meinen persönlichen Leitfaden.

Vom Underdog zum wichtigsten Mann der Stadt

Wie war das möglich? Wie hatte es Carsten Feist als Außenseiter geschafft, in nur sechs Monaten eine ganze Stadt für sich zu begeistern? Aus unserer heutigen Sicht waren dafür drei Dinge entscheidend: Die wahre Absicht zum Wohle der Gemeinschaft, eine hochfrequente Zusammenarbeit und tiefes Vertrauen in das große Ganze. »Was will der denn? Der hat doch eh keine Chance«, haben die meisten Wilhelmshavener gedacht, als er seine Kandidatur zum Oberbürgermeister bekannt gab. Carsten Feist war kein smarter Politikertyp im schwarzen Anzug und hatte keine große Partei in seinem Rücken. Er war nicht einmal besonders beliebt, weil er als Verwaltungsbeamter für die schwierigen Themen in Wilhelmshaven verantwortlich war: Migration, Schule und Jugendkriminalität. Dennoch wurde er am 26. Mai 2019 mit deutlicher Mehrheit zum Oberbürgermeister gewählt. Wie war das möglich?

1. Die wahre Absicht zum Wohle der Gemeinschaft

»Die Stadt im Herzen. Die Menschen im Kopf« war der Slogan seines Wahlkampfes. In unseren Gesprächen betonte er immer wieder, dass er das Wort »Wahlkampf« nicht mochte. Für ihn war immer nur das Gemeinwohl in der Stadt wichtig. Während die anderen Kandidaten an jeder Ecke auf großen und kleinen Plakaten hübsch fotografiert ihre Schokoladenseite zeigten, fuhr der Verwaltungsbeamte jedes Wochenende mit seinem Fahrrad durch seine Heimatstadt und redete mit den Menschen – bei Wind und Wetter. Vor allem aber hörte er ihnen gut zu. So sprudelte Carsten Feist voller konkreter Ideen, wie er die Lebensqualität in der Stadt verbessern wollte. Die anderen Kandidaten hingegen begnügten sich damit, nur aufzuzählen, was alles nicht ginge, fehle und bisher falsch gemacht wurde. Die wahre Absicht zum Wohle der Gemeinschaft ist aus unserer Sicht ein unerschöpfliches Kraftwerk für den Erfolg. Dabei gilt es genau darauf zu achten, ob die Absicht aus der Fülle entspringt oder im Mangel geboren wurde. Fülle erzeugt Fülle. Mangel erzeugt Mangel. Dieses universelle Gesetz bestätigt sich in unserer Arbeit immer wieder. Woran genau erkennt man den Unterschied, werden wir oft gefragt. Unsere Antwort darauf ist sehr einfach: Mit einer Absicht, gepaart mit einer tiefen und echten Emotion der Fülle, bist du dankbar, liebst was du tust und trägst zum gesamten Wohl der Gemeinschaft bei. Kurz gesagt: Du bist im Frieden mit dir und deiner Umwelt. Eine Absicht, die bewusst oder tief verborgen im Unterbewusstsein als Mangel empfunden wird, erzeugt Angst, Neid, Wut, Scham und Schuld. Diese niedrigschwingenden Emotionen ersticken jedes innovative und kreative Denken bereits im Keim. Kurz gesagt: Du befindest dich mitten im Kampf – mit dir und deinem ganzen Umfeld. Darum frage dich schon vor dem ersten Gespräch mit dem Kunden: Was ist deine wahre Absicht? Was fühlst du? Ist es Macht, Missgunst, Gier, Eitelkeit, Selbstsucht oder Verzweiflung? Oder geht es dir wirklich um einen Mehrwert für alle, ein wahres Interesse an deinem Gegenüber, echte Begeisterung, die aus dem Herzen kommt? Schon vor über hundert Jahren hat Sigmund Freud erkannt: »Was einer in seinem Tiefsten wirklich will, bekommt er. Im Guten wie im Schlechten.«

»Was einer in seinem Tiefsten wirklich will, bekommt er. Im Guten wie im Schlechten.« Was ist deine wahre Absicht?

2. Die hochfrequente Zusammenarbeit

Wir glauben, dass eine Zivilisation möglich ist, in der wir aufhören gegeneinander zu kämpfen. Im Großen wie im Kleinen. Unsere Vision einer Unternehmenskultur des Friedens nennen wir »High Frequency Culture« und verstehen darunter ein systemisches Zusammenwirken in Freude, Liebe und Dankbarkeit. Jeder, der jetzt abwinkt, sollte sich fragen, ob er es aus der Sicht des Mangels tut oder mit dem Gefühl der Fülle. Die Zusammenarbeit mit Carsten Feist war ständig von Freude, Liebe und Dankbarkeit erfüllt. Die Liebe bezog sich in diesem Fall bei allen Beteiligten auf die gemeinsame Liebe zur Heimatstadt. Aus dieser positiven Schwingung heraus wurde eine Welle der Begeisterung mit vielen tatkräftigen Unterstützern. Natürlich gab es in den sechs Monaten auch mal heftigen Wellengang. Besonders eine Situation zeigte deutlich, wie schnell hohe Frequenzen auch wieder abstürzen können. Irgendwann erhielten wir die Information, dass eine der großen Parteien eine Werbeagentur beauftragt hat, weil ihnen die Beliebtheit von Carsten Feist in den sozialen Medien zu groß wurde. Das Budget: EUR 50.000,–. »Die bekommen jetzt die ganze Kohle und wir arbeiten hier umsonst«, sagte einer im Team. Sofort war die gesamte Stimmung im Keller und damit auch jegliche Motivation und Kreativität. Es brauchte eine Zeit, um alle wieder an die Dankbarkeit, Freude und Liebe für das gemeinsame Ziel zu erinnern. Ein Tropfen Schweröl kann 1000 Liter Trinkwasser verseuchen, heißt es. Genauso verhält es sich mit einem Moment des Mangels, der 1000 Momente der Fülle verseuchen kann. Eine hohe Leistungsbereitschaft im Team ist eng mit einer hochfrequenten Unternehmenskultur verbunden. Das lässt sich sogar anhand der Gehirnströme messen und vorhersagen. »Wie stark unsere Gehirnströme mit denen einer anderen Person synchronisiert sind, scheint ein guter Marker dafür zu sein, wie

Ein Tropfen Schweröl kann 1000 Liter Trinkwasser verseuchen, heißt es. Genauso verhält es sich mit einem Moment des Mangels, der 1000 Momente der Fülle verseuchen kann.

gut wir miteinander auskommen und wie stark wir uns engagieren«, schreibt Dr. Suzanne Dikker in »Current Biology« (Volume 27, Issue 9)

3. Tiefes Vertrauen in das große Ganze

In diesem Vertrauen steckt das wahre Geheimnis des Erfolges. Dieser Punkt ist am schwersten zu verstehen und am schwierigsten zu erklären. Denn hier geht es um Intuition, Instinkt und Gespür. Alles Fähigkeiten, die der Logik fremd sind. Dabei gibt es unzählige Beispiele, in denen Menschen gegen jede Logik und Erwartung gehandelt haben und gerade deswegen extrem erfolgreich waren. Intuition, Instinkt und Gespür waren schon immer dafür verantwortlich, dass sich unsere Zivilisation verändert. Im Guten wie im Schlechten. Wir wollen das Gute in der Welt und darum ist unser Credo: »Creative Power of Love.« Liebe ist eine enorme Kraft, die Menschen dazu befähigt, in Freude über sich hinauszuwachsen. Damit sich Liebe jedoch richtig entfalten kann, braucht sie Vertrauen. Im Kleinen wie im großen Ganzen. Die Geschichte vom Underdog, der zum wichtigsten Mann der Stadt gewählt wurde, ist ein wundervolles Beispiel für diese Wirkung.

Wir laden Sie ein, mutig den Verstand zu dehnen, um sich in jedem Moment der tiefsten Absicht gewahr zu sein.

Dieser Text wurde in Liebe geschrieben. Mit dem tiefsten Wunsch, einen hochfrequenten Samen in die Unternehmenswelt zu pflanzen – für gesundes Wachstum, hohe Innovationskraft, pure Lebensqualität und freudvolle Co-Kreation über alle Abteilungen hinweg. Darum laden wir Sie ein, mutig den Verstand zu dehnen, um sich in jedem Moment der tiefsten Absicht gewahr zu sein.

Foto: Alice & Jacobs

ALICE AND JACOBS

Creative Power of Love

Die zertifizierte systemische Coachin, Achtsamkeitstrainerin und Bilanzbuchhalterin Alice Schiffmann war viele Jahre kaufmännische Leiterin von großen Werbeagenturen, wie z. B. Scholz and Friends (NeuMarkt) und kennt die Unternehmen aus Sicht ihrer Finanzen und Mitarbeiter. Design Direktor Andreas Jacobs war viele Jahre Agenturchef und Vorstandsvorsitzender der Allianz deutscher Designer (Berlin) und kennt die Unternehmen aus Sicht ihrer Kreativität.

Zusammen sind sie Alice & Jacobs und stehen für eine hochfrequente Unternehmenskultur voller Kreativität und Innovationskraft mit einem instinktiven Gespür für das große Ganze.

Sie laden ihre Gäste in ihr Wunderland der unendlichen Möglichkeiten ein, das irgendwo zwischen dem Unterbewusstsein und der Logik liegt, und erzählen mit ihren visuellen Geschichten davon, wie man mit der Kraft der hohen Frequenzen Erfolg und Lebensqualität auf allen Ebenen erschafft.

Das Herzenswerk von Alice Schiffmann sind ihre Schlüsselessenzen und Lebenselixiere, die sie seit vielen Jahren erforscht, entwickelt und selbst herstellt. Unter der Marke »aliceSence« vertreibt sie ihre hochfrequenten Duftkompositionen weltweit. Die Leidenschaft von Andreas Jacobs sind seine Karten und Spiele, die die Kreativität beflügeln und dabei helfen, sich von Denkblockaden zu befreien.

In ihren Büchern, Vorträgen und Seminaren schenken Alice & Jacobs eine fesselnde und unterhaltsame Sicht auf die aktuelle Reise der Menschheit in die Zukunft einer neuen Zivilisation.

www.aliceandjacobs.com

Eine psychologisch-philosophische Betrachtung des neuen und modernen Network-Marketing

Diese Arbeitsform wird unser Arbeitsleben revolutionieren.

Der Vertriebsweg Network-Marketing polarisiert erstaunlicherweise immer noch.

Es gibt vehemente Gegner. Diese haben oft einen Versuch in diesem Segment hinter sich, der nicht von Erfolg gekrönt war, oder kennen jemanden, der solch einen Versuch hinter sich hat, oder haben *»etwas gehört«*.

Es gibt begeisterte Befürworter. Diese waren bereit, die notwendige Arbeit zu leisten, und können Erfolge vorweisen.

Und es gibt eine kleinere Gruppe von Menschen, die zugeben, dass sie von diesem Marktsegment nicht viel wissen, aber offen sind, einen Blick darauf zu werfen und sich damit zu beschäftigen.

Zu dieser letzteren Gruppe gehörte ich vor nunmehr über zehn Jahren und ich bin heute überaus glücklich, einen Blick darauf geworfen zu haben.

Meine Ausgangssituation war allerdings auch etwas speziell.

Ich bin seit 1979 Unternehmer und wir hatten ein durchaus nennenswertes Vermögen aufgebaut. Durch eine gravierende wirtschaftliche Fehlentscheidung haben wir dieses Vermögen in beängstigend kurzer Zeit in 1.200.000,– € Schulden verwandelt.

Mein »Startkapital« zu diesem Zeitpunkt waren also 1,2 Mio. € Schulden. Das war damals natürlich der Super-GAU und hat einige Grundparameter determiniert.

1. Ich konnte nicht großartig investieren. Ich brauchte also für den Neustart eine Unternehmensform, in der ich Investitionskapital durch Eigenleistung ersetzen konnte.
2. Es musste möglich sein, deutlich oberhalb von 10.000,– € monatlich zu verdienen, denn unsere monatlichen Fixkosten lagen zu diesem Zeitpunkt bei gut 15.000,– €.
3. Es musste möglich sein, dieses Geschäft innerhalb von ein bis zwei Jahren aufzubauen, denn sonst würden mich die Fixkosten ein weiteres Mal ruinieren.
4. Mein Anspruch an meine unternehmerische Tätigkeit war und ist es auch heute noch, dass das Ergebnis meines Handelns für alle Beteiligten sinnvoll sein soll.
5. Ich wollte als Unternehmer keinen Einschränkungen in meinen Entscheidungen unterliegen und niemanden haben, der das Recht hat zu bestimmen, was ich tun oder lassen soll.
6. Ich wollte nicht nur unsere Schulden bezahlen, sondern wieder wohlhabend werden, da wir noch so viele Dinge vorhatten, für die Geld nicht schädlich wäre.

Dass all diese Parameter im Network-Marketing bedient werden sollten, konnte ich mir zu diesem Zeitpunkt beim besten Willen nicht vorstellen, obwohl ich durchaus kreativ und fantasiebegabt bin.

Mein Problem war zwar nicht nach zwei Jahren vollständig gelöst, aber die Differenz zwischen dem, was rausging, und dem, was reinkam, wurde von Monat zu Monat kleiner und heute befinde ich mich wieder auf der Sonnenseite.

Ein weiterer mich nach kurzer Zeit völlig in seinen Bann ziehender Punkt war, dass dieses Unternehmen nach einer Aufbauphase begann, auch ohne mich zu funktionieren. Es wurde also immer mehr von mir und meiner aktiven Arbeitskraft unabhängig.

Mit meinen heutigen Erfahrungen würde ich auch jedem, der nicht so eine extreme Ausgangslage hat und mit dem Gedanken spielt, ein eigenes Unternehmen zu gründen oder einen Nebenverdienst zu erwirtschaften, empfehlen, sich diese Unternehmensform genauestens anzusehen und sie genau zu begreifen. Sie weist sehr intelligente Unterschiede auf zu dem, was vielerorts gelehrt wird.

Ich möchte hier keinesfalls die Hoffnung nähren, dass dies damals ein ganz einfacher Weg war, aber es war ein Weg, der funktionierte und mir sehr schnell sogar Freude machte und mich erfüllte, weil er sinnvoll war.

Durch meine extreme Ausgangssituation musste ich schnell und präzise lernen. Ich habe mir ein System erarbeitet, welches ich mittlerweile so weitergeben kann, dass es für jeden wachen Geist mit Willenskraft und einem Ziel umsetzbar ist.

Viele meinen, das Problem sei das Einkommen im Allgemeinen. Ich meine heute, das Problem ist das aktive Einkommen. Also ein Einkommen ohne die Vision, es nach einer Aufbauphase unabhängig von deiner Aktivität zu erhalten.

Die problematischste Einkommensart ist also die aller Angestellten und der meisten Selbstständigen. Hier, glauben einige, wohne die Sicherheit. Das Gegenteil ist der Fall. Es gibt keine unsicherere Einkommensart als ein aktives Einkommen. Es ist abhängig vom »goodwill« der anderen und von der eigenen Leistungsfähigkeit. Zwei Punkte, auf die nicht unbedingt Verlass ist und die immer mit Anspannung und Ängsten verbunden sind.

Entspannen kannst du dich erst, wenn du ein Einkommen erwirtschaftest, welches von deiner Aktivität und Anwesenheit unabhängig ist und welches deine fixen Kosten übersteigt.

Genau an diesem Punkt beginnt die Freiheit und die fühlt sich verdammt gut an.

Es ist aber durchaus möglich, diese beiden Einkommensarten zu kombinieren. Du kannst also ein Unternehmen mit einem passiven Einkommen aufbauen, während du einen Beruf mit einem aktiven

Einkommen hast. Das gibt dir die Sicherheit, etwas Bestehendes nicht sofort aufgeben zu müssen. Du musst lediglich bereit sein, mindestens fünf Wochenstunden deiner freien Zeit, also zum Beispiel eine Stunde pro Werktag, in diesen Unternehmensaufbau zu investieren.

Wenn dein passives Einkommen dann dein aktives übersteigt, kannst du dich ja entspannt entscheiden, wie du möchtest.

Ich betrachte es heute als meine Passion, das neue und moderne Network-Marketing auf den Platz im Ranking der beruflichen Möglichkeiten zu befördern, wo es für jeden selbstständig denkenden Geist hingehört.

Ganz weit nach oben.

In diesem Artikel geht es darum, bestehende Gesetzmäßigkeiten und völlig neue Schlussfolgerungen und Wege zu betrachten.

Er ist gedacht für Menschen, die schon in dieser Branche arbeiten, die es in Betracht ziehen oder für die, die völlig überraschend mit unserer Branche konfrontiert wurden und die die Frage »WARUM SOLLTE ICH?« beantwortet haben möchten.

Mein Denkansatz wird für alle, die nicht mit uns in unserem Netzwerk verbunden sind, neu sein. Jedenfalls bin ich, in meiner langjährigen Laufbahn im Network-Marketing, dieser Denkrichtung nicht begegnet. Allerdings waren es genau diese Erkenntnisse, die mit einem Mal meine Faszination entfachten, obwohl ich eher als Skeptiker mit diesem Beruf in Berührung kam.

Heutzutage finden sich in unserer Branche sehr gut ausgebildete Menschen, die diesen brillanten und äußerst intelligenten Weg in die Freiheit einschlagen. Hier haben sie die Möglichkeit, selbstbestimmt wesentlich mehr zu verdienen als in vielen anderen Berufen.

Es gibt gar nicht so viele Arbeitsbereiche, die solch ein breit gefächertes Spektrum für hochkarätige Ausbildung, intensive Persönlichkeitsentwicklung und außergewöhnliche Einkommensmöglichkeiten bieten.

Dieser Artikel ist lediglich ein Vorgeschmack auf Inhalte mit dem Potenzial, das Leben in eine komplett andere Richtung zu steuern. Selbstbestimmt, frei und sinnhaft statt fremdbestimmt und abhängig. Und alle Parameter wie zum Beispiel die Intensität, der Zeiteinsatz und die Frage, wo will ich arbeiten, sind so gestaltbar, wie sie gerade ins Leben passen.

In dieser Form des neuen Network-Marketing können wir zwei wesentliche Kräfte des Menschseins bedienen, die gar nicht so einfach unter einen Hut zu bekommen sind. Autonomie und Verbundenheit.

Außerdem erfüllen wir perfekt die salutogenetischen Kohärenzfaktoren nach Aaron Antonovsky – Verstehbarkeit, Gestaltbarkeit und Sinnhaftigkeit.

Es geht um gehirngerechtes Lernen, um emotionale Intelligenz, um Themen wie »Inspiration statt Manipulation« und »Vertrauen als Grundlage der Zusammenarbeit« und vieles spannende mehr.

Damit legen wir eine starke Grundlage für ein sinnerfülltes Leben.

Meiner Meinung nach braucht man schon einen speziellen Humor, um das nicht interessant zu finden.

Wenn du Lust verspürst, tiefer in diese Thematik einzutauchen, melde dich gern oder informiere dich weiter auf meiner Internetseite. Hier findest du auch weitere spannende Downloads.

Frank Klose, im März 2021

frankklose7@gmail.com
www.frank-klose.com

Foto: Alfonso Carrion. www.acfotografos.es

FRANK KLOSE

Menschen unterstützen, freie Unternehmer zu werden.
»Inspiration macht mehr Freude und Sinn als Manipulation«

Hier liegt das Potenzial für den Übergang in einen neuen und spannenden Lebensabschnitt ohne Risiko. Warum also nicht ausprobieren.

Schulungstätigkeit in 18 Ländern, Buchautor, Vortragstätigkeit, Mentor, Unternehmer und Business Angel, eigene Schulungsfinca auf Mallorca – das ist Frank Klose. Er unterstützt Menschen, freie Unternehmer zu werden, damit sie ihr Potenzial entfalten und selbstbestimmt arbeiten. Dadurch sind es danach nicht nur freie Unternehmer, sondern freie Menschen. Sie benötigen kein Eigenkapital, sondern Willenskraft und Freude an Erfolg und Teamarbeit.

Abrakadabra

Früher hätte man mich wohl als Hexe verbrannt. Ich erinnere mich noch an den Traum von vor vielen Jahren. Auf einer breiten Straße waren große Bauarbeiten zugange. Schwere Maschinen bewegten große Massen Erde, in tiefen schwarzen Löchern werkelten Bauarbeiter. Ich stand auf der einen Straßenseite und überlegte mir, wie ich wohl ohne Schaden zu nehmen auf die andere Seite gelangen könnte. Mir blieb nur der Weg durch die Luft. Also machte ich einen kräftigen Absprung, legte meine Beine, wie es sich für einen professionellen Flug gebührte, an und bewegte mich fliegend über die Baustelle hinweg. Ich fühle noch heute die Leichtigkeit dieses Schwebens. Mit eigenen Augen sah ich auf die Baustelle und beobachtete, wie ich gefahrlos über die Hindernisse hinwegglitt. Erstaunlich, dass ich die Gedanken der Arbeiter hören konnte. Ärgerlich schleuderten sie mir den Satz entgegen: »Jetzt fliegt diese Hexe auch noch!«

Ich muss gestehen, diese Situation lockte ein hämisches Lächeln mit einer Spur von Genugtuung aus mir hervor.

Damals habe ich mich über meinen eigenen Traum amüsiert. Heute – sicher 30 Jahren später – weiß ich, dass unsichtbare Kräfte unser Universum regieren.

Ursprünglich komme ich aus einer einfachen und kinderreichen Familie, bin das fünfte von zehn Kindern aus einem kleinen Dorf. Mein Vater war Maschinenformer, meine Mutter Hausfrau. In meiner Familie ging es meistens um das nackte Überleben. Große Ansprüche durfte keiner von uns stellen. Meine Eltern waren sehr bemüht, dass wir unauffällig im sozialen Gefüge waren. Ordentlich geputzte Schuhe, saubere Kleidung, ordentlich gekämmte Haare.

Meine Kindheit war für mich nicht immer ganz leicht, da meine Eltern mit ihrer Lebenssituation, insbesondere den finanziellen Herausforderungen, randständig gefordert – ich möchte sogar behaupten überfordert waren.

Trotz alledem bin ich ihnen sehr dankbar und erkenne die herausragende Leistung an, dass sie uns trotz der widrigen Umstände eine Heimat im selbstgebauten Haus geschenkt haben. Schon bald spürte ich, dass diese Lebensform nicht meiner Vorstellung von einem glücklichen Leben entsprach. Sie nannten mich Trotzkopf. Unbeugsamkeit war mein Markenzeichen. Meine Wahrheit war meine Pflicht. Die starke Willens- und Durchsetzungskraft, die ich dadurch entwickelte, sind wohl maßgebliche Faktoren für die beiden erfolgreichen Unternehmen, die mein Mann und ich aufgebaut haben.

Wie immer auch Menschen Erfolg definieren – für mich ist es innerer Friede, der daraus entsteht, wenn persönliches Potenzial zum Wohle aller einfließt. Glück, Zufriedenheit und nicht zuletzt finanzielle Fülle sind der Lohn.

Immer wenn das Leben schöner werden soll, muss man durch eine große Angst hindurch. Wer den Mut verliert, beschneidet der Fülle des Lebens die Flügel. Wer im langsamen Hindurchgehen nach innen hört, wächst wie eine Blume der Sonne entgegen.

> Immer wenn das Leben schöner werden soll, muss man durch eine große Angst hindurch. Wer den Mut verliert, beschneidet der Fülle des Lebens die Flügel. Wer im langsamen Hindurchgehen nach innen hört, wächst wie eine Blume der Sonne entgegen.

Leid und Schmerz trieben mich auf die Suche, wie das Leben funktioniert. In meinem Umfeld gab es kein Vorbild, von dem ich lernen konnte. Also suchte ich in Erfolgsbüchern, in religiösen Schriften, in Meditationen. Mit 30 Jahren habe ich endlich gefunden, was mir wirklich hilft. Heute empfinde ich tiefe Dankbarkeit für das Wissen der machtvollen universellen Lebensgesetze. Diese haben Gültigkeit nicht nur in der Natur, auch im Finanzwesen, der Physik, im sozialen Miteinander, in Partnerschaften bis hinein in die physiologischen Abläufe unseres menschlichen Körpers. Heute sind sie die Basis meines Alltags und meiner beruflichen Arbeit. Nicht nur das Wissen, sondern auch der Einsatz dieser Gesetzmäßigkeiten können dein komplettes Leben verändern. Bewusstsein ist die neue Währung, ist der eigentliche Reichtum – sowohl seelisch wie materiell.

Kennst du das Gesetz von Ursache und Wirkung? Jeder Bauer kennt es. Sät er Weizen, wird er Weizen, nicht Gerste ernten. Wird er! – nicht kann er. Säst du Freude, aufbauende, hilfreiche Gedanken und Taten, wirst du auch diese ernten. Vielleicht nicht unmittelbar und nicht unbedingt deinen eigenen Vorstellungen entsprechend, aber du wirst sie ernten. Energie geht nicht verloren – das Universum arbeitet sehr wirtschaftlich und die Herren des Schicksals führen genau Buch.

»Misserfolg ist die Gelegenheit, noch einmal intelligenter anzufangen!« (Henry Ford)

Die 2. Gesetzmäßigkeit: Anziehung der gleichen Art. Es ist ein starkes universelles Gesetz, das jeden Moment wirksam ist. Jesus mahnte bereits: »Warum siehst du den Splitter im Auge deines Bruders, aber den Balken in deinem Auge bemerkst du nicht?« (Matthäus 7,3 EU). Er wies damit deutlich darauf hin, dass unsere Welt um uns herum nichts anderes als ein Spiegel unserer eigenen Innenwelt ist. Missfallen dir Geschehnisse in deinem Leben, ist es sinnlos, in äußeren Aktionismus zu verfallen, um die Dinge zu verändern. Es ist klüger, zu verstehen, dass der Ursprung energetischer Art ist und auf dieser Ebene die Veränderung angesetzt werden sollte. Durch intensive Gefühle, Gedanken und Worte bildet sich ein Energiefeld, das Form annehmen wird. Jetzt verstehst du, dass *du* die Veränderung sein musst, durch deine Gedanken, Empfindungen und Worte. Deshalb bist du gut beraten, wenn du einmal in Rage geraten solltest, erst bis zehn zu zählen, bevor du handelst. Worte sind wie Pfeile – einmal abgeschossen, kannst du sie nicht mehr zurückholen. Erlaube mir ein Beispiel vom großen Lehrmeister Natur. Ist der Ertrag eines Baumes schlecht, wird sich der Gärtner um Wurzelpflege kümmern. Beim Menschen ist es die Seelen- und Gedankenhygiene. Bedenke: Alles was du beachtest, verstärkst du! Ziehst mehr davon in dein Leben! Deshalb bist du gut beraten, darauf zu achten, was du denkst, sprichst und fühlst. Wir ziehen von demselben mehr in unser Leben. GLEICH UND GLEICH gesellt sich gern – zieht einander magisch an.

Dr. Viktor E. Frankl, Gründer der Logotherapie (eine sinn- und werteorientierte Psychotherapie), erweiterte die herkömmliche Psychotherapie nach C. G. Jung, Freud und Adler um einem essenziellen Schritt. Er weist in seiner Lehre auf den spirituellen Wesenskern, den menschlichen Geist hin. Dieser strebt laut Frankl immer nach einem höheren Sinn, nach Licht und Liebe. Eine zutiefst inwendige Kraft. Diese Geisteskraft ist nicht zu verwechseln mit Verstandesklugheit. Sie ist eine machtvolle und unsichtbare Kraft unseres SEINS. Dieses Bewusstsein besitzt die Macht, Schöpfungskräfte zu leiten. Mit jedem Gedanken, jedem Wort und jeder Empfindung bringen wir – ob bewusst oder unbewusst – Glück, Freude und Fülle oder Unglück und Leid in unser Leben. Es liegt also an dir, auf welche Seite der Waagschale du die Energie lenkst. Glück oder Unglück.

»Das Glück kann man nicht zwingen, aber man kann es wenigstens einladen.« (Attila Hörbiger)

Schon mal bemerkt: Wir müssen uns bewegen, um etwas zu bewegen? Wenn du Sorgen, Wut und Ärger spürst, bist du getrennt von dir selbst, bist im »stuck state«. Mit etwas Selbstdisziplin und Bewusstsein kannst du deine Gedanken in die Richtung lenken, in die du stattdessen willst, und schon hast du wieder die Macht über deine eigene Lebensgestaltung an dich genommen. Denk dran: Alles was du beachtest, verstärkst du! Kein Mensch braucht Ärger und Sorgen im Leben.

Wenn du dich wieder in Richtung Freude und Leichtigkeit bewegst, erst dann stehst du wieder mit deinem höheren Selbst in Verbindung, kommst in den Flow-Zustand, in die Liebe zurück. Dann fühlst du dich wieder wohl und alles läuft scheinbar wie von unsichtbarer Hand geführt.

Durch die vielfachen Erfahrungen mit diesen nahezu magischen Kräften habe ich gelernt, zu vertrauen! Vertrauen in diese unumstößlichen Gesetze. Gesetze, die nicht von Menschenhand gemacht sind.

Vielleicht haben die Straßenbauer aus meinem Traum gewusst, dass ich mir dieser Magie eines Tages bewusst sein und sie einsetzen werde. Die »Hexe« von damals hat sich dadurch vom kleinen unsichtbaren Mädchen, von der nahezu mittellosen, geschiedenen Ehefrau und Mutter von zwei Kindern dank dieses machtvollen Wissens und dessen täglicher Anwendung zur heute reifen Frau in einer glücklichen Ehe mit drei wunderbaren Töchtern und sechs zauberhaften Enkelkindern als erfolgreiche Unternehmerin in die Sichtbarkeit entwickelt.

Wann übernimmst du das Ruder für dein Leben in Freude und Fülle, in Glück und Leichtigkeit? Wann wirst du zur Magierin oder zum Magier deines Lebens?

Foto: Nadine Hollermayer

MONIKA POTT

TOP-Speakerin bei internationalen Kongressen

Buchautorin: Das befreite ICH – Der Königsweg zu Selbst-Bewusstsein und Lebensglück
Trainierin / Coach für spirituelles Bewusstsein

In den Persönlichkeitscoachings von Monika kommen Menschen mit Fragen zu ihr, die das Leben mit sich bringt und die gelöst werden möchten. Monika begleitet die Menschen zu einer völlig neuen Lebensqualität.

Sie schreibt: Ich fühle mich als Tiefseetaucher. Ich tauche in den Bewusstseinsbereich meiner Klient:innen ein. Wenn sich das Bewusstsein verändert, kann sich für den Menschen alles verändern! Ich arbeite mit dem persönlichen Wertesystem des Menschen, auch auf energetischer Ebene, wenn ich merke, dass der Mensch dafür empfänglich ist. Neben meinen klassischen Coaching-Tools (u. a. nach Viktor E. Frankl) steht mein Wirken immer in Verbindung mit den universellen Lebensgesetzen.

Kontakt
Akademie des Wissens
Monika Pott
Tel. 01512 4121665
info@akademie-des-wissens.de
www.akademie-des-wissens.de
pott.jeunesseglobal.com
Instagram: high_pott_entials
Facebook: Monika Pott

Der Digitale Zwilling – mehr als ein Avatar

Durch den Film »Avatar – Aufbruch nach Pandora« (Originaltitel: Avatar) von James Cameron aus dem Jahr 2009 denken Sie bei einem »Digitalen Zwilling« vielleicht zuerst an einen Avatar. Nicht schlecht! Mich hat ein ganz anderer Gedanke auf den Digitalen Zwilling gebracht: Ein Forschungsantrag im Jahr 1992 zur Demontage von Elektronikprodukten.

Anfang der 1990er-Jahre kam in Deutschland der Gedanke auf, Elektroprodukte nicht einfach nur zu schreddern, sondern durch eine Demontage die wichtigsten Wertstoffe zu trennen und wieder in den Materialkreislauf zur Herstellung von neuen Produkten zurückzuführen. Anfang der 90er! Später wurde daraus im Jahr 2005 das ElektroG (Elektro- und Elektronikgerätegesetz), welches 2015 nochmals überarbeitet wurde.

Ich war damals in einem großen IT-Systemhaus beschäftigt und u.a. auch an einem EU-Forschungsantrag beteiligt, der die Demontage dieser Produkte näher unter die Lupe nahm.

Man versetze sich bitte in die damalige Zeit, in der gerade die ersten PCs aufkamen und sich die Datenverarbeitung eigentlich mehr in den IT-Abteilungen der Unternehmen bzw. in der IT-Industrie abspielte. Als IT-Systemhaus sollte es in diesem Forschungsprojekt unsere Aufgabe sein, die Daten zu erfassen, die für eine Demontage benötigt wurden bzw. hierbei anfielen. Zwei Technische Hochschulen/Universitäten sollten die Demontageabläufe erkunden und Produkthersteller und Entsorgungsunternehmen garantierten bei diesem Projekt den Praxisbezug. Ein toller EU-Antrag und viel Geld im Topf seitens der Unternehmen – aber leider nicht gefördert.

Ab da hat mich das Thema persönlich nicht mehr losgelassen!

Da ich weiterhin in der IT-Branche aktiv war, hatte ich immer einen Blick darauf, wie sich das Thema und speziell die IT weiterentwickelte. Durch das Ansteigen des Umweltbewusstseins der Bevölkerung stieg auch der Druck auf die Industrie, sich mit dem Thema Demontage und Recycling intensiv zu beschäftigen. Auf der IT-Seite kamen in den kommenden Jahren immer mehr IT-Anwendungen bei den Produktherstellern zum Einsatz, sei es bei der Konstruktion (CAD), bei der Produktion (ERP, PPS) oder auch beim Service (Ersatzteilkataloge). Gerade die Älteren von uns kennen vom Besuch in der Autowerkstatt oder in der Bibliothek vielleicht noch die verwendeten Mikrofiches.

Was aber bedeutete das für mein Thema? Um eine effiziente und effektive Demontage von Produkten durchzuführen, muss man alle verfügbaren Daten zusammenbringen. Der Grundgedanke war ja schon von Anfang an klar: Alle Daten in einer Datenbasis sammeln; für die IT-Profis bedeutete es damals, eine Oracle-Datenbank aufzubauen. Aber nun, in den 2000ern, lagen schon einzelne Datenbestände vor, zwar separat, aber sie waren vorhanden.

Dann kam zur Idee des Konzeptes der gute Name: Digitaler Zwilling!

Meine Definition des Digitalen Zwillings ist wie folgt:

Ein Digitaler Zwilling ist die digitale Abbildung eines materiellen Objektes, welches existieren wird bzw. schon existiert. Der Digitale Zwilling soll das reale Objekt über seinen gesamten Lebenszyklus begleiten, von der Idee, über die Entstehung, sein eigentliches Leben bis hin zum Lebensende des Objektes: Bei Nicht-Lebewesen erweitert es sich um die Verwertung der Produktbestandteile bis zum Einsatz in neuen Objekten.

> Ein Digitaler Zwilling ist die digitale Abbildung eines materiellen Objektes.

Die abbildbaren Objekte lassen sich in folgende Gruppen einteilen:

- Erde (Planet, Gewässer, Land, Städte, Gebäude)
- Lebewesen (Menschen, Tiere, Pflanzen, Nahrungsmittel)
- Produkte (B2B, B2C; Beispiele: Autos, Flugzeuge, Schiffe, Weiße Ware, Handys, etc.)
- Anlagen (Produktionsunterlagen, Kraftwerke, Häfen, Flughäfen, Bahnhöfe, etc.)
- Unternehmen (unternehmensinterne und unternehmensexterne Prozesse)
- Ecosysteme (Börsen, Handelsplattformen)

Die gesammelte Datenbasis des Digitalen Zwillings besteht aus den statischen Daten, den dynamischen Daten und den Nachhaltigkeitsdaten.

Die gesammelte Datenbasis des Digitalen Zwillings besteht aus den statischen Daten, den dynamischen Daten und den Nachhaltigkeitsdaten.

Wodurch ist diese Definition und die Objektvielfalt entstanden? Viele Gespräche mit ganz unterschiedlichen Unternehmen und Personen haben dazu beigetragen.

Ein unglaubliches Gespräch fand im Jahr 2015 statt. Es war ein Treffen mit einer Person, die damals für den Rückbau von Kernkraftwerken eines großen deutschen Energieerzeugers verantwortlich war. Beim Mittagessen wurde ich auf meine Hobbys angesprochen, worauf ich mit meinem Konzept der Demontage von Produkten, einer besseren Verwendung der Wertstoffe und dem Einsatz des Digitalen Zwillings antwortete. Ich hatte damals Produkte wie Waschmaschinen, Handys und Autos im Blick. Mein Ansprechpartner erklärte mir zu meiner Überraschung, dass mein Konzept auch auf seine Kernkraftwerke anwendbar sei. Jedoch enthält eine Waschmaschine 100 Kilogramm Wertstoffe und ein Kernkraftwerk ca. 300.000 Tonnen und die Behandlung der radioaktiven Stoffe obliegt einer gesonderten Betrachtung. Es werden beim Rückbau meistens nur die radioaktiven Stoffe betrachtet, aber was geschieht mit dem Rest?

Es folgten viele Gespräche mit Vorständen, Wissenschaftlern und

Mitstreitern; auch in der Start-up-Szene habe ich mein Konzept vor internationalen Investoren vorgestellt.

Schnell wurde mir klar, dass im Thema Digitaler Zwilling deutlich mehr steckt als nur ein Hilfsmittel zur Verbesserung der Recyclingkreisläufe.

In einem weiteren Gespräch mit der deutschen Energiewirtschaft bekam ich zur Antwort: »Warum machen Sie das für stillgelegte Produkte und Anlagen, machen Sie es doch für im Betrieb befindliche Anlagen, oder besser direkt bei der Konzeption und dem Bau von Anlagen.« Wieder ein anderer Betrachtungswinkel – und fast schon ein Angebot: »Wenn Sie das für eine produktive Anlage machen, dürfen Sie später auch den Rückbau machen!« Wann ist später? In 20 bis 30 Jahren?

Nach den Terminen mit der Energiewirtschaft folgten Gespräche mit der Chemieindustrie. Hier hatten einzelne Unternehmen schon mit dem Aufbau eines Digitalen Zwillings begonnen, um einen aktuellen Überblick über alle Komponenten der Produktionsanlagen zu erhalten und insbesondere mit dem Ziel, die Instandhaltungskosten zu senken.

> Der Ansatz des Digitalen Zwillings wurde erweitert auf den gesamten Lebenszyklus von Produkten und Anlagen.

Somit brachten die vielen Gespräche immer neue Ideen und Sichtweisen für den Einsatz eines Digitalen Zwillings. Dadurch wurde der ursprünglich nur auf das Recycling bezogene Ansatz des Digitalen Zwillings erweitert auf den gesamten Lebenszyklus von Produkten und Anlagen, da dort der eigentliche Mehrwert steckte. Die vorliegende Datenbasis am Ende des Betriebslebens war für viele mehr ein »Abfallprodukt« und gut für das Recycling und die Wiedereinbringung von Wertstoffen in den Kreislauf geeignet. Aber man muss mit dem Einsatz des Digitalen Zwillings am Anfang beginnen.

Aber die Einsatzmöglichkeiten sind noch deutlich vielfältiger. Selbst von Menschen kann man alle Informationen in einem Digitalen Zwilling abbilden. Wie wäre es, wenn man z. B. alle Gesundheitsdaten von der Geburt bis zum Tod in einer Datenbasis zusammenbringen könnte? Wie viele Untersuchungen könnten wegfallen? Wie viele Arztgespräche könnten effektiver sein? Wie viele Probleme könnten gar nicht erst entstehen, wenn zu jeder Zeit Ihr behandelnder Arzt Zugriff auf »Ihre Leidensgeschichte« hätte und dies immer aktuell. Super! Aber zuerst muss das Thema Datenschutz geklärt werden!

Zurück zum Thema: Wo stehe ich derzeit (2021)?

Die Website (www.digitalerzwilling.com) wird laufend aktualisiert und ich komme kaum mit den entsprechenden Informationen nach, da sich die Einsatzmöglichkeiten vergrößern.

Um dem Thema jetzt einen Push zu geben und in der Öffentlichkeit präsenter zu werden, wird es in Kürze eine groß angelegte Befragung geben, in der festgestellt werden soll, wie der derzeitige Einsatz aussieht und welche Aktivitäten für einen vermehrten Einsatz auch in der Breite der Möglichkeiten noch erfolgen müssen.

Wie können Sie mitwirken?

Es wird eine Interessengemeinschaft (neudeutsch: Community) mit dem Zweck des Informationsaustausches der Interessierten aufgebaut. Falls Sie jetzt genauso für das Thema brennen wie ich schon seit Jahren, dann melden Sie sich bitte über das Kontaktformular auf der Webseite (www.digitalerzwilling.com) an.

Wenn Sie sich für das Thema Steigerung der Nachhaltigkeit durch eine bessere Verwertung und Verwendung von SekundärWertstoffen interessieren, dann können Sie auf meiner zweiten Website (www.diselect.de) Ihre Kontaktdaten eingeben.

Mein Ziel, mehr SekundärWertstoffe in den Kreislauf zurückzubringen, steht hinter all meinen Aktivitäten. So warten mittlerweile 100 Millionen Handys in deutschen Schubladen auf ein neues Leben.

»Sei immer du selbst, denn ein Original ist immer mehr wert als eine Kopie.«

Und bedenken Sie, trotz des Digitalen Zwillings gilt: »Sei immer du selbst, denn ein Original ist immer mehr wert als eine Kopie.« (Originalspruch von Harvey

Specter aus der Serie »Suits«: »Be yourself, because an original is always worth more than a copy«, 2011–2019).

Foto: Photo Mengede, Mülheim/Ruhr

STEFAN LOMBERG

Digitaler Zwilling

Simultanes Doppelstudium Wirtschaftsingenieurwesen an der TU Darmstadt = Wirtschaft + Maschinenbau; über 30 Jahre in der IT-Branche; Consulting und alle Arten von Vertrieb wie Vertriebsleitung, Global Key Account Management, Deal Management, Business Development; langjährige Erfahrung in der Start-up-Szene, mehrfach gepitcht; Experte für den Digitalen Zwilling und innovatives SekundärWertstoffManagement.

Stefan Lomberg hat das Ziel, mit dem Digitalen Zwilling die Wertschöpfung zu verbessern, die Nachhaltigkeit von Wertstoffen zu steigern und so die Welt ein Stück besser zu machen.

Wohlfühlen ist planbar

Wie wir wohnen, hat viel mehr Einfluss auf unser Wohlfühlen und unsere Lebensqualität, als allgemein angenommen wird. Häufig stehen das Design und der Einrichtungsstil im Mittelpunkt, nicht aber die Wirkung auf unser Wohlergehen.

Wie die Architekturbranche arbeitet

Architektur und Innenarchitektur sind geprägt von Trends und dem Zeitgeist, der widerspiegelt, was aktuell als schön und angesagt gilt. In Zeitschriften und Publikationen werden diese Trends aufgegriffen und finden Anklang. Viele derzeit neugebauten Häuser und Wohnungen sind geprägt von offenen Grundrissen und vielen Glasflächen, um die von den Planern gewünschte »Transparenz und Großzügigkeit der Räume« zu erzielen. Die Fensterflächen sind bodentief, Raumecken werden aufgelöst und durch Übereckverglasungen ersetzt. Viele Bauträger nehmen diese Gestaltungelemente auf, um am Puls der Zeit zu arbeiten und moderne Wohnräume anbieten und verkaufen zu können.

Auch in der Ausbildung an Hochschulen oder Universitäten geht es neben dem bautechnischen Fachwissen und der Funktionalität besonders um das Design von Architektur und Innenräumen. Das Studium lehrt darüber hinaus den Fokus auf den Bedarf, d.h. die Raumanzahl, Größen und die Nutzungen des Gebäudes zu richten.

Aber: Wie geht es den Menschen in diesen Räumen? Fühlen sie sich mit den aktuellen Trends wohler als mit anderen Bauweisen?

Und sind die trendfokussierten Baukonzepte für jeden »Häuslebauer« passend und stimmig?

Ungünstige Auswirkungen von Räumen / Raumsituationen auf uns:

- Unpassende Grundrisse können Beziehungen massiv belasten.
- Fehlende Rückzugsmöglichkeiten erzeugen emotionale Abgrenzung und begünstigen Konflikte.
- Unwohlsein in Räumen führt zu Dauerstress und permanenter Anspannung.
- Schlechter Schlaf laugt aus und verhindert die notwendige Regeneration.
- Ohne emotionale Bindung zu unserem Zuhause sind wir beim Treffen von Entscheidungen unsicherer.
- Negative gespeicherte Emotionen auf dem Grundstück schwächen uns.

All diese Aspekte und Auswirkungen belasten die Gesundheit und die psychische Ausgeglichenheit der Bewohnerinnen und Bewohner.

Einladung zum »Nachspüren«

Stellen Sie sich ein Penthaus im 15. Stock eines Hochhauses mit Vollverglasung auf allen Seiten vor. Die Wohnfläche ist sehr offen, es gibt kaum Wände – alles fließt ineinander über.

Würden Sie sich darin wohlfühlen?

- Wohin ziehen Sie sich zurück, wenn Sie zur Ruhe kommen möchten?
- Wo in Ihrem Zuhause ist der Platz, an dem Sie verweilen, wenn es Ihnen emotional oder gesundheitlich nicht gut geht?

- Gibt es in Ihrem Zuhause einen Platz, an dem Sie sich sicher und geborgen fühlen?
- Hatten Sie bisher eher kurze »Wohnaffären« oder längere »Wohnbeziehungen«? Wie häufig sind Sie schon umgezogen und wie heimisch haben Sie sich dort jeweils gefühlt?

»Beim Planen und Bauen von privatem Wohnraum sollte es um die Bewohner gehen, um ihr Wohlbefinden und ihre Wohnzufriedenheit.«

Unser Empfinden von Räumen ist auch von unserer Wohnbiografie, d.h. unseren bisherigen Wohnsituationen geprägt. Dabei spielen schon unsere Erfahrungen aus der Kindheit eine entscheidende Rolle. Die einen hatten in ihrer Kindheit kleine Räume, die dicht möbliert waren. Die anderen sind mit viel Platz und großen Räumen aufgewachsen.

Damit verbunden sind Erinnerungen, die uns prägen und Einfluss auf unser Empfinden von Räumen haben. Manch einer denkt gerne daran zurück, wie die Oma in einem großen Sessel saß, um vorzulesen, oder an die Spieleabende mit der ganzen Familie am Esstisch.

Häufig verbinden wir mit diesen Orten innere Bilder und positive Emotionen, die ein Gefühl von Geborgenheit auslösen. Dies prägt uns und wir sind später immer wieder geneigt, ähnliche Wohnsituationen herzustellen, um dieses Gefühl unbewusst zu stärken oder wieder aufleben zu lassen.

Was meine Arbeit unterscheidet

Gerade bei der Planung von Wohnungen oder Häusern sollte der Mensch im Fokus stehen, denn es geht um sein Zuhause. Diese Perspektive vertrete ich konsequent bei der Planung und Gestaltung von Innenräumen.

Ich achte im Planungsprozess darauf, welche Atmosphäre und Raumeigenschaften meine Kundin/mein Kunde benötigen, um sich im Wohnraum sicher zu fühlen und entspannen zu können. Es geht nicht vordergründig um das Design, sondern darum, sich in den eigenen vier Wänden wohlzufühlen.

In 25 Jahren Berufspraxis habe ich die Faktoren für das persönliche Wohlfühlen in Innenräumen aufgeschlüsselt und differenziert. Wohlfühlen ist individuell und geprägt durch die eigene emotionale Bewertung der Wohnumgebung. Jeder von uns nimmt Räume anders wahr und braucht eine andere Umgebung, um sich zu Hause zu fühlen.

»Unsere individuellen Wünsche und besonders unsere bewussten und unbewussten Wohnbedürfnisse spielen beim Wohlfühlen eine wesentliche Rolle.«

Meine ausführliche »Kundenanamnese« bildet die Basis dafür zu erkennen, was jeder Einzelne benötigt und sich wünscht. Anhand der von mir entwickelten Wohnbedürfnispyramide interviewe ich meine Kundinnen und Kunden zu Themen wie emotionale Sicherheit, dem Bedürfnis nach Rückzug, Alleinsein und Ruhe oder dem Aspekt, wie repräsentativ die Wohnräume oder das Haus sein soll.

Dies ermöglicht mir zu verstehen, was bei jedem Bauprojekt in der Planung zu beachten ist, um bei meinen Kundinnen und Kunden das Gefühl von Geborgenheit und einer emotionalen Verbundenheit zum eigenen Zuhause fördern zu können.

Bei Wohnräumen für Paare oder Familien müssen in der Planung die verschiedenen Vorstellungen und teilweise auch divergierenden Bedürfnisse berücksichtigt werden. Ziel ist es, auf jeden einzugehen, um eine bestmögliche Identifikation mit den Räumen zu erwirken.

Meine Planung beginnt bei Neubauten parallel zum Vorentwurf des Architekten. Es geht mir um die Schaffung des »Klangkörpers Raum«. So können die Planungen von Architektur und Innenarchitektur sich optimal ergänzen. Bei Umbauten oder Wohnräumen im Bestand geht es um die Optimierungen der Räume für eine bessere Wohn- und Aufenthaltsqualität.

Ein Baustein meiner ganzheitlichen Betrachtungsweise von Projekten ist auch die Überprüfung des Ortes und der vorhandenen

Bausubstanz mit deren Geschichte auf negative emotionale Energiespeicherungen, die unser Wohlergehen belasten können.

Zu Hause ankommen

Der Raum, in dem wir leben, hat einen weitaus größeren Einfluss auf uns und unser Wohlbefinden, als vielen bewusst ist. Das Wahrnehmen und Kennen der eigenen Wohnbedürfnisse stellt einen Schlüsselfaktor dar.

Unser Wohnraum kann unser Wohlergehen stärken und uns Halt geben. Wenn wir die Möglichkeit nutzen, unsere Räume so zu gestalten, dass wir uns darin gut fühlen, auftanken und Kraft sammeln können, schaffen wir einen Ort der Sicherheit und der Geborgenheit. Dies schafft ein echtes Gefühl von Zuhause und steigert damit unsere Lebensqualität.

> **Überlassen Sie das Wohngefühl nicht dem Zufall:**
> **Wohlfühlen ist planbar.**

Mit einer abgestimmten Grundrissplanung und einer passenden Einrichtung, die auf die Persönlichkeit und die bewussten und unbewussten Bedürfnisse abgestimmt sind, wird Wohlfühlen vorhersehbar.

Foto: Nadine Neudörfer

ISABELLA KÖBERLE

Wohlfühlen ist planbar.

Good living energy bedient ein breites Leistungsspektrum (Hotels, Büros, Geschäftsräume, Arztpraxen) mit einem Schwerpunkt im Bereich privater Haus- und Wohnungsbau.

Mit meinem ganzheitlichen Planungs- und Beratungsansatz schaffe ich Innenräume, die guttun und in denen man sich wohlfühlt. Ich verbinde dabei meine technischen Ausbildungen als Innenarchitektin und Baumanagerin mit dem Wissen von Feng-Shui, Geomantie und meinem hohen Einfühlungsvermögen in Menschen und Plätze.

good living energy
ISABELLA KÖBERLE

Doggenburgstr 11
70193 Stuttgart
isabella@koeberle.cc
www.koeberle.cc

Im Downloadbereich finden Sie meine Wohnbedürfnispyramide zum kostenlosen Herunterladen.

Digitalisierung im Unternehmen beginnt beim Menschen

Für viele Menschen ist der Begriff »Digitalisierung« in der Regel noch sehr abstrakt. Umso abstrakter wird er, wenn er für sich selbst oder in seinem eigenen Unternehmen umgesetzt werden soll.

Mit dem Wort »Digitalisierung« ist konkreter gemeint: die Automatisierung von Geschäftsprozessen dank digitaler Tools. Eine Handlung wäre z. B. die Anschaffung einer digitalen Dokumentenablage (Stichwort »Papierloses Büro«). Die Anwendung von IoT (Internet of Things) ist eine andere Handlung, wie die digitale Steuerung von Heizungen, Sicherheitskameras oder Lichtern. Damit verschafft man sich einen besseren Überblick über den Verbrauch und die Kosten. Auch der Betrieb eines Onlineshops ist eine Handlung der Digitalisierung, um seine Vertriebskanäle zu erweitern.

Digitalisierung ist kein Prozess, der diktiert werden kann. Menschen lieben Beständigkeit und scheuen in der Regel die Veränderung. Hier greift das Gesetz der Komfortzone. Dort kann der Mensch alles überblicken, kennt die Risiken bzw. hat diese bewusst oder auch unbewusst verbannt. Jedoch tritt in einer Komfortzone keine wirkliche Zufriedenheit ein.

Bei der praktischen Umsetzung einer Digitalisierung im Unternehmen werden oft folgende Fragen gestellt:

- Wie beginnen wir einen Digitalisierungsprozess im Unternehmen?
- Wie stark verändert sich dadurch das Unternehmen?
- Wie sieht die Rolle als Führungskraft in diesem Zusammenhang künftig aus?

Tatsächlich kann die Implementierung eines neuen Systems eine echte Herausforderung für ein Unternehmen darstellen.

Warum scheitern so viele Unternehmen bei der Umsetzung von IT-Projekten? Oder warum werden manche digitalen Lösungen letztendlich doch nicht im Tagesgeschäft eingesetzt? Es ist richtig – und auch wichtig – Projekte rechtzeitig abzubrechen, wenn das Projekt den Nutzen nicht mehr erreichen wird oder die Kosten aus dem Ruder laufen werden. Dies sind unternehmerische Entscheidungen. Gerade dazu eignen sich Projektmanagementtechniken.

Nun aber zum Scheitern eines Digitalisierungsprojekts. Viele verschiedene Gründe könnten erläutert werden: Kostenfaktor, Komplexität der Technologien und deren Prozesse, menschliche Abneigung, usw. In diesem Rahmen möchte ich mich nur auf den »menschlichen« Grund konzentrieren.

Es ist unumgänglich, die Menschen im Rahmen einer Veränderung abzuholen. Dazu wird in der Regel Change-Management betrieben. Jedoch wird dieser strategische Zug nur von einer kleinen Gruppe diktiert und dadurch werden die Anwender meist gar nicht abgeholt. Dennoch ist der Verwaltungsaufwand nicht zu vernachlässigen, hinter dem sich auch gerne der ein oder andere Key-User versteckt (z.B. endlose Meetings ohne konkrete Ergebnisse).

Menschen benötigen einen überblickbaren Rahmen und sehnen sich nach Sinnhaftigkeit und Gehör. Aus diesem Grund ist es elementar, die betroffenen Personen frühzeitig mit einzuschließen.

> Menschen benötigen einen überblickbaren Rahmen und sehnen sich nach Sinnhaftigkeit und Gehör.

Die Vorstellung einer solchen Prozessveränderung kann sich am Anfang kompliziert anhören. Nämlich steht jedes Unternehmen vor unterschiedlichen Herausforderungen – abhängig von der Branche, in der das Unternehmen tätig ist, der Größe des Unternehmens und dem Grad der Digitalisierung. Darüber hinaus sind die Startbedingungen aufgrund ihrer jeweiligen Unternehmenskultur und Organisation sehr unterschiedlich.

Schließlich betrifft die Digitalisierung alle Branchen und Geschäftsbereiche. Um sich im Wettbewerb nachhaltig behaupten zu können, ist es heutzutage umso wichtiger, digitale Technologien in allen Geschäftsprozessen des Unternehmens fest zu etablieren.

Wie bei jeder großen Veränderung sind in einer Digitalisierung von Prozessen mehrere Aspekte zu berücksichtigen. Bei einer Bestandsaufnahme des Unternehmens wird zuerst der Status quo erfasst. Basierend darauf kann der Handlungsbedarf eingegrenzt und die technischen und personellen Bedarfe ermittelt werden.

Zwei wichtige Personengruppen müssen bei der Veränderung in einem Unternehmen einbezogen werden: die Kunden und die Mitarbeiter.

Auch wenn beispielsweise neue Software in der Umsetzung das Tagesgeschäft erleichtert, heißt es nicht unbedingt, dass alles sofort schneller und effektiver laufen wird.

Zwei wichtige Personengruppen müssen bei der Veränderung in einem Unternehmen einbezogen werden: die Kunden und die Mitarbeiter.

Unabhängig vom Alter der Belegschaft, ist es wichtig Schulungen für Mitarbeiter und Vorführungen bei Kunden zu organisieren. Erst mal, um eine Struktur festzulegen, aber auch, weil deren stetiges Feedback elementar ist, um sich in die richtige Richtung weiterzuentwickeln. Mitarbeiter und Kunden müssen den digitalen Wandel mitgestalten, um eine nachhaltige Veränderung einführen zu können.

Ob und welches Produkt das richtige ist, wird in der Regel von der Geschäftsleitung entschieden. Hingegen müssen der Nutzen und die Möglichkeiten dem Nutzer offengelegt werden.

Menschen verbinden Digitalisierung mit Kostenersparnis durch erhöhten Zeitdruck und beschleunigte Prozesse – anders gesagt »Mein Arbeitgeber verlangt von mir mehr in geringerer Zeit«. Wenn im Rahmen eines Workshops diese Bedenken vorweggenommen werden, kommen diese bei den Mitarbeitern erst gar nicht auf.

Digitalisierung soll uns von der Arbeit entlasten, die wir routinemäßig erledigen und die vom Umfang bzw. Anspruch der Aufgabe sehr stupide ist. Wenn man dieses Sinnbild – also die Entlastung und Freiheiten – wahrnimmt, um sich auf die wahren Aufgaben des Kerngeschäfts konzentrieren zu können, bekommt die Digitalisierung eine ganz andere Wertvorstellung.

Digitalisierung soll uns von der Arbeit entlasten, die wir routinemäßig erledigen und die vom Umfang bzw. Anspruch der Aufgabe sehr stupide ist.

Der Begriff der Digitalisierung wurde leider in der Vergangenheit viel zu oft fälschlicherweise gebraucht für Dinge, die mit der Digitalisierung nicht wirklich viel zu tun haben.

Es ist wichtig, die Digitalisierung als ganzheitlichen Entwicklungsprozess zu sehen. Das erwähnte papierlose Büro ist ein gutes Beispiel dafür. Alle Unterlagen werden elektronisch in einem Dokumentenmanagementsystem erfasst. Eingehende Briefe, E-Mails, usw. werden erfasst und können so wesentlich schneller und einfacher bearbeitet werden. Die Archivierung von Papierdokumenten, das mehrfache Ausdrucken, Notieren, Stempeln und anschließende Scannen: All diese Aufgaben fallen weg. Allein die Dokumentensuche verkürzt sich von ca. 10 Minuten auf wenige Sekunden.

Und dieses Beispiel ist nur ein kleiner Baustein der Digitalisierung. Um diese Veränderung auf eine umfangreiche Weise zu erleben, gilt folgendes:

**Die Digitalisierung ist wie ein Puzzle:
Erst durch den Einsatz der richtigen Teile entsteht ein Bild und der wahre Nutzen wird erfüllt.**

Es gibt eine Vielzahl von möglichen Puzzlestücken bzw. Möglichkeiten. Doch viel wichtiger ist die Frage: Was brauche ich wirklich?

Diese Frage lässt sich nur durch eine schematische Aufzeichnung von Arbeitsabläufen erfassen. Als Ansatz könnten Sie diese digitale Reise als Gruppe innerhalb der Firma planen und bestreiten. Vergleichen Sie es mit einem Betriebsausflug. Jeder hat eine unterschiedliche Aufgabe und kümmert sich darum, und am Ende entsteht das Gesamtergebnis und ein gemeinsames Erlebnis. Wenn also jeder Mitarbeiter seine Routinearbeiten erfasst, können Sie diese in einem späteren Workshop zu einem ganzheitlichen Prozessbild vereinen. So können Sie Überschneidungen, Engpässe oder gar unnötige Arbeitsweisen schnell durch die visuelle Darstellung erkennen.

Wie Sie sehen, wird durch so eine gemeinsame Planung die Sinnhaftigkeit für die Mitarbeiter geschaffen. Sie erarbeiten sie sich somit selbst und der Nutzen bzw. die Notwendigkeit der Digitalisierung ist direkter erkennbar.

Foto: Picture People

ANNA KOCH

Menschen mit Technologien vereinigen für eine digitale Zukunft

Schon seit ihrer Jugend ist sie von IT-Systemen und deren Möglichkeiten fasziniert. Sie ist der festen Überzeugung, dass IT-Lösungen weit über den Austausch von Hard- und Software hinausgehen müssen.

Ohne Betrachtung des gesamten Systems kann eine Infrastruktur nicht skalierbar wachsen. Wenn das falsche Zahnrad ins Getriebe eingesetzt wird, kann es zu unerwünschten Störungen kommen.

Um eine stets moderne, aber vor allem auch sichere IT-Infrastruktur zu gewährleisten, müssen individuelle Konzepte mit den Unternehmen entstehen. Deswegen hat Anna Koch die ITLOGWARE GmbH 2019 gegründet.

Von Tabletten und Zaubertränken

Nein, entgegen dem Titel brauen weder Apotheker:innen Zaubertränke noch die fleißigen pharmazeutisch-technischen Assistenten:innen (PTA), die uns tatkräftig in der Apotheke unterstützen. Und das, obwohl die Mistel, die der Druide Miraculix für seinen Zaubertrank verwendet, sogar in der Krebstherapie (Onkologie) eingesetzt wird. Dennoch sind etliche Arbeitsabläufe, die in den öffentlichen Apotheken hinter dem Verkaufstresen stattfinden, für viele Patienten so unpopuläre, mysteriöse Vorgänge, dass sie wie Alchemie oder Kräuterhexerei anmuten könnten. Hiermit lade ich Sie, wertgeschätzter Leser, in unsere Welt hinter dem Verkaufsbereich der Apotheke ein. Es ist ein offenes Geheimnis, dass Apotheker auch klare wirtschaftliche Interessen verfolgen, die ich gar nicht erst leugnen möchte. Allerdings sind wir gesetzlich dazu verpflichtet, Sie umfassend zu beraten, indem wir Ihnen die Nähe des freundlichen Nachbarn schenken.

Auszug aus der Berufsordnung für Apothekerinnen und Apotheker der Apothekerkammer Nordrhein:

> §1 Berufsbild und Berufsausübung , Absatz 2
> »Die Apothekerin und der Apotheker sind verpflichtet, ihren Beruf gewissenhaft auszuüben. Sie müssen dem Vertrauen, welches ihnen im Zusammenhang mit dem Beruf entgegengebracht wird, entsprechen.«

Dieses Kapitel ist allen Apothekenteams gewidmet, die täglich auch im Notdienst unermüdlich im Einsatz sind, um hilfsbedürftige Menschen mit dringend benötigten Medikamenten zu versorgen, ihnen mit Rat und Tat zur Seite zu stehen und die menschliche Wärme zu geben, mit der die Herzen der Patienten stets neu erfüllt werden. Es ist genau diese persönliche Nähe des Ansprechpartners von nebenan, die von den Menschen so sehr geschätzt wird, dass sie der öffentlichen Apotheke die Treue halten, obwohl die Alternative der Internetapotheken viel günstiger ist – und es auch immer sein wird.

> Leider lernte ich in den ersten Tagen meiner Berufspraxis schnell, dass wir Apotheker oftmals weniger als Arzneimittelexperten, sondern eher als »Schubladenzieher« bzw. Verkäufer wahrgenommen werden.

Leider lernte ich im Jahr 2015 als junger Universitätsabsolvent in den ersten Tagen meiner Berufspraxis in einer Düsseldorfer Vor-Ort-Apotheke schnell, dass wir Apotheker oftmals weniger als Arzneimittelexperten, sondern eher als »Schubladenzieher« bzw. Verkäufer wahrgenommen werden.

»Geben Sie mir das günstigste Ibuprofen, das Sie haben!«, »Haben Sie kein billigeres Nasenspray?«, »Warum gelten die Gutscheine nicht auf Rezepte?«, »Apotheke ist immer teuer!« waren typische Parolen, die mich bis heute begleiten, wenn ich hinter dem Tresen stehe und Menschen berate. Bei Preisunterschieden von bis zu 30 € kann man den Patienten keinen Vorwurf machen, wenn sie gerade die Arzneimittel, die sie regelmäßig benötigen, im Netz kaufen und auf diese Weise große finanzielle Engpässe umgehen. Doch gerade in der Apothekenwelt gilt die Devise: »Qualität hat ihren Preis.« Nichtsdestotrotz erfüllt die Vor-Ort-Apotheke neben der Beratung auch zahlreiche kostenlose Dienstleistungen, wie etwa ein vielfältiges Zeitschriftenangebot und Botendienste. Eine wirklich gute Apotheke erkennen Sie als Verbraucher im Übrigen daran, dass Sie dort als Patient statt als Kunde betrachtet werden. Reine Online-Apotheken sind ebenfalls rechtlich dazu verpflichtet, Beratungsleistungen anzubieten, doch dieser Verpflichtung müssen sie nur auf ausdrückliche Anfrage der Patienten nachgehen. In der Präsenzapotheke dagegen erfüllen wir neben dieser Vorgabe auch eine Kontrollfunktion. So unterliegt es zum Beispiel unserem Aufgabenbereich sicherzustellen, dass ein gewünschtes Präparat sich mit anderen Arzneimitteln verträgt, sofern diese eingenommen werden, oder dass das Medikament eine bestehende Grunderkrankung nicht verschlimmert. Aus diesem Grund ist es mir im Namen aller deutschen Apotheker ein großer Herzenswunsch, dass Sie, werter Leser, der Apotheke nebenan die Treue halten, damit wir Sie weiterhin mit unserem geballten Fachwissen und natürlich vor allem mit einem freundlichen, wertschätzenden Lächeln auf den Lippen begleiten dürfen.

Als gesamte Apothekerschaft würden wir uns besonders freuen, wenn Sie sich das von einem meiner Kollegen produzierte YouTube-Video »Weil es noch nie wichtiger war« anschauen. Wir vor Ort sind auch im Nachtdienst für Sie da und können Ihre Bestellung meist noch am selben Tag zuverlässiger, schneller und umfangreicher als jede Internet-Apotheke ausliefern.

> Es ist mir im Namen aller deutschen Apotheker ein großer Herzenswunsch, dass Sie, werter Leser, der Apotheke nebenan die Treue halten, damit wir Sie weiterhin mit unserem geballten Fachwissen und natürlich vor allem mit einem freundlichen, wertschätzenden Lächeln begleiten dürfen.

Beipackzettel zu lesen macht keinen Spaß und die wesentlichen Informationen herauszufiltern kann für Laien mitunter enorm frustrierend sein. Insbesondere die Liste der Nebenwirkungen ist bei vielen Präparaten sehr umfangreich, da der Hersteller aus versicherungstechnischen Gründen *alle* Nebenwirkungen erwähnen muss, die jemals beobachtet wurden. Weil sich der Hersteller gegenüber Haftungsansprüchen behaupten möchte, empfiehlt er meistens, sein Produkt nicht in der Schwangerschaft zu verwenden, da an Schwangeren aus ethischen Gründen keine Zulassungsstudien durchgeführt werden können. Eine verlässliche Quelle, um in dieser Frage Klarheit zu erhalten, ist das Portal www.embryotox.de.

Bestimmte Strategien werden von der Pharmaindustrie vorzugsweise zur Zulassung eines neuen Produkts verwendet. Hersteller bemühen sich grundsätzlich, ihr neues Produkt als Medizinprodukt auf den Markt zu bringen, weil für neue Arzneimittel neben Unbedenklichkeit und strengen Qualitätskriterien auch die Wirkung des Medikaments umfangreich nachgewiesen werden muss. Ein rein physikalisches Wirkprinzip wird von dieser Definition jedoch juristisch nicht erfasst und erspart dem Hersteller einen enormen Zeit- und Kostenaufwand, indem er sein Produkt nun als Medizinprodukt anbieten kann, ohne ausführliche Wirksamkeitsnachweise erbringen zu müssen. Ähnlich sieht es mit Nahrungsergänzungsmitteln aus, für die Gesundheitsbehauptungen (Health Claims) ausgesprochen werden können, welche zwar berechtigt sein müssen, deren Aussagen in der Werbung dennoch bevorzugt aufgebauscht und mitunter stark übertrieben werden.

Vorbeugung ist immer besser als Therapie. Erkennen Sie, welche Kraft in Ihnen steckt, und beginnen Sie damit, diese noch heute zu nutzen.

In meinem Berufsalltag erlebe ich, wie auch zahlreiche Kollegen fortwährend, wie Patienten selbst dann auf Präparate bestehen, von denen wir aus pharmazeutischer Sicht nicht überzeugt sind, weil sie in den Medien besonders stark beworben werden. An dieser Stelle möchte ich darauf aufmerksam machen, dass die Pharmaindustrie zwar nachweislich Geld verdienen möchte und sich dafür fragwürdiger Marketingstrategien bedient, andererseits zu bedenken ist, dass sie tagtäglich Menschenleben mit der Herstellung lebenswichtiger Medikamente rettet. Viele Patienten wünschen sich jedoch lieber eine magische Pille, mit der sie ihren Körper auf Kommando wie mit einem Werkzeug heilen können, und sind auch bereit, Geld dafür auszugeben, obwohl Sport beispielsweise in den Bereichen Diabetes, Bluthochdruck oder Übergewicht einen besseren Effekt auf die Therapie entfaltet als Medikamente. Deshalb appelliere ich an Sie: Werden Sie aktiv! Vorbeugung ist immer besser als Therapie. Es wird sich für Sie buchstäblich auszahlen, da Sie auch weniger Geld für Arzneimittel ausgeben müssen. Erkennen Sie, welche Kraft in Ihnen steckt, und beginnen Sie damit, diese noch heute zu nutzen.

Zu meinem Bedauern erweist es sich in der Apotheke häufig als schwierig, ein umfangreiches Beratungsgespräch mit einzelnen

Patienten durchzuführen. Deshalb möchte auch ich mit meiner Gesundheitsberatung gerne für Sie da sein.

Laden Sie sich mein Interview mit dem »Leadermacher« Lorenzo Scibetta als kostenloses Hörbuch unter www.tino-seidemann.de herunter, um mehr darüber zu erfahren, wie Sie Ihre Gesundheit mit *weniger Medikamenten* fördern können.

Ihr Tino Seidemann

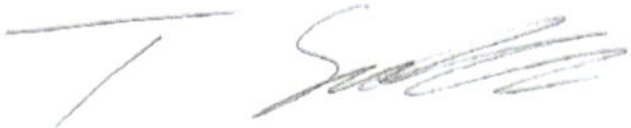

Foto: Steffen Köhler

TINO SEIDEMANN

Tino Seidemann ist Apotheker, Keynote-Speaker, wissenschaftlicher Mitarbeiter am Institut für Pharmazeutische Biologie und Biotechnologie der Heinrich-Heine-Universität Düsseldorf, Co-Autor des Fortbildungsartikels »Durchbruch bei der Therapie der chronischen Hepatitis C« und ausgebildeter Übungsleiter für Breitensport. Als begeisterter Sportler, Arzneimittelspezialist und staatlich anerkannter Gesundheitsexperte macht er es sich zum Ziel, Menschen die moderne Apothekenwelt verständlich zu offenbaren, sie in die Geheimnisse der Arzneimitteltherapie einzuweihen und ihnen einen klaren Pfad durch den stetig dichter werdenden Produktdschungel der Pharmaindustrie zu zeigen.

Die Brücke aus der Praxis zum Menschen

Wahrscheinlich war es mein Vater, der mir seine künstlerische Ader vererbt hat. Mit 23 Jahren war er 1965 der jüngste Zahntechnikermeister und hatte von diesem Zeitpunkt an die Messlatte in der Meisterprüfung eine Stufe höher gesetzt. Den sicheren Halt im Mund bekam seine Prüfungsprothese durch eine Art Schloss – irre. Ein bisschen verrückt bin ich wohl auch. So wurde ich zum besten Zahntechniker in einem Land ausgezeichnet, das angeblich an der Weltspitze im Bereich Zahntechnik steht. Nirgendwo sonst werden so viele feinmechanische Halteelemente in Zahnprothesen gebaut wie bei uns. Daher der Name Zahn*technik*.

Vom ersten Lehrtag bis zum Meister vergingen nur neun Jahre. Den Umgang mit Material und Werkzeug lernte ich freilich schon im Kleinkindalter. Mit 17 trainierte ich dann mit erwachsenen Meisterschülern bei Urgesteinen der Zahnheilkunde. Nichtsdestotrotz wollte ich mit 26 nicht einfach nur das riesige Dentallabor meines Vaters managen. Ich wollte noch einmal etwas erleben, und ich wollte Zähne machen, und zwar selbst, denn ich liebe meinen Beruf von ganzem Herzen.

Neugierig flog ich für ein Jahr in den ostafrikanischen Urwald. So traumhaft schön, wie es dort war, so überraschend waren auch meine neuen Erfahrungen. In der St. Joseph's Dental Clinic konnte ich nämlich all die herrschenden Lehrmeinungen selbst am beziehungsweise im Patienten überprüfen. Neben den Einheimischen kamen Patienten aus England, den USA, Indien, Deutschland und anderen afrikanischen Ländern zu uns, denn die Zahnärztin war über die Grenzen hinweg bekannt wie ein bunter Hund.

Frage zwei Zahnärzte und du erhältst drei Antworten

Es hat mich schon immer gewundert, dass zwei Professoren oft das Gegenteil vom anderen lehren, was stimmt denn nun? Zahntechniker dürfen in Deutschland seit den 50er Jahren beim Patienten gerade mal noch die Zahnfarbe selbst ermitteln. Der Patientenkontakt und die sich daraus ergebenden Informationen fehlten mir und ich konnte nicht abschätzen, ob das, was ich im Dentallabor herstelle, denn wirklich gut ist. Arbeitsteilung heißt gewissermaßen auch Fachidiot zu werden. Tatsächlich gibt es in jeder Lehre einen wahren Kern, der Punkt ist, diesen zu erkennen. Das für den jeweiligen Patienten Passende herauszufinden und gezielt anzuwenden ist die Kunst. Flexibilität und Abstraktionsvermögen ist gefragt. In der akademischen Ordnung muss man sich aber festlegen und seinen Standpunkt eisern verteidigen, koste es, was es wolle.

Zahnärzte müssten in verschiedenen Universitäten gelernt haben, um entscheiden zu können, welchen Universitäts-Patienten-Typ sie gerade vor sich haben. Entscheidend ist also nicht das Einstudierte und der Gehorsam vor dem SCHWARZgedruckten. Entscheidend ist die individuelle Situation im Mund des Patienten und dessen Bedürfnisse!

> Entscheidend ist also nicht das Einstudierte und der Gehorsam vor dem SCHWARZ-gedruckten. Entscheidend ist die individuelle Situation im Mund des Patienten und dessen Bedürfnisse!

Nach über 20 Jahren unabhängigen Schaffens mit meinen eigenen Patienten, also ohne weisungsgebunden zu sein, kamen mir weitere Erkenntnisse, die für den »besten Zahntechniker der Welt« doch sehr ernüchternd wirkten. Die USA. Ja, wir belächeln die amerikanische Zahnmedizin und in der Tat ist das meiste wirklich Schrott. – Kann das wahr sein? Die große Nation, unser großes Vorbild in vielen Bereichen? Ein Blick zurück hilft oftmals weiter. Mein Opa absolvierte 1934 sein zahnmedizinisches Staatsexamen und gerade in diesem Jahrzehnt wurden alle Grundsteine für die heutige Zahnheilkunde gelegt. Alles danach ist nur noch Schnickschnack, keine weiteren Meilensteine, eher ein Verfall, eine Verwässerung des Wesentlichen. Vermutlich ist das in anderen Bereichen wie der Bau- und Maschinenbauindustrie ähnlich. In der Medizin verließen jedoch viele Gelehrte das Reich und die Zurückgebliebenen blieben zum Teil noch bis 1984 in Amt und Würden. Allerdings waren sie gar nicht so gut auf die Emigranten zu sprechen.

Man ignorierte sie einfach, in meiner jugendlichen Wahrnehmung waren sie auch nicht existent.

Durch mein lebenslanges Lernen weiß ich es heute besser. Alte Unterlagen meines Großvaters und meine Kunden in den USA sowie internationale Symposien erweitern bis heute meinen Horizont und schenken die demütige Einsicht: Fachwissen ist selektiert und die eigene Wahrnehmung begrenzt. Schöpferische Tätigkeit ist durch das Gelernte und die eigene Kreativität beschränkt.

Fachwissen ist selektiert und die eigene Wahrnehmung begrenzt. Schöpferische Tätigkeit ist durch das Gelernte und die eigene Kreativität beschränkt.

Letztendlich spielt die ROTE-Ästhetik die entscheidende Rolle, denn die »neuen Zähne« müssen in Ihrem Mund gut aussehen und langfristig funktionieren. Die Übergänge zum Zahnfleisch dürfen die Kronen nicht als solche entlarven. Die Zahnachsen, Zahnformen, Zahnfarben und die Kauebene müssen in Harmonie mit dem ganzen Menschen übereinstimmen. Während sich unsere Gelehrten gegenseitig bekriegen, weil jeder mehr glänzen will, lachen anderswo Patienten genussvoll.

»Bürokratie ist die Herrschaft der Niemande und aus ebendiesem Grund vielleicht die am wenigsten menschliche und grausamste Herrschaftsform.« Hannah Arendt

95 % der Arbeitszeit ist nutzlose Bürokratie, dabei bekomme ich nur 2 % der Informationen, die notwendig wären, um eine gute Arbeit leisten zu können. Über 90 % der notwendig werdenden Rückfragen an die Praxis wollen oder können nicht beantwortet werden. Egal, ob Kassenpatient oder Privatpatient, die teuren »neuen Zähne« sind im Mund allenfalls Zufallsprodukte. Obwohl sie auf dem

Gipsmodell gut passen, müssen sie im Mund meist mehrmals nachgebessert werden.

Damit sind sie in vielen Fällen verpfuscht und das Material vorgeschädigt. Dies war in Afrika nicht der Fall! Direkter Patientenkontakt mit ausreichend Zeit für den Informationsaustausch lieferte bei minimalstem Aufwand und niedrigen Kosten optimale Ergebnisse. Genau diese Methode ist entscheidend für den Erfolg und deswegen projektiere ich immer meine zahntechnischen Arbeiten vor Beginn und hake keine standardisierten Arbeitsanweisungen ab.

Keine GOLDmedaille für unsere deutsche Hightech-Medizin. – Macht weiter mit euren preußischen Grabenkriegen und denkt ja nicht an eure Patienten, denn sie sind Laien und Ihr müsst ihnen sagen, was das Richtige für sie ist. – NEIN, mir reicht's! Ich arbeite nur noch im Team mit stimmiger Kompetenzverteilung und dem Patienten. Der Patient selbst erhält ausreichende Information, um mündig entscheiden zu können, welche Versorgung er für sich wählen möchte. Jeder Mensch hat das Recht zu erfahren, was in Bezug auf seine Zähne sinnvoll, nachhaltig und ästhetisch ist. Dabei sollten die langfristig zu erwartenden Kosten offen dargelegt werden.

Liebe Patienten, wenn Sie nicht selbst für Ihre Gesundheit Verantwortung übernehmen, dann wundern Sie sich nicht, wenn die »neuen Zähne« viel kosten, schief sind und nicht lange halten. Sie werden weinen, weil Sie es sich anders vorgestellt haben.

Neben Vorträgen für Patienten informiere ich Sie auch individuell über die Möglichkeiten Ihres perfekten Zahnersatzes und natürlich fertige ich Ihre »Zähne« von A bis Z selbst. Es geht mir um die Erschaffung einzigartiger Meisterstücke. Dies alles tue ich aus Liebe zu meinem Handwerk und zum Menschen.

Ihr Matthias Schenk
Zähne aus Leidenschaft

PS: Gerne schicke ich Ihnen eine Liste mit den 7 Tipps für einen erfolgreichen Zahnarztbesuch:

matthias-schenk@schenk-zahntechnik.de

MATTHIAS SCHENK, ZAHNTECHNIKERMEISTER

Es geht nicht nur anders, es geht auch besser

Weit über 1000 Kunden aus zwölf verschiedenen Ländern. Zahlreiche Auszeichnungen, Kammersiegel, Bundessieger bis hin zur Einladung beim Bundeskanzler.

Matthias Schenk hält Vorträge und gibt Schulungen, hat eigene Patente zur Erhöhung der Langlebigkeit von Zahnersatz sowie spezielle Stents gegen Schlafapnoe.

Der Kern seines Erfolges liegt aber in der Summe der Details, der handwerklichen Erfahrung, dem künstlerischen Geschick und vor allem der strikten Erfüllung der Patientenwünsche. Dies alles lässt den sonst anonymen Patienten zum Menschen werden – zum lachenden, schmeckenden und glücklichen Menschen.

Schatz, hast du schon alles für den Termin mit Herrn Meyer zusammengestellt?«, rief Katja.

»Nein, bin noch dabei«, rief Dirk zurück. Er war noch wild am Suchen.

Er war schon ein wenig verwundert, welche Unterlagen Herr Meyer für den ersten gemeinsamen Termin haben wollte. Neben den gesamten Versicherungsunterlagen (privat und betrieblich) benötigte er noch alle Finanzierungs- und Geldanlageunterlagen.

Dirk hatte im ersten Telefonat Herrn Meyer verwundert gefragt, warum er denn all das sichten wolle, dies hätte bis dato noch nie jemand gemacht oder verlangt. Herr Meyer war auf diese Frage mehr als vorbereitet, da diese fast jedes Mal gestellt wird. Er meinte daraufhin: »Wenn Sie krank sind und zum Arzt gehen, dann wird Sie dieser, wenn er ein guter Arzt ist, nach allen Vorerkrankungen und eventuell aktuell einzunehmenden Medikamenten fragen, stimmt's?« »Natürlich«, sagte Dirk. »Er wäre auch ein schlechter Arzt, wenn nicht«, sagte Herr Meyer. »Denn stellen Sie sich einmal vor, was passieren würde, wenn er nicht danach fragen, Ihnen ein neues Medikament verschreiben und sich dieses nicht mit einem aktuell einzunehmenden Medikament vertragen würde und Sie schwere Nebenwirkungen haben oder Ihr bisheriges Medikament an Wirkung verlieren würde. Dann wäre er doch bestimmt kein guter Arzt«, sagte Herr Meyer.

»Ja klar, das verstehe ich, und was hat das mit Versicherungen und Finanzen zu tun?«, entgegnete Dirk.

»Bei Versicherungen wollen wir Unter- und Doppelversicherungen vermeiden und bei Geldanlagen zum einen für die Finanzplanung für Ihren Ruhestand die richtigen Zahlen nutzen und bei der richtigen Strukturierung Ihrer Geldanlage Ihre Risikoneigung richtig abbilden.«

»Okay«, sagte Dirk, »dann stelle ich die Unterlagen gern zusammen.«

»Wo sind denn die Unterlagen von unserem Depot?«, rief Dirk Katja zu. Er konnte diese nicht gleich finden. Es sah im Arbeitszimmer eher aus, als hätte eine Bombe eingeschlagen. Die Unterlagen lagen verteilt auf dem Schreibtisch und auf dem Fußboden herum. »Wusstest du, dass wir so viele verschiedene Unterlagen zu den Verträgen haben?«, rief Dirk Katja zu, die immer noch in der Küche Vorbereitungen für den Besucher traf. »Schatz, das ist doch dein Part«, rief sie zurück. Sie hatten eine strikte Arbeitsteilung. Sie war im Unternehmen für das Personal und die kreativen Aufgaben zuständig und Dirk machte den Rest.

Sie hatten vor zehn Jahren eine Werbeagentur als GmbH gegründet und mittlerweile 30 Mitarbeiter. Das Unternehmen florierte, was auch dazu führte, dass sie neue gute Mitarbeiter benötigten und auf keinen Fall gute verlieren wollten. Sie legten von Anfang an sehr viel Wert auf flache Hierarchien und einen guten Umgang untereinander. Da sie viele jüngere Mütter im Büro hatten, richteten sie einen Raum so ein, dass eine Erzieherin dort gut 3–5 Kinder betreuen konnte. Die Mitarbeiterinnen waren begeistert und dies sorgte auch dafür, dass sich weitere Frauen bei ihnen bewarben. Sie waren daher sehr gespannt, welche weiteren Lösungen Herr Meyer für die Mitarbeiterbindung und -findung vorschlagen würde.

»So, wir haben nun alle Unterlagen zusammen«, strahlte Dirk.

Sie hatten sich im Vorfeld auch noch einmal grundlegende Gedanken gemacht. Im Telefonat mit Herrn Meyer bat dieser sie darum, eine Einnahmen- und Ausgabenübersicht zu erstellen und sich Gedanken über die finanzielle Zukunft zu machen. Was ihnen wichtig wäre, welchen Betrag sie monatlich oder einmalig für ihre Ziele und Wünsche investieren könnten und wie sie im Rentenalter leben möchten. Dabei war ihnen sehr wichtig, auch Geld für Reisen, für Hobbys und ggf. für die Enkelkinder zur Verfügung zu haben. Hierbei haben sie erschrocken festgestellt, dass sie mehr Geld benötigen als zurzeit, wenn sie sich alle Wünsche erfüllen möchten. »Und da glauben die Menschen, sie benötigen im Rentenalter weniger als aktuell«, sagte Dirk.

> Erschrocken haben sie festgestellt, dass sie mehr Geld benötigen als zurzeit, wenn sie sich alle Wünsche erfüllen möchten. »Und da glauben die Menschen, sie benötigen im Rentenalter weniger als aktuell«, sagte Dirk.

»Hatten wir doch auch gedacht«, widersprach Katja. »Erst dann, wenn man sich einmal mit der eigenen finanziellen Situation beschäftigt, kommt man zu dieser Erkenntnis«, sagte Dirk. »Na ja«, meinte Katja, »in der Schule und von deinen Eltern bist du darauf ja nie vorbereitet worden. Hierfür ist ja jeder alleine verantwortlich!«

Katja und Dirk fiel auf, dass sie bezüglich ihrer eigenen finanziellen Situation keinen Plan und keine Strategie hatten.

Welche Risiken müsste man absichern, welche vertraglichen Regelungen sind zu treffen, um, egal was passiert, selbst über die Handlungen bestimmen zu können? Ist es sinnvoll, den größten Teil ihres Geldes nur in das Unternehmen zu investieren, und welche Alternativen gibt es hierzu im aktuellen Niedrigzinsumfeld? Gibt es überhaupt neutrale Berater, die sie in diesem Prozess begleiten können?

All diese Fragen beschäftigten sie, aber da diese so komplex und schwierig erschienen, haben sie bis dato eher nichts gemacht, um zu vermeiden, ggf. das Falsche zu tun. »Wenn man darüber nachdenkt«, sagte Dirk, »dann ist es schon echt krass, dass man im Unternehmen tagtäglich viele Entscheidungen trifft und zielorientiert plant und dies im privaten Bereich fast nicht tut, weil es unangenehm und ungewohnt ist.«

»Aber das soll nun ein Ende haben«, sagte Katja mit eindringlicher Stimme. »Wir werden bald einen unabhängigen Berater an unserer Seite haben, der uns auf diesem Weg begleitet. Und uns vielleicht mal in den Arsch tritt«, sagte Dirk mit einem verschmitzten Lächeln. Denn er hat schon Parallelen zu anderen Bereichen gefunden.

»Die Menschen wissen, dass Rauchen krank macht und dass es gesünder wäre, nicht zu viel zu wiegen«, sagte Dirk. »Insofern weiß eigentlich jeder, er sollte Zigaretten meiden und bei Übergewicht seine Ernährung umstellen und regelmäßig Sport treiben! Aber nur weil man es weiß, ändert man leider gar nichts. Man muss ins Handeln kommen.«

»Jeder Sportler weiß, dass er sein Ziel viel schneller erreichen kann, wenn er einen Top-Coach oder Trainer an seiner Seite hat. Dies gilt natürlich auch für gute Ärzte, die ihre Patienten auf dem Weg zur Erreichung der Gesundheit begleiten.«

Aber welcher Unternehmer hat schon einen unabhängigen Versicherungs- und Finanzcoach an seiner Seite?

Sie sind froh, dass es nun endlich losgeht, die Weichen für ihre finanzielle Zukunft zu stellen, die wichtigsten privaten und gewerblichen Risiken abzusichern, weitere Instrumente für die Mitarbeiterbindung und -findung zu erhalten und die passenden Geldanlagestrategien unter Ausnutzung von steuerlichen Vorteilen zu ermitteln!

Es klingelt an der Tür, es ist Herr Meyer.

Beide sind froh, dass es nun endlich losgeht, die Weichen für ihre finanzielle Zukunft zu stellen, die wichtigsten privaten und gewerblichen Risiken abzusichern, weitere Instrumente für die Mitarbeiterbindung und -findung zu erhalten und die für sie passenden Geldanlagestrategien unter Ausnutzung von steuerlichen Vorteilen zu ermitteln!

Darüber hinaus erstellt Herr Meyer einen Risikoplan für das Unternehmen und einen Finanzplan für die private Situation. Sie erhalten alle relevanten und benötigten Vollmachten von einer Rechtsanwaltsgruppe und einen Zugang zur digitalen Vermögensübersicht.

Foto: Daniela Möllenhoff

CARSTEN HARTWIG

Versicherungs- und Finanzcoach für Unternehmer

Seit 1993 berate und begleite ich über 700 Menschen und über 100 Unternehmen als unabhängiger Spezialist und greife mit der afm Unternehmensgruppe auf eines der größten Netzwerke im Versicherungs- und Finanzbereich zurück. Ich verstehe und begleite Privatkunden, Unternehmer, Unternehmen und deren Belegschaften und verbinde die Themenbereiche Risikomanagement, Absicherung, Vorsorge und Finanzen zu 360°-Lösungskonzepten. Ich kenne die Wünsche, Ängste und Ziele. Eine besonders hohe Expertise habe ich in den Bereichen bAV, GGF-Versorgung, Finanzierung (gewerblich und privat) und Vermögensmanagement. Meine Ausbildungen: Bankkaufmann, Diplom-Betriebswirt, Financial Planner (Frankfurt School) und Gewerbeversicherungsspezialist (DMA).

Die Welt hat sich verändert. Dein Unternehmen hoffentlich auch

Vor Kurzem habe ich im Fernsehen ein Interview mit einer Buchhändlerin gesehen. Sie schluchzte und weinte vor laufender Kamera. Ihr Lebenswerk sei zerstört, sagte sie. Ihre Eltern hatten die Buchhandlung vor 40 Jahren eröffnet und mit Herzblut geführt. Vor ein paar Jahren haben sie die Buchhandlung an sie übergeben und sie hat sie im Sinne ihrer Eltern weitergeführt. Und jetzt das: Lockdown.

Ein Schicksalsschlag, auf den sie nicht vorbereitet war. Am nächsten Tag musste sie die Buchhandlung schließen. »Für ein paar Wochen, für ein paar Monate. Wer weiß das schon. Wahrscheinlich für immer«, sagte sie unter Tränen. Für sie gibt es keinen Ausweg, keine Alternative, keinen Plan B.

> Die meisten Geschäftsmodelle sind veraltet und müssen dringend an die neuen Gegebenheiten angepasst werden.

Die Welt hat sich schlagartig verändert. Die meisten Geschäftsmodelle sind veraltet und müssen dringend an die neuen Gegebenheiten angepasst werden. Viele Unternehmen stehen momentan – beschleunigt durch die Corona-Pandemie – mit dem Rücken zur Wand. Ihre Umsätze sind weggebrochen. Aber statt zu reagieren, verharren viele in einer Schockstarre wie das Kaninchen vor dem Feind. Das, was mal erfolgreich war, funktioniert plötzlich nicht mehr. Und kaum jemand hat einen Plan. Weder A noch B noch C. Wer bisher nicht gehandelt hat, sollte spätestens jetzt loslegen und seine Geschäftsprozesse überprüfen und an die neuen Gegebenheiten anpassen. Besser jetzt als nie. Und am besten sollte man dabei gleich Strukturen schaffen, um später besser auf neue Situationen reagieren zu können.

Kurz nach dem Fernsehinterview der Buchhändlerin postete Markus bei Facebook: »Liebe Kunden, leider dürft ihr nicht mehr zu uns in die Buchhandlung kommen. Dann kommen wir eben jetzt zu Euch. Nutzt die Zeit des Lockdowns und lest Bücher. Bestellt sie in unserem Onlineshop und wir bringen sie dann zu Euch nach Hause. Das ist unser Service für Euch. Unterstützt uns in dieser schwierigen Zeit.« Das klingt doch ganz anders. Markus hat sofort auf die neue Situation reagiert und seine Prozesse und Abläufe darauf ausgerichtet. Ein resilientes Unternehmen – so nennen wir das in der Unternehmensberatung. Unternehmen sollten deshalb resiliente Strukturen aufbauen, um auf solche Situationen vorbereitet zu sein, denn Scheitern und Schicksalsschläge gehören zum Unternehmertum einfach dazu. Die richtigen internen Strukturen sind deshalb entscheidend.

Markus ist ein geschätzter Freund von mir und betreibt mittlerweile zwei Buchhandlungen. Er hat die Situation erkannt und sofort von »Offline« auf »Online« umgeschaltet. Es war die wahrscheinlich einzige Chance: Digitalisierung. Die Produkte online anbieten und an die Kunden verschicken oder selbst ausliefern.

Wenige Tage nach dem ersten Post bei Facebook kommt ein zweiter Post von Markus. Man sieht ihn vor einem großen Berg Bücher sitzen und er schreibt: »Wow, das sind die Bücher, die letzte Nacht für Euch angeliefert wurden. Bücher, die Ihr gestern und vorgestern bei uns bestellt habt. Diese werden wir heute noch an Euch ausliefern. Ich bin überwältigt. Vielen Dank für Eure großartige Unterstützung.«

Solche Posts kamen danach regelmäßig von Markus und ich habe mich irgendwann gefragt, ob er seine beiden Buchläden überhaupt noch mal öffnen wird oder nur noch online verkauft. Der Umstieg auf den Onlineshop und damit der Einzug der Digitalisierung hat den Verkauf in den Buchhandlungen maßgeblich verändert.

Aber es sind nicht nur Buchhandlungen betroffen. Nahezu jede Branche muss sich Gedanken machen und ihre Produkte und Geschäftsmodelle überdenken. Dabei sind vor allem drei Aspekte zu beachten für einen erfolgreichen Turnaround.

Resiliente Strukturen sind ein wesentlicher Faktor, um vor allem auch in Zukunft auf strukturelle Veränderungen vorbereitet zu sein.

Resiliente Strukturen sind ein wesentlicher Faktor, um vor allem auch in Zukunft auf strukturelle Veränderungen vorbereitet zu sein. Man benötigt dafür Mitarbeiter und Führungskräfte, die schnell und agil reagieren und an Lösungen arbeiten, damit es weitergehen kann. Wer schnell reagiert und weniger lang liegen bleibt, wird am Ende schneller zurück auf die Erfolgsspur kommen und muss nicht ums Überleben kämpfen. Das kostet nur Zeit und Kraft.

Ein weiterer wichtiger Aspekt ist die Digitalisierung. Ohne sie kommt vermutlich kein Unternehmen mehr aus. Im Einzelhandel geht fast nichts mehr ohne ein Mindestmaß an Digitalisierung, sei es bei Click & Collect, Newsletter oder einem eigenen Onlineshop. Auch der Vertrieb hat sich komplett gewandelt. Agenturen und Unternehmen im Dienstleistungsbereich müssen sich Gedanken machen, wie sie an neue Kunden kommen und wie sie mit ihnen kommunizieren. Außendienst und Innendienst müssen neu gedacht werden. Die zentralen Themen Sichtbarkeit und Neukundengewinnung müssen dringend digitalisiert werden, um den Kunden zu erreichen, auch wenn der stationäre Shop geschlossen ist. Und plötzlich wird aus dem Risiko eine große Chance, denn online hat man 24 h und 7 Tage die Woche geöffnet und das vor allem weltweit und nicht nur in einem Shop in der Innenstadt von Kleinkleckersdorf. Da steckt plötzlich ein unheimliches Potenzial drin.

Selbst der Automobilhandel muss sich Gedanken machen über den zukünftigen Vertrieb bis hin zum Autokauf im Internet. Auch Porsche hat mittlerweile darauf reagiert. Seit Kurzem gibt es auf der Homepage einen Button »Fahrzeug online kaufen«. Vor 2–3 Jahren war das noch undenkbar. Einen Porsche muss man fahren, einen Porsche muss man fühlen. So dachte man bisher.

Aber Digitalisierung alleine genügt nicht. Auch die damit verbundene Automatisierung spielt eine große und entscheidende Rolle. Vor allem bei der Neukundengewinnung kann man damit sehr viel erreichen und den Umsatz deutlich steigern bei überschaubarem Aufwand. Wir verwenden dafür in unserer Beratung das Business-Netzwerk LinkedIn sowie weitere Tools zur Unterstützung. Mit diesen Tools kann man verschiedene Kampagnen erstellen, mit denen man automatisch neue Kunden akquiriert. Wie in einem Car-Konfigurator wählt man bestimmte Parameter aus wie z. B. Branche, Umsatz, Ort oder Region und Position des LinkedIn-Mitglieds (z. B. CEO, Geschäftsführer) und erstellt damit eine Liste an LinkedIn-Profilen, auf die diese Kriterien passen. Das funktioniert in nahezu jeder Branche und erleichtert die Kundengewinnung ungemein.

Auch die damit verbundene Automatisierung spielt eine große und entscheidende Rolle.

Als Unternehmer müssen wir lernen und vor allem akzeptieren, dass Krisen und auch ein Scheitern einfach dazugehören. Was wir lernen müssen, ist der Umgang mit diesen Krisen. Wir müssen unser Unternehmen so aufstellen, dass es resilient ist und Schicksalsschläge aushält. Claus Hipp hat in seiner Biografie gesagt: »Sorgen um die Firma, den richtigen Kurs waren eigentlich immer da. Nennen Sie mir ein Familienunternehmen, bei dem das nicht so ist. Angst, dass etwas misslingt, dass ein Fehler passiert, dass es einen wirtschaftlichen Einbruch gibt, das gehört einfach dazu.« (»Claus Hipp«, B. Balzli, M. Seiwert. Gabal 2020. S. 42)

Wir müssen unser Unternehmen so aufstellen, dass es resilient ist und Schicksalsschläge aushält.

Foto: KD Busch

SVEN ETTL

Schöner scheitern

Sven Ettl kennt mittlerweile alle Facetten des Unternehmertums. Während seiner 13 Jahre als Führungskraft bei der Porsche AG konnte er Konzernluft schnuppern und seine Kompetenzen in den Bereichen Finanzen und Personal ausbauen. Danach beteiligte er sich an einem Unternehmen für digitale Medien und war dort als Finanzvorstand tätig. Hier konnte er vor allem seine Fähigkeiten als Unternehmer erweitern. Mittlerweile ist er als Unternehmensberater tätig, um seine Kompetenz an andere Unternehmen weiterzugeben. Auch als Keynote Speaker wird er regelmäßig angefragt. Vor allem die Themen Scheitern und Turnaround-Management sind aktueller denn je.

Absprung ins Leben

Was mache ich hier? Am anderen Ende der Welt. Alleine. Ohne meinen Mann und meine Töchter, die für mehr als zwei Jahrzehnte mein Fokus, der Nabel meiner Welt waren.

Um mich herum, im bereits sehr in die Jahre gekommenen Reisebus, sitzen ein gutes Dutzend Abenteuerlustige, bunt zusammengewürfelt aus der ganzen Welt. Als die Papiere verteilt werden, auf denen man den Haftungsausschluss – sich gegenseitig als Zeuge bestätigend – unterzeichnen muss, wird es leise. Das Radio spielt den Song »... that's the day I'm gonna die – the day the music dies.«

Aber ich hatte mir das doch so sehr vorgenommen! Mehrere Jahre hatte ich darauf hingearbeitet, meine Höhenangst zu bezwingen, um die nächtlichen Albträume zu besiegen, die mich oft schweißgebadet aufwachen ließen, wenn ich wieder einmal im Traum von einem Hochhaus oder einem Abhang stürzte – gnädigerweise wachte ich immer auf, bevor ich aufprallen würde. Jetzt bin ich auf dem Weg nach »Mission Beach«, um diese »Mission« hinter mich zu bringen. Und jetzt sehe ich auch noch am Abzweig das Schild »Murdering Point«. Ein sehr ungewöhnlicher Name für ein Weingut ...

Diese Namen passen, ich hätte sie mir nicht besser ausdenken können! Was soll mir das alles sagen. Soll ich nun kneifen?

Unser Bus hält vor einem älteren Bungalow mit baufälligem Schuppen. Wir werden freundlich begrüßt, in einen wohnzimmerartigen Raum geführt und bekommen ein Video gezeigt. So also sollen wir uns verhalten, wenn wir gleich aus einem kleinen Motorflugzeug aus 4000 m Höhe abspringen sollen! Nicht alleine – nein, wir bekommen einen erfahrenen Tandem-Master zur Seite gestellt – besser gesagt, wir werden ihm an den Bauch geschnallt.

»Was wollt ihr euren Lieben zu Hause denn vorher noch sagen? Wir machen jetzt ein kleines Video, da könnt ihr sie nochmals grüßen.« Ok. Was sagt man, wenn man im Vollbesitz seiner geistigen Kräfte gleich sein Leben riskieren wird? Die Versandadresse für das Video für den Ernstfall steht auf dem im Bus unterzeichneten Formblatt. Perfekt organisiert. Während ich noch überlege, wird mir mein Tandempartner Ben zugeteilt. Auf der Liste sehe ich, dass es sein dritter Sprung heute ist – er scheint es also wirklich zu können. Etwas beruhigt begrüße ich ihn mit Handschlag und vertraue ihm meine Beobachtung an. Er grinst nur und sagt: »Ja, jetzt bin ich auch nüchtern!« Auf meinen entsetzten Gesichtsausdruck hin fährt er schmunzelnd fort: »Was glaubst du denn, warum wir Jungs alle hier mit Sonnenbrille herumlaufen? Gestern war Friday Night!« Ok, lieber Gott, nun ist es zu spät, denke ich mir. Ich hoffe, du und alle meine Schutzengel verzeihen mir, denn ich will trotz aller sublimen Warnungen nun in dieses Flugzeug steigen und diese Mutprobe hinter mich bringen.

Noch ein Foto in feinsäuberlich angelegter Gurt-Montur an der Einstiegsluke des Fliegers mit meinen fünf Abenteuergenoss:innen. Wir nehmen nun auf zwei Metallschienen im Innenraum der kleinen Cessna Platz und werden an unseren Tandempartnern festgeklickt. Schon starten die Motoren, aber die Ausstiegsluke bleibt offen. Ich sitze genau daneben und kann die Beschleunigung am immer schneller vorbeiziehenden Asphalt ablesen.

Wir heben ab. Der Fahrtwind bläst mir die Haare aus dem Gesicht. Dieser Flug wäre ein totaler Genuss – ohne Höhenangst und ohne drohenden Absprung! Die Küstenlinie taucht unter uns auf und wir schrauben uns langsam auf 4000 m Höhe. Zu spät! Jetzt gibt es wirklich kein Zurück mehr – außer zu springen!

Dicht vor mir macht sich ein Tandem-Master mit seinem koreanischen Abenteurer für den Absprung bereit. Bevor ich es richtig realisiere, sind sie draußen. Einfach so! Oh, jetzt bin ich dran! Mein Puls rast! Ben gibt mir klare Anweisungen und beschäftigt mich, während er mich nahe an die Ausstiegsluke bugsiert – und schon sind auch wir draußen! Innerhalb von sechs Sekunden beschleunigen wir auf 200 km/h – im wahrsten Sinne atemberaubend! In meinem Bauch fährt meine Seele Achterbahn und ein erlösender Schrei hilft, die Spannung abzubauen.

60 Sekunden freier Fall! Was für ein Gefühl! Die Erde kommt uns rasend schnell entgegen. Fotograf Simon, in seinem Wingsuit, der Sekunden nach uns gesprungen ist, fliegt um uns herum und macht Fotos. Wir winken und geben ihm »thumbs-up«.

Doch plötzlich reißt es mich mit unbeschreiblicher Gewalt in die Riemen. Simon – gerade noch auf Augenhöhe – sehe ich jetzt wie einen Stein zur Erde rasen. Ist bei ihm alles ok? Das ist ein Schock! Jetzt realisiere ich erst, dass Ben gerade unseren Fallschirm geöffnet hat. Puh! Perfekt! Wir segeln nun sechs Minuten kontrolliert dem Strand entgegen und können den genialen Rundblick genießen. Weit unter mir erkenne ich, dass sich nun auch Simons Fallschirm öffnet. Ich bin so erleichtert! Später verstehe ich, dass er nur »abgetaucht« war, um vor uns unten zu sein und unsere Landung zu fotografieren!

Der Strand kommt kontrolliert näher. Geschafft – ganz sanft im Sand gelandet!

Ein unglaublich tolles Gefühl ist das, es geschafft zu haben und zu realisieren, wirklich gesund gelandet zu sein! Ich spüre den Sand zwischen meinen Fingern, höre und rieche das Meer. Im leichten Wind raschelt der Gleitschirm. Ben hat mich abgeschnallt und ich umarme ihn in großer Dankbarkeit. Eine Jahresladung Adrenalin jagt durch meinen Körper und ein unbeschreibliches Glücksgefühl überwältigt mich.

»What is the first thing you do in your new life?«

»I did it!« Ich bin so stolz meine Höhenangst überwunden zu haben! Am Strand sehe ich eine kleine wettergegerbte Holzhütte – ein kleiner Kiosk. Auf eine schwarze Schiefertafel hat jemand mit Kreide geschrieben: »What is the first thing you do in your new life?«

Jetzt, etwas über zehn Jahre später, ist meine Höhenangst tatsächlich überwunden. Keine Absturz-Albträume mehr. Jetzt aber stehe ich wieder vor einer solchen Mutprobe. Corona hat unser aller Leben verändert. Meinen Job gibt es so nicht mehr. **Ich muss mir ein neues Ziel setzen. Ich muss wieder all meinen Mut zusammennehmen und nun die kraftvolle Energie der Wut durch eine 180-Grad-Wende in Mut umwandeln, positiv gerichtet einsetzen.**

Schon immer wollte ich Bücher schreiben. Weitergeben, was das Leben für mich an wertvollen Erfahrungen gebracht hat. Anderen Mut machen. So habe ich mir abermals einen erfahrenen und verlässlichen Partner gesucht. Diesen habe ich in Hermann Scherer gefunden. Und dieser Artikel ist mein erster Schritt in Richtung Autorenschaft. The first thing in my new life. :)

Foto: FOTOSTUDIO Am Kurfürstenplatz (M)

MICHAELA MARTINI

Michaela Martini ist Unternehmerin, zertifizierter Business-Coach und Business Angel. Sie führt gemeinsam mit ihrem Mann mehrere Firmen und betreut Start-ups, vorwiegend im Sektor erneuerbare Energien und Medizin. Ihre Erfahrung fließt erfolgreich auch in ihr Life-Coaching ein.
Als unstillbar Reisebegeisterte und mit großer Neugier gegenüber fremden Ländern und Lebensentwürfen bereist Michaela Martini die ganze Welt.
Bei Interesse an ihrem Blog über ihre halbjährige Weltreise:
mail@michaelamartini.com.

Jetzt startet sie ihre nächste Karriere als Autorin. Michaela Martini ist seit über 35 Jahren verheiratet, hat zwei erwachsene Kinder, lebt und arbeitet in München und im Chiemgau.

Bienen im Herzen und die Natur im Auge

Alles Verschwörung? Kommt das aus einem Labor? Was sagen Sie dazu?«, fragte mich ein junger Mann zu Beginn der Corona-Pandemie. Mir kam da gleich ein Satellitenbild unserer Erde bei Nacht in den Kopf. Mich beeindrucken die vielen Lichter, die die Ballungsräume menschlichen Lebens in den Nachthimmel schicken, immer wieder. Ist die Erde nicht längst ein einziges großes Labor geworden? Wie denken Sie darüber? Unser Einfluss auf Artenvielfalt, Klima und die Widerstandsfähigkeit der natürlichen Lebensräume ist nicht zu leugnen. Das begünstigt z.B. auch die Verbreitung von Krankheitserregern. Die meisten Medikamente basieren hingegen auf natürlichen Grundstoffen, also auf den noch reichhaltigen Ressourcen, die uns unsere Umwelt bietet. Unsere Artenvielfalt ist jedoch bereits stark reduziert. Wir haben in unserer »kleinen Welt« die Möglichkeit, der weiteren Reduzierung entgegenzuwirken. Jetzt!

Ich betreibe als Landwirt ein Bienenwiesen-Patenschaftsprojekt »Die gute Bienenwiese«. Hier engagieren sich einfache Leute genau wie Gewerbetreibende und Industrie für Insektenschutz und Biotopvernetzung. Ferner stelle ich ein Schutzgebiet für den Kiebitz, eine vom Aussterben bedrohte Vogelart bereit. Das fördert eine Gesprächskultur zwischen Naturschützern, Landwirten und Industrie.

Artenschutz vor meiner Tür wird nicht die Welt retten, es ist jedoch ein Anfang.

Artenschutz vor meiner Tür wird nicht die Welt retten, es ist jedoch ein Anfang.

Als junger Kerl bin ich gemeinsam mit Freunden auf die Balearen-Insel Ibiza in den Urlaub gefahren. An einem sonnigen Spätnachmittag lagen wir am Pool und starrten in den balearischen Himmel. Mir fiel auf, dass sich dort zwei Wolkenschichten übereinander schoben. Mir entfuhr es, ohne zu überlegen: »Es gibt Gewitter!« Meine Freunde hörten es und nahmen es sehr belustigt zur Kenntnis. Einer meiner Freunde, selbst Bauernsohn, verstand meine Begründung. Für die anderen war ich Wahrsager, Wettergott oder Wolkenanbeter, natürlich mit jugendlich-sarkastischem Unterton. Längst hatten wir uns mit weiteren jungen Menschen angefreundet, die diesen Ball dankbar aufnahmen. Ich war mir sicher, hier steht eine Wetteränderung bevor, weil sich ineinanderschiebende Wolkenschichten nun mal nur an Luftmassengrenzen zu finden sind. Der Rest der Geschichte ist kurz. Die Abendveranstaltung wurde wegen heftigen Unwetters im Hotelgebäude abgehalten. Im Foyer trieb das Wasser, angetrieben von stürmischen Böen, zentimeterhoch zur Türe rein. Der Spott war schon beim ersten Donnerschlag verstummt.

Natur versteht nicht. Natur will verstanden werden.

Natur versteht nicht. Natur will verstanden werden.

Als Landwirt bin ich gezwungen, die Natur zu verstehen. Verstehe ich sie nicht, achte ich sie nicht, bekomme ich umgehend die Quittung. Gehe ich in einen Wald und habe die Augen nicht auf, autsch!, ramme ich mir einen kleinen Ast ins Gesicht oder bleibe in den Dornen hängen. Beachte ich die Bedürfnisse meiner Pflanzen, Haus- und Nutztiere nicht, werden die sich unweigerlich bemerkbar machen. Dieser Druck, mich trotz wirtschaftlicher Zwänge auf die Bedürfnisse meiner Tiere und Pflanzen einstellen zu müssen, hat bei mir zu einer Transformation geführt. Ich war nicht mehr bereit, das Wohlbefinden meiner Tiere und Pflanzen aufgrund der wirtschaftlichen Zwänge mit meiner eigenen Gesundheit zu bezahlen. Liebe deinen Nächsten wie dich selbst! Wie weit war mein Weg aus den Gummistiefeln in meinem Kuhstall hin zum Leben meines Traumes? Er war genau eine Entscheidung weit. Einmal »ja« gesagt und »ja« gemacht. Meine Maxime heute heißt:

Umweltschutz und Achtung der Natur fängt mit Selbstachtung und Selbstliebe an!

Wir achten alle auf die Natur. Klar! Bei gefrorenen Straßen fahren wir vorsichtig, bei Sturmwarnung holen wir die Gartenmöbel rein und bei starkem Sonnenschein darf die Sonnencreme mit dem passenden Schutzfaktor nicht fehlen. Ist Ihnen jedoch immer klar, dass Sie selbst Natur sind? Haben Sie einen Garten? Und haben Sie sich dort auch schon über Raupen, Larven und Engerlinge geärgert? Die fressen nur das, was Ihnen lieb und teuer ist. Das ist doch ärgerlich, oder? Irgendwann sind sie weg. Stattdessen fliegen, schwirren und krabbeln wunderschöne Schmetterlinge, Käfer mit leuchtenden Schildern und Wildbienen umher. Ist Ihnen klar, dass auch Sie Natur sind? Die Insekten machen eine offensichtliche Transformation durch. Auch Sie und ich haben mindestens eine Transformation durchgemacht. Wir wurden als Kinder geboren und wurden erwachsen. Es ist schon schwer genug für einen Laien, Raupen, Larven und Engerlinge den späteren Faltern, Käfern und Bienen zuzuordnen. Wie viel schwerer ist es, bei unseren Kindern oder gar bei Nachbarskindern das spätere »Transformationsergebnis« vorauszusagen? Die Natur ist da gnadenlos. Durch Druck, Zwang oder Gleichgültigkeit können wir aus einem strahlend schönen Schmetterling keine fleißige Biene machen und aus einem Käfer keinen Falter. Wir können nur Entwicklung behindern oder fördern. Einem Individuum ein Päckchen Proviant, von dem es zehren kann, mit auf die Reise geben. Oder ein Päckchen Ballast, das es dann auf dem Weg zu seiner Bestimmung irgendwann überwinden muss. Ihr Trost, wenn Ihr Kind nicht so wird, wie Sie es sich wünschen: Alle werden gebraucht! Schmetterlinge, Käfer und Wildbienen. Der Mensch liebt Ordnung und klare Formen. Die Natur liebt Bewegung und Entwicklung.

Umweltschutz und Achtung der Natur fängt mit Selbstachtung und Selbstliebe an!

Die Formel, um menschliches Ordnungsstreben und den Drang der Natur zum Wandel unter einen Hut zu bekommen: Lebe deine Werte und bleib gelassen!

Lebe deine Werte und bleib gelassen!

Transformation ist nicht auf die Zeit des Erwachsenwerdens beschränkt. Transformieren können wir jederzeit und müssen es oft genug auch. Begegnen Ihnen nicht auch schon mal Menschen, die Ihnen verändert vorkommen? Ich vergleiche es gerne mit dem Pflügen. Beim Pflügen wendet der Bauer den Oberboden. Der Oberboden wird auch Mutterboden genannt, weil auf dem Mutterboden alles Wachstum stattfindet. Das Pflügen macht die Vergangenheit nicht ungeschehen. Durch den Pflug bereiten wir die Oberfläche nur für einen Neuanfang vor und das Alte wird zum Dünger für alles, was jetzt kommt.

Manchmal pflügen Krankheiten oder Schicksalsschläge unser Leben um. Wir dürfen uns aber auch selbst zum Umpflügen unseres Lebens entscheiden, den Boden für einen Neuanfang bereiten. Wenn Sie in Ihrem Leben Fremdbestimmung gegen Selbstbestimmung eintauschen wollen. Wenn Sie das Gefühl haben, dass Ihnen das Unkraut über den Kopf wächst. Wenn Sie trügerische Sicherheit durch Freiheit ersetzen möchten, dann pflügen Sie Ihren Mutterboden, Ihren Wachstumsbereich um. Es ist sicher oft eine schwierige Entscheidung. Die vielen erfolgreichen Menschen, die wir kennen, sind jedoch alle genau diesen Weg vorangegangen. Keine Angst und Augen auf: In der Natur finden Sie unzählige Beispiele für erfolgreiche Transformation. Vielleicht begegnen wir uns ja unterwegs, auf dem Weg des Wachstums.

Wachse zum Licht, der Sonne, deiner Bestimmung entgegen.

Wachse zum Licht, der Sonne, deiner Bestimmung entgegen.

Foto Anja Meier

HELMUT MUSS

Landwirt und Naturerklärer, Milchbauer aus Leidenschaft bis 2012

Gründer der Pferdeweide-Beratungsagentur »Die gute Pferdeweide« in der DACH-Region, mit Publikationen in Fachzeitschriften; Herausgeber von Video-Seminaren und Dozent an der Kölner Pferde-Akademie.

Gründer des Bienenwiesen-Patenschaftsprojektes »Die gute Bienenwiese«, das weit über die Grenzen seiner Heimatgemeinde hinaus Freunde hat.

Speaker zum Thema »Natur verstehen. Es ist alles schon da! Wir müssen uns nur eine Lösung aussuchen.« Helmut Muß inspiriert seine Zuhörer, die Lösungen wahrzunehmen, die uns die Natur bietet.

Gesundheit – eine Frage der Zuständigkeit

Je älter wir werden, desto kaputter sind wir. Das Leben hinterlässt seine Spuren. Alltagsschmerzen sind ein fester Bestandteil unseres Lebens. Mal zieht es im Nacken, dann im Rücken und im Knie. Spätestens ab vierzig erfreuen wir uns stetig wiederkehrender Schmerzen. Anfangs hilft der Griff in die Hausapotheke: Ein Pillchen hier, eine Salbe dort und schon ist das Problem für den Moment vergessen. Wenn nichts mehr hilft, bleibt noch der Gang zum Arzt.

Hier begegnen wir den Wundern unserer Hightech-Medizin. Wir werden vermessen, begutachtet und unser Blut analysiert. Vielleicht machen wir auch Bekanntschaft mit den modernsten bildgebenden Verfahren: Röntgen, CT, MRT oder Ultraschall. Unser Innerstes wird sichtbar gemacht und nichts bleibt dem geschulten Auge verborgen. Glauben wir und viele Ärzte zumindest.

Oftmals finden Labore, Radiologen oder andere Fachärzte die Spuren unserer Lebensexzesse. Eine nette Arthrose, ein alter Bandscheibenvorfall oder irgendeine andere strukturelle Veränderung in unserem Körper ist schnell der Sündenbock für unsere Schmerzen. Mit etwas Glück sind auch gerade Ersatzteile im Angebot: ein neues Knie, eine neue Hüfte – alles maßgeschneidert, versteht sich. Die Austauschgeschwindigkeit von Gelenken ist teilweise schneller als der Teiletausch in der Autowerkstatt. Vielleicht ist auch der eine oder andere Blutwert nicht in Ordnung. Schnell gehören wir zum rasant wachsenden Anteil der pillenschluckenden Gesellschaft.

Die Austauschgeschwindigkeit von Gelenken ist teilweise schneller als der Teiletausch in der Autowerkstatt.

Sollten Operationen und Medikamente nicht die gewünschten Resultate erzielen oder der Grund für unsere Beschwerden nicht standardisiert messbar sein, kann uns dennoch geholfen werden. Wir brauchen schließlich eine Diagnose, die unseren Zustand erklärt. Die Endstationen haben interessante Namen wie beispielsweise chronisch-entzündliche Darmerkrankung, Fibromyalgie, chronisches Schmerzsyndrom, Failed Surgery Syndrom, Depression, Burn-out oder chronisches Erschöpfungssyndrom. Ohne Fragen zu stellen, nehmen wir dankbar jede Diagnose und verzweifelte Behandlungsoption an. Alles ist besser, als nichts zu tun. Leise ergeben wir uns unserem unabwendbaren Schicksal, wie auch der Arzt sich dem Ende seiner Therapieoptionen ergibt. Willkommen im Gesundheitssystem des 21. Jahrhunderts.

> Leise ergeben wir uns unserem unabwendbaren Schicksal, wie auch der Arzt sich dem Ende seiner Therapieoptionen ergibt.

Bis kurz vor Mitternacht des 9. Juni 2015 glaubte auch ich noch an die unerschöpfliche Weisheit der medizinischen Welt. Eine Welt, in der ich aufgewachsen bin, die mir seit Kindesbeinen vertraut war und in der ich inzwischen selbst arbeitete. Durch diverse medizinische Fehlentscheidungen im Laufe des vorangegangenen Tages wurde aus einer normalen Entbindung meines vierten Kindes ein Notkaiserschnitt.

Im Zuge dessen konnte ich die Wunder der modernen Entbindungsmedizin hautnah miterleben: Festschnallen, Desinfektionsmittel drüberschütten und schneiden. Ein wenig lautstark schreiend und fluchend sah ich der Operateurin höchst interessiert dabei zu, wie sie mein Kind aus mir herausholte. Mit den Worten »Jetzt stellen Sie sich nicht so an« presste der Anästhesist schließlich meine Schultern mit Gewalt zurück und verabreichte mir die erlösende Narkose.

Am dritten Tag durfte ich das Krankenhaus mit einer gesunden Tochter und einem sich an der Grenze zur Transfusion befindlichen Blutverlust verlassen. Zwei Wochen nach der Entlassung ging es auch schon wieder mit Blaulicht zurück ins Klinikum. Diagnose: schwere Sepsis und aufgeplatzte Naht.

Die Behandlung war absolut modern: Ausdrücken der Wunde,

zweimal kurz spülen, Antibiotika für drei Tage und ab nach Hause. Oh du schöne Welt der Medizin. Das Aufplatzen der Nähte wurde über die nächsten sechs Monate zum Normalzustand, doch das Klinikum verweigerte die weitere Behandlung. Meine Gynäkologin hatte es dann ambulant richten können.

Resultat der Entbindung: eine komplett schiefe, viel zu lange Naht und eine beschädigte Bauchmuskulatur. Ich war Ende dreißig und hatte alles verloren – meine Arbeitsfähigkeit, meinen Betrieb und einen Teil meiner Selbstachtung. Selbst Brot konnte ich nicht ohne Schmerzen schneiden.

Zwölf Monate nach dieser bemerkenswerten Entbindung wölbte sich mein Bauch noch immer bedenklich nach vorne. Ich sah aus wie im 13. Monat schwanger und kein Geld für die Entbindung. Verzweifelt überwies mich mein Hausarzt zum Orthopäden. Nach kurzem Abtasten des Bauches war ihm klar, ich hätte keinerlei Bauchmuskulatur und sei »zu fett«. Letzteres war akzeptabel und realistisch.

Meine Gynäkologin sah das anders und stellte fest, dass meine gerade Bauchmuskulatur auf voller Länge ganze 15 cm auseinanderlag und meine Innereien den Bauch nach vorne drückten. Eine Woche später fand ich mich auf dem OP-Tisch der plastischen und rekonstruktiven Chirurgie wieder.

Trotz diverser, von hervorragenden Chirurgen durchgeführter Operationen blieben die Schmerzen bei Belastung bestehen. Immer wieder auftretende Entzündungen und Risse von Verwachsungen kamen erschwerend hinzu. Mit den Diagnosen Fibromyalgie und chronische Schmerzen war die Endstation der Hochleistungsmedizin erreicht. Letzte Option: dauerhafte Einstellung mit Schmerzmitteln, was ich verweigerte. Heute bin ich 43 Jahre alt, schmerzfrei und habe mein Leben zurück. Einzig die 72 cm lange Naht an meinem Bauch erinnert mich täglich an die Limitation der Medizin.

Wir verlassen uns auf Maschinen, mit denen wir in den Menschen hineinsehen können, und Medikamente, die nur kurzfristig wirken, niemals jedoch heilen. Wir schwören auf simple Laborwerte, deren Referenzwerte auf dem Durchschnitt einer bereits kranken Gesellschaft basieren. Wir verwechseln Behandlung mit Heilung. Obwohl Heilungsversprechen verboten sind, glauben wir gebetsmühlenartig an die Heilung durch den Arzt. Schon bei der Zulassung lernt dieser jedoch, dass der Auftrag des Arztes die Behandlung (von Krankheiten) und nicht deren Heilung ist. Im Vordergrund steht nur noch die Symptombehandlung, nicht die Ursachenbeseitigung. Wer dagegen verstößt, wird spätestens bei der Abrechnung bestraft. Auf diese Weise schaffen wir keine gesunde Bevölkerung, sondern fördern Zivilisationskrankheiten mit erschreckender Geschwindigkeit.

> Der Auftrag des Arztes ist die Behandlung (von Krankheiten) und nicht deren Heilung.

Um Gesundheit zu erreichen, müssen wir verstehen, dass der menschliche Körper täglich 47 essenzielle Bausteine braucht. Haben wir nur einen einzigen dieser Bausteine zu wenig in uns, senken wir die komplette Leistungsfähigkeit des ganzen Organismus und ergeben uns unseren Krankheiten. Diese Bausteine sind messbar, aber keine Kassenleistung und daher medizinisch irrelevant.

Solange wir uns hinter Schreibtischen verstecken, uns nur einseitig bewegen und keinen echten Bewegungsausgleich schaffen, werden wir in immer jüngeren Jahren verschleißen. Alterskrankheiten mit Anfang zwanzig werden zur bitteren Realität.

Nur wenn wir aufhören, unseren Körper schlechter als unser Auto zu behandeln, und lernen, wieder Verantwortung für ihn zu übernehmen, ist wahre Gesundheit möglich. Nur so wird aus dem bestehenden Krankensystem wieder ein echtes Gesundheitssystem. Nur dann dürfen auch Ärzte endlich wieder das tun, wofür sie ursprünglich einmal angetreten sind: den Erhalt unseres Lebens.

Es ist schließlich alles eine Frage der Zuständigkeit:

**Der Arzt ist für Krankheiten zuständig,
wir selbst für unsere eigene Gesundheit.**

SUSANNE LEIPNITZ
Gesundheits- und Schmerzexpertin

11 Ausbildungen, 20.520 Stunden Fortbildung in acht Ländern, über 300.000 Autobahnkilometer, 1893 Nächte in den USA, Impulsgeberin für 729 Ärzte und Therapeuten aus Deutschland, Dänemark, den Niederlanden und den USA, über 3000 schmerzfreie, gesunde Menschen, Gewinnerin des begehrten Excellence Awards und Mitinhaberin eines Weltrekords – ob als Rednerin, YouTuberin, Podcasterin oder mit ihrer eigenen Praxis, Susanne Leipnitz verändert die Welt der Medizin und das Leben von Menschen.

Aufgewachsen in der Welt der Medizin und aus eigener Erfahrung kennt sie beide Seiten der Medaille und die Grenzen. In ihrer täglichen Arbeit mit Menschen sucht sie nach Lösungen, verändert Sichtweisen und verknüpft bekanntes Wissen mit neusten Forschungen. Mit einer äußerst lebhaften Bildsprache, viel Humor und schlagfertiger Logik inspiriert sie Professoren, Ärzte, Therapeuten und Patienten gleichermaßen. Susanne Leipnitz kämpft für das Recht eines jeden Menschen auf ein schmerzfreies, gesundes Leben.

Mehr unter www.SusanneLeipnitz.com

Gebäudereiniger ist ein toller Job

Jeder Einzelne kann im Rahmen seiner Möglichkeiten und Fähigkeiten seinen Beitrag zum Fortbestand und Erhalt unseres Lebensraums unserer schönen Mutter Erde beitragen. Es ist müßig zu warten oder zu sagen, der andere oder die da drüben in einem anderen Land sollen anfangen, etwas zu verändern. Aus meiner Sicht ist jeder einzelne Mensch selbst für sich und auch für unseren Planeten verantwortlich. Wir haben nur diese eine Erde.

Wir sind alle Menschen auf diesem Planeten.

Wie sagte John F. Kennedy bereits: »Frage nicht, was dein Land für dich tun kann, sondern was du für dein Land tun kannst.«

In dem Sinne möchte ich Menschen aus ihrer Passivität holen und sensibilisieren für den umweltgerechten Umgang mit Reinigungsmitteln und dem damit verbundenen Verpackungsmaterial, Müll. So bringe ich mich selbst wertvoll in die Gesellschaft ein, indem ich ein Null-Müll-Konzept entwickelt habe, in dem Bereich, in dem ich selbst arbeite: in der Gebäudereinigung. Ich stehe für Reinigungsmittel ohne viel Plastik und für eine saubere Umwelt, denn ich bin dagegen, die Umwelt mit leeren Plastikgebinden zu vermüllen.

Ich stehe für eine Menschheit, in der sich jeder im Rahmen seiner Möglichkeiten und besonderen Fähigkeiten einbringt.

John F. Kennedys Satz ergänze ich noch wie folgt: »Frage nicht, was dein Land, deine Stadt, dein Dorf oder deine Gemeinde, dein Betrieb und Arbeitgeber, deine Freunde oder Familie für dich tun können, sondern frage lieber, was du für dein Land, deine Stadt,

»Frage, was du für dein Land, deine Stadt, dein Dorf oder deine Gemeinde, deinen Betrieb und Arbeitgeber, deine Freunde oder Familie tun kannst.«

dein Dorf oder deine Gemeinde, deinen Betrieb und Arbeitgeber, deine Freunde oder Familie tun kannst.«

Norbert Wetzig steht für eine saubere Umwelt ohne viel Abfall und ohne die Umwelt beim Reinigen zusätzlich mit Plastik zu vermüllen.

Die Welt ändert sich nur durch deine Taten, nicht durch deine Meinung.

Die Welt ändert sich nur durch deine Taten, nicht durch deine Meinung.

Die meisten Reiniger, die man im Supermarkt kaufen kann, bestehen zu über 80 % aus Wasser. Es werden Unmengen Wasser in Reinigern bevorratet, in Plastikflaschen gefüllt und dann mit LKWs palettenweise durch die Welt gefahren, um in den Supermärkten Wasser mit etwas Chemie / Konzentrat als Reiniger zu verkaufen. Das alles, um das Grundbedürfnis der Sauberkeit von uns Menschen zu befriedigen. Dabei hinterlassen wir Menschen Unmengen Verpackungen, Flaschen und Gebinde. Ein Beispiel aus der Praxis: Der Wochenverbrauch in einer Gebäudereinigung ergibt zwei Gelbe Mülltonnen voll mit leeren Plastikflaschen. Das hat mich immer schon gestört.

Zu dem ganzen Verpackungsmüll kommt dann noch zusätzlich, aufgrund der vielen und langen Transportwege, die Schädigung der Umwelt durch LKWs und Autos.

Vor Tausenden von Jahren lebte der Mensch friedlich mit den Lebewesen in seiner Umwelt zusammen. In den letzten 200 Jahren begann der Mensch massiv in die Natur einzugreifen. Er zettelte damit einen Krieg gegen sich selbst und die Erde an – und das alles im Namen des Fortschritts. Meere und Flüsse werden durch Abwässer und ähnliche Verschmutzungen zerstört. Luft wird durch Verkehrsabgase verschmutzt. Der Lebensraum von Tieren und Pflanzen wird bedroht und zerstört.

»Die Menge an Kunststoff, die wir seit Beginn des Plastikzeitalters produziert haben, reicht bereits aus, um unseren gesamten Erdball sechs Mal mit Plastikfolien einzupacken.« (Zitat aus »Plastic Planet«)

Norbert Wetzig steht für eine saubere Umwelt ohne viel Abfall und Plastikmüll.

Norbert Wetzig steht für eine saubere Umwelt ohne viel Abfall und Plastikmüll.

Für unsere Kinder und Enkelkinder und all unsere Nachkommen. Hilf der Welt und den Meeren und mach einen schöneren, sauberen und besseren Platz daraus, auf Erden. Für die Umwelt, für deine Kinder und Enkelkinder. Für dich und für mich und damit letztendlich für uns alle, für uns Menschen.

Wir alle sind Menschen, die Geschöpfe einer Kraft, die sich Evolution nennt.

Es wird nun langsam Zeit, zu erkennen, wer wir Menschen wirklich sind und was wir können.

Es ist Zeit, uns unseres menschlichen Potenzials bewusst zu werden und uns der Natur und unserer Mutter Erde wieder anzunähern.

Es gibt Hoffnung für unsere Spezies auf unserem Planeten Erde. Denn *wir* sind es, auf die wir Menschen gewartet haben.

Hygienespezialist Norbert Wetzig aus Wassenberg bekennt sich zu noch mehr Verantwortung. Wetzig zeigt am eigenen Beispiel auf, wie er durch Nachhaltigkeitsstrategie und Maßnahmen in Zukunft den Schutz von Mensch, Umwelt und Klima noch weiter forcieren will.

Nachhaltiges Wirtschaften und Handeln ist Norbert Wetzig geradezu in die Wiege gelegt worden, bereits als kleines Kind fand er die Müllberge und Abfall unnötig und reinste Verschwendung.

Norbert Wetzig handelt mit Weitblick und nicht nur für den kurzfristigen Erfolg.

So entwickelte er das Refill-System »Systemreinigung Wetzig«.

Mit dem sogenannten Null-Müll-Konzept rückt Wetzig der Vision näher, Plastikmüll auf dem Erdball noch mehr zu vermeiden.

Norbert Wetzig sagt, dass es für Innovation mehr als den Blick über den üblichen Tellerrand benötigt. »Ein Reinigungsmittel soll sauber reinigen und desinfizieren. Es soll auch intelligent Ressourcen sparen und die Hygiene-Sauberkeit optimieren.«

Nachhaltigkeit ist eine Sache der Haltung.

Nachhaltigkeit ist eine Sache der Haltung.

Gebäudereinigerin – Gebäudereiniger – Reinigungskraft: Der Job hat oft immer noch einen schlechten Stand in der Gesellschaft. Die Menschen und Kunden vertrauen uns sehr Privates an. Wir kommen und sehen Bereiche, in die sonst niemand anderes hineinkommt oder diese Bereiche sieht. Wir Gebäudereiniger sind verschwiegen.

Meine Berufswahl verstehen außerhalb meiner Familie trotzdem die Wenigsten. Ich musste schon immer erklären, wie und warum ich das mache. Grad bei Frauen in der Sozial-Akquise kommt das auch oft komisch an. Wenn ich von einer Frau gefragt wurde, was ich beruflich mache, machte ich mir mittlerweile einen Spaß daraus.

Meine Antwort: Ist das wichtig für dich? Willst du einen Beruf oder einen Mann? Gut, wenn du es wissen möchtest – die meisten Frauen wollen immer nur das eine von mir. Ich versteh das gar nicht, war schon bei über 1000 Frauen im Schlafzimmer, bitte nicht weiter verraten, hab nicht mehr viel Kapazitäten, bin Gebäudereiniger und die wollten alle ihre Fenster geputzt haben.

Deshalb finde ich es wichtig, darüber zu reden.

Es ist ein toller Job, der mehr Aufklärung braucht: Wir sind mehr als nur Menschen mit einem Besen in der Hand, Fensterputzer oder Toilettenputzer. Trotz wenig Anerkennung bin ich stolz auf meinen Job. Ich war noch nie in meinem Leben arbeitslos und bin sehr viel auf der Welt rumgekommen. Ich habe dadurch sehr viel Er-lebt. Mitarbeiter im Gebäudereiniger-Handwerk habe ich bereits in Dubai, Abu Dhabi, Doha (Katar), Singapur, Europa und Uganda geschult.

Gebäudereiniger werden auf der gesamten Erde benötigt.

Das Handwerk ist vielfältig. Das beginnt bei der klassischen Unterhaltsreinigung und reicht bis hin zur Anwendung hochtechnisierter Geräte und digitaler Tools. Die Branche ist sehr integrativ und gibt allen, die sich reinhängen, eine Chance. Zudem gibt es bereits in jungen Jahren beste Aufstiegs- und Karrieremöglichkeiten.

Das Gebäudereiniger-Handwerk ist das beschäftigungsstärkste

Handwerk Deutschlands. Jeder 100. Arbeitnehmer in Deutschland ist im Gebäudereiniger-Handwerk tätig!

Es ist nicht immer die Polizei, wenn's blitzt.
Der Gebäudereiniger
Norbert Wetzig
CLEAN UP YOUR LIFE

Foto: Markus Jäger, jaegerfotografen.de

NORBERT WETZIG

Gebäudereinigern einen besseren Stand in der Gesellschaft geben

Als selbständiger Unternehmer, Gebäudereinigermeister, Betriebswirt des Handwerks und mit der Erfahrung von über einer Million Quadratmeter selbst gereinigter Flächen und weit über einer Million kontrollierter und beaufsichtigter Reinigungsflächen motiviert Norbert Wetzig Reinigungskräfte zu mehr Arbeitsfreude. Sein Ziel ist es, dass sie das verdienen, was sie wert sind und Anerkennung beim Arbeitgeber und Kunden erobern. Denn: Gebäudereiniger ist ein toller Job, der mehr Aufklärung braucht.

Er schult Mitarbeiter in den USA, Asien und den arabischen Emiraten und vermittelt in seinen Vorträgen neue Impulse, Inspiration und Motivation im Auftrag von verschiedenen Bildungsträgern und Jobcentern.

Die Kraft der guten Gedanken

Aus Gedanken werden Worte,
wie es in einem Zitat aus dem Talmud heißt:
»Achte auf deine Gedanken, denn sie werden Worte.
Achte auf deine Worte, denn sie werden Handlungen.
Achte auf deine Handlungen, denn sie werden Gewohnheiten.
Achte auf deine Gewohnheiten, denn sie werden dein Charakter.
Achte auf deinen Charakter, denn er wird dein Schicksal.«

Häufig stelle ich mir die Frage, was gute Gedanken bewirken können. Ist es wichtig, wie ich über einen Menschen denke, wie ich über ein Kind denke? Hat es Bedeutung, was in der Gegenwart des Kindes gedacht, gefühlt und gesprochen wird?

Oder bekommt es nichts mit? Können Kinder Gedanken verstehen? Welche Gedanken leben in den Eltern, in der Familie, in der Umgebung des Kindes? Welche Gedanken haben die Erziehenden, wenn sie sich mit dem Kind beschäftigen?

Was liegt Unausgesprochenes in der Luft? Unausgesprochene Erwartungen sind gedachte Erwartungen. Ich denke, dass Kinder spüren können, was in der LUFT liegt.

Ob Zufriedenheit, Stress, Sorge, Glück, Lebensfreude – Kinder spüren, ob das Gegenüber vom Grundgefühl her glücklich ist oder nicht.

Dr. Masaru Emoto, ein japanischer Alternativmediziner und Wasserkristallforscher, hat sich damit beschäftigt, innere Haltungen sichtbar zu machen. Er begann Mitte der 80er-Jahre, die energetische Struktur des Wassers zu erforschen.

Er entdeckte, dass sich Wasser verändert, wenn Menschen zu ihm sprechen, ihm Musik vorspielen. Das Abbild vom Wassertropfen ändert sich, wenn Wasser zu Eis gefriert. Gesundes Wasser bildet schöne sechseckige Kristalle. Wasser mit negativen Gedanken haben unschöne Formen. Lärm und Schimpfwörter machen die Schönheit der Kristalle kaputt. (vgl. Emoto 2008, 7 ff.)

Emoto erkannte also, dass sich die Struktur von Wasser durch Informationen wie z. B. Gedanken verändern lässt. Dieses Bild einer sichtbar gemachten inneren Haltung finde ich sehr interessant.

Wie lässt sich die Wirkung von guten Gedanken in meiner pädagogischen Arbeit darstellen?

Die innere Haltung als Einstellung gegenüber dem Kind

Ein Artikel von Herrn Henning Köhler (Heilpädagoge, Buchautor) aus der Zeitschrift »Erziehungskunst« im Jahr 2004 zeigt den Einfluss der inneren Haltung:

»Man hat ein Kind in einen Raum gesetzt und es an ein Messgerät angeschlossen, das durch ein bildgebendes Verfahren zeigt, was sich im Gehirn tut. Dann wurde ein Lehrer in den Raum geschickt, den man vorher folgendermaßen präpariert hatte: ›Da drin sitzt ein außerordentlich schwieriges, verhaltensgestörtes, problematisches Kind.‹ Eine Diagnose wurde genannt, eine Defektdiagnose. ›Jetzt gehen Sie bitte hinein und machen Sie einen Test mit dem Kind.‹

Dann wurde geschaut, was der Monitor zeigt in diesem Moment, wo der so vorbereitete Lehrer den Raum betritt und zwischen ihm und dem Kind ein erster Blickwechsel stattfindet. Die Hirnstrommuster waren diejenigen hochgradiger Angst und Aufregung. Sie traten sofort auf. –

Darauf wurde ein anderer Lehrer hineingeschickt, den man in folgender Weise präparierte: ›Hier sitzt ein hoch begabtes, wunderbares Kind. Wir prüfen, ob wir es nicht in eine Hochbegabtenförderung geben. Machen Sie bitte einen Test mit ihm. Wir vermuten einen hohen IQ-Wert.‹

Und dann wurde wieder gemessen.

Was geschah in dem Moment, als der Lehrer den Raum betrat und sie noch kein Wort miteinander gewechselt haben? Der gesamte Organismus blieb ruhig, gelassen, keinerlei Zeichen von Aufregung.«

An diesem Beispiel sehen wir die Wichtigkeit der inneren Haltung, die die Erziehenden, die Umgebung gegenüber dem Kind haben – und nicht nur gegenüber einem Kind. Das ist bei Erwachsenen ebenso und auch heute, 17 Jahre nach diesem Versuch, ist es so aktuell wie damals.

Kinder entwickeln sich anders in einem Umfeld, das ihnen gegenüber negativ eingestellt ist, als in einem, das ihnen gegenüber eine positive Haltung einnimmt.

Manche Kinder verhalten sich so, wie man von ihnen denkt, bzw. machen es den anderen immer recht. Wenn man ihnen etwas zutraut, schaffen sie mehr, als wenn man ihnen etwas nicht zutraut.

Es gibt Kinder, die resistenter gegenüber den Einstellungen und den Projektionen anderer sind. Sie schaffen es besser, sich selbst eine Meinung zu bilden und bei sich zu bleiben. Das ist aber manchmal ein langer Lernprozess.

Die innere Haltung als Zeichen einer liebevollen Beziehung

Zur inneren Haltung gehört für mich auch die Kraft der Liebe. Liebe besitzt hohe Heilkraft. Liebe umsorgt, erzieht, mahnt, unterstützt, wo es nötig ist. Liebe setzt Grenzen und Liebe umarmt. Das Wort LIEBE wird auch manchmal mit anderen Worten umschrieben: Wertschätzung, Respekt, Vertrauen, sich gegenseitig achten, gernhaben, auch mal verwöhnen, sich versöhnen ...

Gute Gedanken stärken und kräftigen, sie wirken wie ein guter Dünger. Richtig eingesetztes Lob motiviert zu noch Besserem. In Momenten, in denen etwas nicht so gut gelaufen ist, im Gegenüber und in der Situation einen göttlichen Funken zu sehen, das ist für mich hohe Kunst. Wo gute Gedanken im Hause zu spüren sind, kehrt man gerne ein. Gedanken des Wohlwollens lassen tief durchatmen. Orte und Räume mit heilenden Gedanken und Heilschwingungen sind gesucht.

Die innere Haltung als Kraft guter Gedanken

Hoch schwingende Gedanken wie Liebe, Dankbarkeit, Wertschätzung oder das Gefühl, willkommen zu sein, geben Antrieb und haben enorme Kraft. Sie sind dazu imstande, jemanden wieder aufzurichten, Mut zu machen und gesunden zu lassen.

Meine eigene innere Haltung kann ich durch folgende Gedankenanstöße reflektieren:

- Welche Haltung bekommt mein Kind mit?
- Heiße ich mein Kind innerlich willkommen?
- Entspricht mein Kind meinen Erwartungen?
- Mit welcher Haltung führe ich meine Tätigkeiten aus?
- Bin ich eher gelassen, hektisch, sorgenvoll, grundsätzlich optimistisch?

All dies kann sich auf das Kind übertragen. Auch die Vorbildwirkung spielt eine große Rolle. Zudem soll man auch die Spiegelneuronen nicht außer Acht lassen. Spiegelneuronen sind Neuronen, die im Gehirn bei Beobachtung von Handlungen dieselben Potenziale auslösen wie bei der Ausführung gleicher Handlungen. So werden beispielsweise manchmal der Gang eines Eltern- oder Großelternteils übernommen oder auch Ausdrücke, Gestik, Handlungen, Einstellungen. Besonders jüngere Kinder nehmen mit allen Sinnen Eindrücke und Erlebtes auf, ahmen und spielen es nach.

Fazit: Das Bewusstmachen des Einflusses der inneren Haltung auf meine pädagogische Arbeit und die Reflexion darüber, was gute Gedanken bewirken können, schenkt mir mehr Achtsamkeit und Besonnenheit in der Beziehungsarbeit mit jungen Menschen.

Links

https://www.erziehungskunst.de/archiv/jahrgang-2000-2009/jahrgang-2004/oktober-2004/

https://www.erziehungskunst.de/fileadmin/archiv_alt/2004/ez1004-1059-1066-Koehler.pdf

vgl. Erziehungskunst 2004/10, S. 1060, Kinder, die aus dem Rahmen fallen, von Henning Köhler

https://www.amraverlag.de/blog.php/gratis-pdf-wasser/ als Beitrag zum UNO-Programm »Die internationale Dekade des Wassers – Wasser fürs Leben« von 2005 bis 2015 ist Dr. Emotos Bilderbuch für die Kinder dieser Welt gedacht.

Foto: Hartlauer Amstetten

MARIA RIEDLER

Oft reichen »Verschnaufpausen«, um wieder ins Lot zu kommen.

Mit Klängen und Strömen leiste ich eine wertvolle Hilfestellung zur Erreichung der körperlichen und seelischen Ausgewogenheit.

- Jahrelange Erfahrung als Kinderpädagogin im öffentlichen Kindergarten, Waldorfkindergarten und als Eltern-Kind-Gruppenleiterin
- Seit 2,5 Jahren Schulbegleiterin der Volksschule
- Energetikerin mit Klangmassage und Strömen
- zertifizierte Humanenergetikerin
- Dipl. Fachausbildung für Hochsensibilität
- kinesiologische Grundkenntnisse
- Elternbildnerin in Ausbildung

Viele meiner Inspirationen kommen bei Alltagsarbeiten oder wenn ich im Garten tätig bin.

Geschichten von der Couch – Lebensweisheiten eines Schweinehunds

In meinem ersten Leben war ich Spezialistin für Brückenbau, allerdings nur im Kleinen.

Nach dem Abitur und einer Musikhochschulablehnung begann ich eine Berufsausbildung und wurde Allround-Zahntechnikerin. Das heißt, dass ich gern den Zahnersatz für Patienten vom Gipsabdruck bis zum Einsetzen durch alle Fachbereiche selbst ausgeführt habe. Das hat mir immer viel Spaß gemacht. Leider gingen mir die zehn Jahre in einer sitzenden Tätigkeit nicht nur auf die Hüften, sondern vor allem auf den Rücken, sodass ich anfing zu zweifeln. Der Besuch einer Gründermesse mit meiner Freundin brachte mich – wie die »Jungfrau zum Kinde« – auf die Idee einer Selbstständigkeit. Ich hatte so etwas bisher nie in Erwägung gezogen und so saßen wir so manchen Abend bei einem Glas Wein beisammen und recherchierten, »wie man sich selbstständig macht«.

Kaum eine Woche nach der Messe und dem ersten spannenden Besuch in der Franchisezentrale einer Fitnesskette hatte ich einen Unfall mit einem Pferd und unser noch gar nicht recht begonnenes Projekt lag vorerst auf Eis.

Nach drei Monaten, die ich buchstäblich benötigte, um wieder auf die Beine zu kommen, hatte mein damaliger Zahntechnikermeister mir nur mitzuteilen, dass er meinen Zeitvertrag leider doch nicht verlängern könne. Also beschlossen wir »zu springen«.

Ich werde nie das Gesicht unseres Bankberaters vergessen, als ich auf zwei Krücken zur Tür hereinkam und etwas schüchtern verkündete, dass ich gern ein Sportstudio eröffnen würde. :–)

Ohne Eigenkapital, ohne Sicherheiten, ohne Erfahrung im neuen

Berufsfeld, aber mit viel Enthusiasmus, einem engagierten Banker und einer KfW-Förderung starteten wir im Februar 2006 mit unserem ersten kleinen Sportstudio in die franchisegestützte Selbstständigkeit. Was für ein Schritt!

Unser Studio wuchs und knapp 1,5 Jahre später eröffneten wir Nr. 2 in Berlin. Über die gesamte Zeit lernten wir dazu und nachdem ich im Fernstudium meinen Fitnessfachwirt geschafft hatte, entschieden wir uns nach fünf Jahren Franchise, das Ganze nun »richtig« auf eigene Füße zu stellen. So entstand mein ACTIVE LADIES STUDIO.

Mittlerweile habe ich allein die Führung übernommen, es gibt nur noch ein Studio, dieses ist aber größer, professioneller und vor allem ganzheitlich. Es verbindet alle Bereiche gesunder Fitness: Funktionelles Training, Kurse, Reha-Sport und Gesundheitscoaching. Ich bin sehr stolz auf unsere Arbeit und mein tolles vierköpfiges Team.

Auch wenn ich es damals nicht ganz so wörtlich meinte, als ich eine Veränderung für mein Leben »bestellte«, ich wäre heute nicht Inhaberin meines eigenen Sportstudios, wenn das 600-Kilo-Pferd nicht auf meinem Fuß gelandet wäre.

Geschichten von der Couch – Lebensweisheiten eines Schweinehunds oder fett und faul in 100 Tagen?

Früher, als ich noch Zahntechnikerin war, passte ich perfekt in das Raster meiner jetzigen Zielgruppe: Sportmuffel, maximal ein bisschen tanzen, zwei Kleidergrößen zu viel, schnell aus der Puste, Rückenbeschwerden. Von gesunder Ernährung hatte ich nicht viel Ahnung und die Vorsätze diverser Diäten hielten meist nur ein paar Tage.

Das änderte sich in den letzten 15 Jahren, in denen mein Team und ich Frauen jeden Alters begleiteten und ich immer besser verstand, wo die Probleme liegen, wie schwierig es für »die Ladies« ist, neben Job, Familie, Kindern und Stress auch noch Zeit für sich selbst zu finden und sich im eigenen Körper gesund und wohlzufühlen.

Mittlerweile erfährt man an jeder Ecke und in jeder Zeitschrift, berufen oder nicht, welches die beste Diät, das effektivste Sportgerät und die lohnendste fettaustreibende Pille ist.

Aber eigentlich ist es ganz einfach und wir müssen das Rad gar nicht neu erfinden. Schon Hufeland, der Leibarzt unseres großen Dichterfürsten Goethe, wusste:

»Nicht was wir essen, sondern das, was wir verdauen, kommt uns zugute und gereicht uns zur Nahrung.«

> »Nicht was wir essen, sondern das, was wir verdauen, kommt uns zugute und gereicht uns zur Nahrung.«

Jedes Krankheitsgeschehen beginnt auf Zellebene, dazu meist systemisch und wenn man z. B. weiß, dass SARS-CoV-2 zuerst an den sogenannten ACE-2-Rezeptoren angreift, die geschützt wären, wenn der Körper genug Vitamin C und D zur Verfügung hätte, dann ist es naheliegend zu vermuten, dass wir aufgrund unseres Lebensstils schweren Verläufen der Erkrankung mitunter in die Hände spielen.

Studien belegen, dass Menschen mit einem Vitamin-D-Mangel ein bis zu 15-mal höheres Risiko haben, schwer an Covid-19 zu erkranken oder sogar zu versterben! Mit anderen viralen »Angriffen« verhält es sich ähnlich. Genauso belegt ist, dass die Armee der T-Zellen (unsere Abwehr) reaktiver ist, wenn der Vitamin-D-Spiegel in guten Bereichen liegt.

Im Grunde ist die derzeitige Pandemie auf ein ganz anderes »pandemisches Geschehen« gestoßen.

Unser westlicher Lifestyle, unsere »Western Diet«, ist geprägt von industrieller Massenproduktion. Sie ist einseitig, hochkalorisch, vitalstoffarm, voller Zucker und Transfette. Unsere Körper sind ausgeraubt – satt, aber leer. Und so verhungern wir an vollen Töpfen (These).

Bestimmte Bevölkerungsgruppen, die jetzt schwerer betroffen sind, die sogenannten Risikogruppen, machen quasi nur das deutlich, was in unserer Welt schon länger nicht stimmt: Antibiotika als

Prävention in der Massentierhaltung, Pestizide in der Landwirtschaft, Mangelernährung, besonders bei den Ärmeren und im Alter (auch in den Heimen), wenig Licht und Sonne, viel zu wenig Bewegung, die Möglichkeit einer guten Versorgung nicht für jeden erreichbar.

Wie soll unser »innerer Arzt« viralen und anderen Angriffen von außen begegnen, wenn er nichts in seiner Tasche hat? (Danke, lieber Prof. Jörg Spitz, für diesen treffenden Vergleich.)

»Die Mikrobe ist nichts, das Milieu ist alles.«

»Die Mikrobe ist nichts, das Milieu ist alles.« (Bechamp/Bernard). Und deshalb muss uns klar sein, dass wir nicht auf Rettung aus dem eigenen System zu hoffen brauchen, wenn wir die Armee der 70–80 Billionen Mikrobiombakterien in unserem Darm, die zu ca. 95 % für die Produktion unserer Immunglobuline verantwortlich sind, zuvor mit unnötigen Medikamenten, toten Nahrungsmitteln, Zucker, Umweltgiften, Stress und Ähnlichem in vielen kleinen Kriegen vergrault haben.

Es ist eine Tatsache, dass sich Situationen immer in Abhängigkeit zu den herrschenden Umständen ausprägen. Wenn wir uns einige dieser Abhängigkeiten deutlich vor Augen führen, wird vieles klarer.

Immunsystem	=	Stress + Angst
Immunsystem	=	fehlende / schwindende Muskeln
Immunsystem	=	fehlende Vitalstoffe + Mangelernährung
Immunsystem	=	Dysfunktion des gesamten Mikrobioms, inklusive dem der Lunge

So wie die Entstehung von Krankheiten immer systemisch ist und es nie NUR EINEN Grund gibt, so ist es auch nicht mit einzelnen Lösungsansätzen getan. Es ist nicht NUR Vitamin D oder C, NUR Omega 3, NUR mehr Salat, nicht NUR die Bewegung – es ist die Kombination aus ALLEM!

Wir brauchen einen für uns adäquaten Lebensstil, der unserem

Körper die Ressourcen zur Verfügung stellt, die wir brauchen, um der Welt etwas Starkes entgegenzusetzen. (nach Prof. Spitz)

Viren und Keime hat es schon immer gegeben und wird es immer geben, unsere Medizin wird glücklicherweise immer besser. Aber mindestens ebenso wichtig ist, dass unser inneres Selbstheilungssystem intakt bleibt. Dann und nur dann könnten wir ein Alter von biologisch möglichen 120–150 Jahren in absehbarer Zeit auch fit und vital erreichen und genießen.

Wenn das kein Ziel ist! Also runter von der Couch! ☺

Für alle Interessierten gibt es hier unseren RÜCKEN-REPORT zum Gratis-Download: »3 Gründe, warum Bürostühle Gift für deinen Rücken sind und 2 Lösungen, die sofort Erleichterung verschaffen!«

Foto: MyPhotoDay

ILKA VÖLKEL

Gesundheitscoach – Ich bringe Dein Leben in Bewegung

Trainerin, Gesundheitsberaterin für Vitamin D und Darmgesundheit mit eigenem Studio, das ist Ilka Völkel. Im ersten Leben als Zahntechnikerin spezialisiert auf »Brückenbau«, tauschte sie 2005 Wachsmesser und Brenner gegen Pezziball und Thera-Band und führt nun das ACTIVE LADIES in Berlin. Gesunde Fitness für Ladies jeden Alters, familiäre Atmosphäre, professionelle Trainingsbegleitung, kompetentes, ganzheitliches Coaching – dafür steht ihr Studio. Für das seelische Wohl sorgen Vortragsreihen, LiteraturCafé, Modenschauen und eine eigene Konzertreihe (KISS – Konzert im Sport Studio).

Der Marke-ting-Sommelier*

Das Berufsfeld »Marke-ting und Werbung« bietet eine Jobvielfalt, die leicht zur Verzweiflung oder wenigstens Verwirrung führen kann. Eine kleine Auswahl: CMO (Chief Marke-ting Officer), Marke-ting-Leiter, Leiter Marke-ting-Kommunikation, Visual Merchandiser und Corporate Officer, um nur einige zu nennen. Dass bei all diesen Berufen selbst die Unternehmen nicht immer den Durchblick bewahren, zeigt sich in den Stellenanzeigen. Häufig passen da Jobtitel und Tätigkeit nicht zusammen. Umso wohltuender, wenn einmal zu lesen ist: »Gesucht: Leiter Marke-ting Kommunikation und Markenführung«. Und weiter: »schafft mit einer abgestimmten Markenführung ein durchgängiges Markenerlebnis«. Hier weiß ein Marke-ting-Leiter gleich, dass es sich um einen Arbeitgeber handelt, der um die Bedeutung unserer Arbeit weiß.

Der Marke-ting-Sommelier bekennt sich mit Leib und Seele zur Markenführung und versteht Marke-ting in seiner Gesamtheit als eine Mischung aus Denkvermögen, Handwerk und Kunst, die ein gewisses Talent voraussetzt. Er kennt die Gesetze der Markenführung und den Stellenwert einer markengeführten Unternehmenskultur. Er beherrscht die Marke-ting-Instrumente, legt beim Marke-ting-Mix Wert auf eine ausgewogene Mischung und setzt, genau wie ein Wein-Sommelier, nie auf den Preis als einziges oder erstes Entscheidungskriterium. Für jede Herausforderung entwickelt er eine adäquate Lösung, handelt stets verhältnismäßig und nachhaltig. Ihm

* Aktualisierte Auszüge aus: Patient Marke: Kunstfehler im Marke-ting. Wie Sie schmerzhafte Fehler vermeiden und Ihre Marke fit bleibt. 3. Auflage, erschienen im Haufe-Verlag, 2015.

ist bewusst, dass eine Marke nicht alles kann, dass man Grenzen setzen und auch mal Nein sagen muss. So verleiht er seiner Marke ein Gesicht, pflegt sie und entwickelt sie behutsam weiter, als ob sie sein Kind wäre. Angetrieben wird der Marke-ting-Sommelier wie sein Wein-, Käse- oder Was-auch-immer-Kollege von einer starken Leidenschaft.

Der Eid des Marke-ting-Sommeliers

Auch wenn der Eid des Hippokrates heute von Ärzten nicht mehr geleistet wird, so beeinflusst er noch immer deren berufliche Ethik. Auch wir könnten viele Kunstfehler vermeiden, wenn wir unser Handeln an einer philosophischen Verpflichtung ausrichten. Von folgenden Werten sollten wir uns dabei besonders leiten lassen:

Ein Marke-ting-Sommelier ...

- ist konsequent im Denken und Handeln.
- ist schnell in der Entscheidung.
- ist ein Gestalter und kein Verwalter.
- arbeitet am und nicht im Unternehmen.
- stellt die Marke in den Mittelpunkt seines Tuns.
- kann eine Marke verorten und diagnostizieren (siehe Grafik auf der folgenden Seite).

Soweit der Kern. Welche Eigenschaften aber zeichnen einen Marketing-Sommelier aus? Ich habe für Sie und für mich folgende Kriterien zusammengestellt:

Ein Marke-ting-Sommelier ist ein routinierter Spielmacher mit hoher Laufbereitschaft.

Mit Fortdauer der beruflichen Karriere schlägt Routine die Zeit. Wie beim Wein: je älter, desto besser. Verstehen Sie mich richtig. Hier geht es nicht darum, aus einer Not eine Tugend zu machen. Es liegt aber auf der Hand, dass gewisse Herausforderungen mit Erfahrung

Der Markenversteher: Er kennt die Differenz zwischen Erwartungshaltung und Erfüllungsgrad.

leichter gemeistert werden. Zudem lassen sich Jobs schneller, weil aus dem Effeff erledigen, was sich positiv auf das Zeitmanagement und damit auf Effizienz und Effektivität auswirkt.

Ein Marke-ting-Sommelier macht Handschriften lesbar.

Jeder Mensch hat seinen eigenen Charakter, was sich z.B. in seiner Schrift ausdrückt. Wer die Handschriften von Ärzten kennt, weiß: Nicht jede ist lesbar. So machen wir uns aufgrund verschiedener Merkmale ein Bild von jeder Person. Mit Marken ist das nicht anders.

Kunden interessiert es zunehmend, was hinter einer Marke steckt und wofür sie steht. Ist Kinderarbeit im Spiel bzw. am Werk? Sind falsche Herkunftsangaben zu fürchten? Solche Fragen sind heute ebenso Entscheidungskriterien beim Kauf wie der eigentliche Produktnutzen. Der Charakter der Marke muss von der obersten Hierarchiestufe definiert und mit Nachdruck gefordert werden. Die Aufgabe des Marke-ting-Sommeliers ist es, diese »Handschrift« lesbar zu machen. Als oberstes Gebot gelten Authentizität und der Verzicht auf Tricks.

Ein Marke-ting-Sommelier kennt die Reihenfolge: Produkt, Preis, Platz, Promotion.

»Na logisch«, sagen Sie. Meine Erfahrung sagt mir, dass es sich um keine Selbstverständlichkeit handelt! Die Wirklichkeit gibt mir recht. Da werden Hochglanzbroschüren gedruckt, bevor das Produkt überhaupt marktreif ist. Ohne Wissen über die finalen Produktvorteile werden Promotionen entwickelt und Distributionskanäle evaluiert. Denn: Zeit ist schließlich Geld. So kommt es, wie es kommen muss: Produkte werden dem Handel vorgestellt, der Preis ergibt sich von selbst und die Distribution basiert auf der Laune der Kanäle und nicht auf einem produktbezogenen Konzept. Andere wiederum kümmern sich fast ausschließlich um die Distribution, erzielen dabei aber kaum mehr Wachstum, weil sie die weiteren Ps vernachlässigen. Am schlimmsten ergeht es all jenen, die sich nur noch um den Preis kümmern.

Sie sehen, was in der Theorie so selbstverständlich erscheint, nämlich die vier Ps in ihrer natürlichen Reihenfolge zu behandeln, treibt in der Praxis seltsame Blüten. Schuld daran ist häufig nicht das Unwissen des Marke-ting-LeiDers, sondern ihr Unvermögen, sich gegen die Hektik des Tagesgeschäftes aufzulehnen und ihre Prinzipien durchzusetzen.

Ein Marke-ting-Sommelier hat ein Netzwerk und weiß es zu pflegen.

Es mag ungerecht erscheinen, ist aber nur menschlich: Am liebsten machen wir Geschäfte mit Menschen, die wir kennen und die unser Vertrauen genießen. In diesem Sinne ist es wichtig, ein gutes Netzwerk aufzubauen, und vielleicht fast noch wichtiger, es zu pflegen. Denn Beziehungen schaden nur dem, der sie nicht hat. Aber aufgepasst: Vitamin B ist ein rezeptfreies Medikament, das voller Nebenwirkungen steckt. Businessmodelle, die ausschließlich auf dem Faktor »Beziehung« basieren, sind von zu vielen Abhängigkeiten geprägt. Der erfolgreiche Marke-ting-Sommelier hat darum ein gutes Gespür dafür, wo Beziehungen weiterhelfen und wo sie einschränkend oder gar hemmend wirken. Er investiert darum nicht nur in Bekanntschaften, sondern in Beziehungsqualitäten. Nur in diesem Kontext kommt ein vertraulicher, informeller Wissensaustausch zustande, der hilft, Herausforderungen aus einer anderen Perspektive zu beleuchten. Ein Geben und Nehmen also. Weshalb das Networking, wie wir es neudeutsch zu nennen pflegen, stets mit einem offenen, großzügigen Geist zu betreiben ist.

Ein Marke-ting-Sommelier stellt Markeninteressen vor Eigeninteressen.

Es bedarf schon einer besonderen Fähigkeit, Eigeninteresse auszublenden und sich in die Schuhe der Konsumenten zu stellen. So herausfordernd das ist, es gehört zur Grundvoraussetzung eines jeden Marke-ting-Sommeliers, der Erfolg haben will. Zur Verdeutlichung: Ein leidenschaftlicher Fleischesser darf die Augen nicht vor vegetarischen Produktinnovationen verschließen, nur weil er nicht zur Zielgruppe gehört. Es gilt, Eigenpräferenzen konsequent auszublenden. Dies gilt übrigens genauso bei der Beurteilung von Marke-ting-Maßnahmen. Häufig machen Entscheidungsträger den Fehler, sich von eigenen Erfahrungen antreiben zu lassen, statt sich die Zielgruppe zu vergegenwärtigen.

Frastanz, im Juni 2021
Dr. Wolfgang Frick

Foto: darko todorovic fotografie

DR. WOLFGANG FRICK

Wolfgang Frick ist gelernter Österreicher und wurde 1966 in Bludenz (Vorarlberg) als jüngstes von neun Kindern geboren. Frick studierte Betriebswirtschaft in Innsbruck, Publizistik und Kommunikationswissenschaft in Salzburg und promovierte 1996.

Seit 2021 ist er als Unternehmensberater mit den Schwerpunkten »Markenführung« und »Product-Scouting« selbstständig. Im »Raum für Weitblick« auf Bazora oberhalb von Frastanz ist er Gastgeber und Organisator hochkarätiger Veranstaltungen. Die eingetragene Wort-Marke »Marke-ting-Sommelier« hat dort ihren Sitz.

Er ist verheiratet, Vater von vier Kindern und lebt in seiner Heimatgemeinde Frastanz.

Mein längster Urlaub

Wie viel Urlaub gönnst du dir normalerweise? Zwei Wochen? Drei Wochen? Einen ganzen Monat? Planst du vielleicht ein Sabbatjahr? Vermutlich denkst du jetzt: »Je länger – je lieber. Was könnte ich nicht alles machen! Wenn ich es mir leisten kann, bin ich sofort dabei.«

Schön. Dann wird es dich freuen zu erfahren, dass du noch einen Urlaub vor dir hast, der viel, viel länger dauern wird. Im Durchschnitt sind es in Deutschland 20 Jahre. Herrliche Aussichten, oder? Gemeint ist die Zeit, wenn du nicht mehr arbeiten musst, sondern von deiner Rente und deinen Rücklagen leben wirst. Rund 20 Jahre Urlaub also – da lohnt ein rechtzeitiger Blick in die Reisekasse.

Das ist doch noch so lange hin

Eben. Aber was folgt für dich daraus? Jetzt nichts zu tun, weil die Zeit doch immer noch für das Vorsorgen reicht? Was übrigens nicht stimmt: Es wird – je später du anfängst – immer schwieriger und teurer und am Ende läuft dir die Zeit davon. Oder die Zeit für dich arbeiten zu lassen, damit du ohne große Entbehrungen während deines Arbeitslebens am Ende ein komfortabel ausfinanziertes Rentenalter genießen kannst? Je nachdem, wie du heute die Weichen stellst, wartet dann entweder ein kleines Zelt auf dem Campingplatz, ein Zimmer im Drei-Sterne-Haus in der Provinz oder eine Suite im Luxushotel am Traumstrand auf dich. Geht nicht? Doch!

Opa Heinz macht es vor

Banker war er nicht, aber mit Geld kann er umgehen. Lebenserfahrung zeigt, dass sich Vorsorgen auszahlt, wenn man es richtig anstellt. Um seinen Enkeln finanziell einen guten Start ins Leben oder eine entspannte Rentensituation zu sichern, zeigt er sich großzügig und gibt ihnen von seinem Wohlstand etwas ab. Er legte jeweils zum 20. Geburtstag einen Betrag in einem Aktienfonds an, der sich an der Entwicklung des Deutschen Aktien Index (DAX) orientiert. 45 Jahre lang blieb das Geld unangetastet liegen. Obwohl die durchschnittliche Rendite pro Jahr mal höher, mal niedriger ausfiel, hat Opa Heinz unter dem Strich damit Erträge erzielt, von denen du in Zeiten von Niedrigzinsen oder gar Strafzinsen nur träumen kannst. Sein Aktienfonds hat zwischen 7 % und 11 % gebracht. Mit Zinseszinseffekt – die Rendite wurde immer wieder mit angelegt und nicht entnommen – stehen je nach dem Einstiegsjahr nach 45 Jahren pro Enkelkind das 24-Fache bis 120-Fache der ursprünglichen Geldanlage bereit.

Dafür hat Opa Heinz selbst sich nur von einem kleinen Teil seines Vermögens trennen und die zurückgelegten Beträge nicht anrühren müssen.

Sparen ist doch blöd

Du hast keinen Opa Heinz in der Familie? Geerbt hast du auch nichts? Du meinst: »Sparen ist sowieso blöd und bringt ohnehin keine Zinsen.« Wenn für dich sparen dasselbe ist wie verzichten oder noch schlimmer, verzichten müssen, dann ist deine Ablehnung verständlich. Leider ändert sich daran aber gar nichts, wenn du es auf die lange Bank schiebst. Wie schon gesagt: Es wird nur immer schwieriger, je weniger Zeit noch bis zur Rente verbleibt. Warte also besser nicht darauf, dass dich das Sparen irgendwann plötzlich und von selbst weniger nervt als heute. Und nun? Was kannst du tun?

Belohn dich selbst

Lass uns noch einmal an den Anfang unserer Überlegungen zurückkehren – zum längsten Urlaub deines Lebens. Wenn du das unangenehme Thema Altersvorsorge in deinem Kopf umdeutest zum Vorbereiten deines längsten Urlaubes, fühlt es sich schon ganz anders an. Freu dich darauf und gönn dir selbst, dass es eine richtig gute Zeit wird. Sieh es als Belohnung für dein tätiges Leben an. Du hast es dir – im wörtlichen und im übertragenen Sinne – verdient!

»Woher soll das Geld für diesen schönen Urlaub denn kommen? Mein Leben ist doch auch schon so teuer genug«, fällt dir jetzt ein. Gegenfrage: Bleibt am Monatsende regelmäßig etwas auf deinem Konto übrig? Das wäre eine geeignete Quelle; es fehlt ja nicht. Oder nutz die nächste Gehaltserhöhung, um nicht deine monatlichen Ausgaben anzuheben, sondern deine Rücklagen für später. Der Betrag, der vorher zum Leben gereicht hat, reicht nach der Gehaltserhöhung auch. Belohn dich mit diesem Geld selbst, indem du es für deinen längsten Urlaub zurücklegst. Übrigens: Staat und Arbeitgeber helfen je nach Anlage ebenfalls beim Vermögensaufbau. Verschenk kein Geld.

Belohn dich mit diesem Geld selbst, indem du es für deinen längsten Urlaub zurücklegst.

Langer Atem zahlt sich aus

Opa Heinz hat es vorgemacht: Lass die Zeit für dich und dein Vermögen arbeiten. Das funktioniert natürlich nur, wenn du dir zunächst Gedanken über die passende Anlageform machst. Wer heute noch auf Sparstrumpf oder Sparbuch setzt, macht etwas falsch, denn du kannst dort dabei zuschauen, wie dein Geld einerseits (durch Inflation) an Kaufkraft verliert und andererseits durch Strafzinsen empfindlich angeknabbert wird.

Halt lieber Ausschau nach renditeträchtigen Alternativen: Immobilien, Kryptowährungen, Aktien, Fonds, Versicherungen, Edelmetall, Sparverträge (gibt es auch für Fonds!) – Ideen und Varianten gibt es viele und es lohnt, sie unvoreingenommen zu prüfen und für dich zu bewerten, bevor du beginnst. Denn deine Entscheidung soll halten und nicht wieder gekippt werden. Je länger du dich so belohnst, desto mehr hast du am Ende für dich und deinen längsten Urlaub.

Der beste Tag ist gestern

Wir überschätzen in der Regel, was wir mit einem Einmalbetrag erreichen können. Und wir unterschätzen komplett, was wir durch jahrelanges, stetiges und beharrliches Weglegen erreichen können.

Deshalb nichts auf später verschieben, sondern so früh wie möglich mit dem Belohnen beginnen!

Wir überschätzen in der Regel, was wir mit einem Einmalbetrag erreichen können. Und wir unterschätzen komplett, was wir durch jahrelanges, stetiges und beharrliches Weglegen erreichen können.

Drück auf den Start-Button

Kläre deine Voraussetzungen und Möglichkeiten. Entscheide dich – und mach es! Es gibt nichts Gutes, außer man tut es. Das gilt auch hier. Wenn du nicht anfängst, kommst du nirgendwo hin.

Wenn dein Schiff nicht ablegt, erreichst du nie dein Ziel.

Carl Amery hat gesagt: »Risiko ist die Bugwelle des Erfolges.«

Risikofreie Anlageformen, die dein Vermögen vermehren oder auch nur stabil in der Kaufkraft erhalten, gibt es derzeit nicht. Du kannst dich nur zwischen Kaufkraftverlusten einerseits und kalkuliertem Risiko mit Rendite andererseits entscheiden.

Wenn die Risikobewertung für dich allein zu schwierig ist, nimm dir einen Lotsen, der dir hilft, deinen Weg zu finden.

Ich zeige dir Wege zum eigenen Vermögen, für die du nur drei Dinge benötigst:

1. Einen Teil deiner Einnahmen (oder eines Vermögens), der nicht verplant ist.
2. Viel Zeit, in der du unbeirrt am eingeschlagenen Weg festhältst.
3. Den Entschluss, zu beginnen.

Foto: Pat Scheidemann

FRANK GRELL

Plan mit mir den längsten Urlaub deines Lebens – deinen Ruhestand

Die Kombination aus mentalen Impulsen, Risikostrategie und Anlageberatung öffnet den Blick für bisher übersehene Wege zum eigenen Vermögen und komfortablen Rücklagen für später.

Seine Auszeichnungen für besondere Leistungen als Berater:

- 3-facher Gold-Preisträger der Versicherungswirtschaft
- 3-facher Platin-Preisträger der Innovationswerkstatt der Assekuranz KuBI e. V.
- »Hall of Fame«-Würdigung des Bundesministeriums für Verbraucherschutz

Ausgebildet als Kaufmann für Finanzen und Mentaltrainer mit IHK-Lizenz arbeitet Frank Grell als Vortragsredner, Seminarleiter und Impulsgeber für die Themen Sparen und Wohlstand.

www.grell2b.de

Ist deine Stimme blockiert, ist dein ganzes Leben blockiert

Ich war drei, als ich vom Hochstuhl fiel. Beim Sturz gingen meine vier Schneidezähne in die Brüche und mit ihnen mein Selbstwertgefühl: Der Aufprall verschlug mir im wahrsten Sinne des Wortes die Sprache. Ich verstummte und sprach fortan nicht mehr. Dafür lernte ich Gitarre zu spielen. Eines schönen Tages begann ich zu singen. Meine ersten Zuhörer waren die Insassen im Gefängnis auf der anderen Straßenseite. Wenn ich sang, tauchten ihre Köpfe an den Gittern auf. Ich sang nur für sie – und realisierte nicht, dass ich eine von ihnen war: gefangen und eingesperrt.

Sprechen wollte ich auch später nicht. Aber singen! Ich nahm am ersten Schweizer Nachwuchswettbewerb teil, ließ 600 Talente hinter mir und gewann! Darauf bot mir eine renommierte Plattenfirma einen Vertrag an. Allerdings mit der Prämisse, einen anderen Musikstil als Gospels zu singen. Ich lehnte ab. Statt Profimusikerin zu werden, studierte ich Sprachen. Das Geld für das Studium verdiente ich mit Konzerten. Das ging an die Substanz. Ich bestand die Abschlussprüfung nicht und fiel in ein tiefes Loch. Kurze Zeit später war ich überzeugt, den Grund, weshalb ich scheitern musste, gefunden zu haben: Ich lernte am Flughafen in Edinburgh den Mann meiner Träume kennen! Er annullierte seinen Flug in die USA und flog stattdessen mit mir nach Zürich. Wir residierten im teuersten Hotel der Stadt. Nach einer Woche war für mich klar: Ich wandere aus!

Ich nahm verschiedene Temporärstellen an und investierte mein ganzes Geld in Telefongespräche. Dann folgte ich meinem Herz über den Atlantik. Nach der Landung erlebte ich die aufregendste Nacht meines Lebens. Am anderen Morgen verschwand er für immer aus meinem Leben. Das Einzige, das er zurückließ, waren die Tickets für unseren geplanten Honeymoon. Ich reiste alleine durch die Staaten. Immer in der Hoffnung, dass er mir doch noch folgen würde. Nach einer weiteren Nacht, in der ich Rotz und Wasser heulte, fragte ich mein Spiegelbild: »Warst du jemals glücklich, Rita?« Dann fiel es mir wie Schuppen von den Augen: Glücklich war ich, wenn ich sang! Statt in die USA auszuwandern, kehrte ich in die Schweiz zurück und meldete mich für die »Swiss Jazz School« an. Sieben Jahre später schloss ich als erste Schweizer Jazzsängerin ab.

Im letzten Studienjahr bekam ich meine Tochter. Ich heiratete den Mann meines Lebens und den Vater der gemeinsamen Tochter. Die Familie stand fortan im Mittelpunkt. Daneben tourte ich durch Europa. Zuerst alleine mit meiner Gitarre, dann mit eigenen Bands. Doch glücklich war ich nie. Mein Herz meldete sich mit schöner Regelmäßigkeit zu Wort. Es sagte mir, dass ich nicht das Leben führte, für das ich bestimmt war. Ich versuchte, die Gedanken aus meinem Kopf zu singen. Es gelang mir immer seltener. Das dumpfe Gefühl im Bauch und das Ziehen in der Herzgegend wurden immer schlimmer. Ein guter Freund nahm mich nach einem Konzert zur Seite: »Rita, du hast eine phänomenale Stimme, aber deine Stimme ist nicht mit deinem Körper verbunden. Wenn es dir gelingt, dein Becken und deine Sexualität mit deiner Stimme zu verbinden, wirst du frei sein.« Ich hörte ihm zu und verstand kein Wort. Stattdessen löste ich meine Herzband »Share The Spirit« auf. Ich hatte einfach keine Lust mehr, so weiterzumachen wie bisher!

Mein Herz sagte mir, dass ich nicht das Leben führte, für das ich bestimmt war.

Noch bevor ich recht wusste, wie es mit meinem Leben weitergehen soll, erhielt ich die Diagnose »Stenose an der Aorta«. Ich schwebte in akuter Lebensgefahr! Am Vorabend der Operation ließ ich nochmals alle Stationen meines Lebens Revue passieren: War ich jemals glücklich? War ich jemals frei? Immer wieder hörte ich die Worte meines Freundes: »Wenn es dir gelingt, deine Sexualität mit deiner Stimme zu verbinden, wirst du frei sein.« Ich beschloss, zu kämpfen, um endlich frei zu sein! Die Operation dauerte sechs Stunden. Mein Herz wurde an die Herz-Lungen-Maschine angeschlossen. In Intervallen von 20 Minuten wurde das Blut abgestellt, damit der Chirurg die verengte Herzklappe herausschneiden und die künstliche Herzklappe einnähen konnte. Mein Leben lag in der Hand dieses Mannes! Als ich aufwachte, hörte ich meine künstliche Herzklappe und spürte, wie mir das Blut ins Herz schoss. Das Leben ging weiter! Was für ein Glück! Was für eine Chance! Ich blickte den Operateur mit Tränen in den Augen an und wollte mich bedanken. Doch meine Zunge war zu schwer.

Nach vier Wochen Kur war es Zeit für den Schritt zurück ins Leben. Eine Freundin machte mich auf »Sexological Bodywork®« aufmerksam. Ich war begeistert und zeigte die Unterlagen meinem Mann. Er winkte ab. Ich wusste, dass ich mich nicht aufhalten lassen durfte, wenn ich endlich hinter das Geheimnis meines Lebens kommen wollte. Ich trennte mich nach 21 Jahren Ehe von meinem Mann und reiste nach Berlin, um meine Ausbildung zu beginnen. Das Seminar war eine einzige Offenbarung. Meine Stimme hatte mich auf viele Bühnen gebracht und mir viele Erfolge beschert. Fasziniert erlebte ich, wie sie sich jeden Tag weiterentwickelte und noch authentischer wurde. Nach 25 Jahren Bühne, sieben Tonträgern und 5000 Konzerten hatte ich endlich meine Stimme gefunden!

> Ich wusste, dass ich mich nicht aufhalten lassen durfte, wenn ich endlich hinter das Geheimnis meines Lebens kommen wollte.

Vor der Operation gab ich Gesangs- und Sprechunterricht. Die Teilnehmerinnen und Teilnehmer machten alle mehr oder weniger große Fortschritte: Politiker sprachen verständlicher; Musicaldarstellerinnen sangen schöner. Doch glücklich wurde niemand! In Berlin erfuhr ich am eigenen Leib, was meinen Seminaren gefehlt hatte. Ich kombinierte mein Angebot mit Sexological Bodywork® zu einem völlig neuen Konzept: Körpersingen®. Seither begleite ich Menschen über die Stimme in die Essenz ihres Seins. Der Erfolg übertrifft meine kühnsten Vorstellungen: Viele Teilnehmerinnen und Teilnehmer fühlen sich zum ersten Mal in ihrem Leben frei. Dank ihrer neuen, authentischen Stimme werden sie gehört. Wo sie früher kämpfen mussten, fliegen ihnen die Erfolge heute förmlich zu.

- **Deine Stimme ist dein Spiegel. Sie zeigt dir, wer du wirklich bist.**
- **Ist deine Stimme blockiert, ist dein ganzes Leben blockiert.**
- **Die meisten Menschen sprechen mit einer Stimme, die ihnen nicht entspricht.**
- **Wenn du gehört werden willst, musst du deine eigene, authentische Stimme finden.**
- **Körpersingen® ist der Weg zu einem befreiten Leben.**

2022 erscheint meine Biografie »Frisch gestimmt«. Sie kann bereits heute unter: www.koerpersingen.ch bestellt werden.

Foto: Beat Mumenthaler

RITA SHARE

Rita Share ist die bekannteste und erfolgreichste Gospelsängerin der Schweiz. Sie tourte mehr als 20 Jahren mit verschiedenen Bands durch die Schweiz und Deutschland und nahm sieben verschiedene Tonträger auf. Auf der Suche nach ihrem persönlichen Glück entdeckte sie Sexological Bodywork®. Sie kombinierte es mit ihrem bisherigen Stimmtraining zu einem völlig neuen Angebot: Körpersingen®. Getreu dem Motto »Ist deine Stimme blockiert, ist dein ganzes Leben blockiert«, hilft dir Rita, deine authentische Stimme zu finden und so ein befreites, erfolgreiches und glückliches Leben zu führen.

Der Armaturenmann für die besonderen Einsatzfälle

Mein Name ist Jens Prokop, ich bin Dipl.-Ing. für Kraftwerkstechnik und ein kleines Rädchen im großen Uhrwerk der Energieversorgung in Deutschland. Wie komme ich darauf? Ich arbeite seit über 30 Jahren im Vertrieb von Kraftwerks- und Industriearmaturen und habe immer die Unternehmen der Energieerzeugung, -verteilung und Energiespeicherung im Fokus gehabt.

Als ich Anfang der 90er-Jahre im Armaturenvertrieb startete, war in der deutschen Energieversorgung viel im Umbruch. Die alten, maroden Kraftwerke im Osten mussten saniert oder geschlossen werden, die notwendigen neuen Kraftwerke wurden geplant, errichtet und in Betrieb genommen.

Meinen ersten Arbeitstag als Vertriebsingenieur habe ich bis heute nicht vergessen. Am 11. Februar 1991 begann der erste Arbeitstag bei meinem neuen Arbeitgeber, der SMR-Armaturen in Berlin-Reinickendorf. Es wurde der Start in ein neues Arbeitsleben mit neuen Aufgaben und Herausforderungen für einen jungen Vertriebsingenieur, der noch nie zuvor im Vertrieb gearbeitet hatte. Von der Hochschule war mir die konventionelle Kraftwerkstechnik vertraut, jetzt sollte ich für ein erfolgreiches, expandierendes Unternehmen das Produktprogramm an Industriearmaturen vertreiben.

Die Arbeit machte mir von Anfang an große Freude, ich lernte schnell die neuen Kollegen kennen, die mir gerne mit Rat und Tat zur Seite standen. Und es gab immer wieder Situationen, die mich herausforderten, weil sie einfach neu und unbekannt waren.

Es mag heute banal klingen, aber schon am zweiten Arbeitstag sollte ich wegen einer aktuellen Anfrage mit unserem Schweizer

Vertriebsbüro in Zürich telefonieren. Ich hatte Sorge, dass ich nichts verstehe und völlig untergehe! Es war ein sehr freundliches Telefonat, welches ich bis heute nicht vergessen habe. Es gab herzliche Grüße und Motivation von den Schweizer Vertriebskollegen für den jungen Kollegen in Berlin.

Die ersten Wochen vergingen wie im Flug, viel Arbeit, erste Kundenkontakte und die ersten eigenen Angebote. Im März 1991 wurden wir überraschend informiert, dass wir mit einem größeren Unternehmen aus Berlin fusionieren und ein Umzug der Firma geplant war. Es entstand in den darauffolgenden Monaten die Borsig Kugelhahn GmbH aus der Kugelhahnabteilung von Babcock Borsig und SMR-Armaturen.

Ich hatte plötzlich ein größeres Produktprogramm zur Verfügung und viele neue nationale und internationale Kunden. Neben der Kraftwerksindustrie konnten wir nun die internationale Gas- und Ölindustrie mit unseren Armaturen beliefern. Auch hier musste ich wieder Neuland betreten, weil bisher eine Erdgas-Pipeline in Sibirien oder ein Erdgas-Speicher in Deutschland nicht zu meinen normalen Projekten zählten. Mit den Jahren kamen weitere Veränderungen, Herausforderungen und auch die eine oder andere Enttäuschung dazu.

Dennoch konnte ich in den vielen Jahren verschiedene Einsatzfälle für Industriearmaturen studieren und die besten Produkte für die jeweilige Aufgabenstellung auswählen. Nach der Installation der Armaturen und einer erfolgreichen Inbetriebnahme war ich stolz, wieder einen Beitrag für eine sichere Energieversorgung geleistet zu haben!

Mit Beendigung meiner Arbeit bei Borsig Kugelhahn folgten im Jahre 1996 die ersten Schritte in die Selbstständigkeit als Handelsvertreter, das eigene Büro, die ersten Mitarbeiter. Aber es drehte sich immer alles um den Bereich der Industriearmaturen!

Mein Berufsleben wurde somit geprägt durch den Markt, die Kundschaft, die Energiebranche! Langweilig?

Nein, auch der Markt entwickelt sich und die Anforderungen an Unternehmen und Menschen verändern sich ständig.

Welche besonderen Herausforderungen ergeben sich daraus für meine Vertriebsarbeit?

Es ist die Gestaltung des täglichen Zusammenspiels zwischen den Marktteilnehmern, einerseits dem Energieerzeuger oder Netzbetreiber und andererseits dem Armaturenhersteller. Ich möchte der Vermittler sein, damit jedes Unternehmen seine Aufgaben bestmöglich erfüllen und die gesteckten Ziele erreichen kann. Mein Ziel ist es, aus einer »klassischen Lieferantenbeziehung« mit der Zeit eine Partnerschaft zu entwickeln.

> Mein Ziel ist es, aus einer »klassischen Lieferantenbeziehung« mit der Zeit eine Partnerschaft zu entwickeln.

Und welche täglichen Herausforderungen müssen meine Kunden jeden Tag bewältigen? Dazu ein Beispiel.

Die Versorgungssicherheit mit Strom in Deutschland ist seit Jahren und Jahrzehnten ein Kernziel bei der Energieversorgung, d.h. immer genügend Strom zu produzieren, um alle Verbraucher versorgen zu können.

Weitreichende Strom-Flächenabschaltungen sind heutzutage selten, haben dann aber weitreichende Auswirkungen bei den betroffenen Menschen und Unternehmen. Eine Situation kann ich auch nach über 30 Jahren nicht vergessen:

Eine Explosion im Kraftwerk Boxberg am 14. Januar 1987 zerstörte den Block 13 und führte auch zum Ausfall von Block 14 (Doppelblock-Anlage mit 2 × 500 MW Leistung). Zu dieser Zeit studierte ich an der TH Zittau Kraftwerkstechnik und auch Zittau war von den Flächenabschaltungen betroffen. Es war ein kalter Tag, wir wurden sehr schnell über die Ereignisse im KW Boxberg informiert und zur Abreise aufgefordert. Mit viel Glück kamen wir dann irgendwann zu Hause an. Die Reparaturarbeiten dauerten Monate, die Schäden in Boxberg sorgten für erhebliche Versorgungsengpässe in der gesamten Region. Heutzutage wird man ungläubig angesehen, wenn man sagt: Der Strom ist ausgefallen, wir werden in zwei bis drei Tagen wieder ans Netz angeschlossen, wenn alles gut geht. Kein Fernsehen, kein Internet und abends auch kein Licht; diese Situation kennen die wenigsten Menschen in Deutschland. Darum ist mein täglicher Ansporn, die besten und zuverlässigsten Armaturen an die Energiebranche zu liefern, damit ein sicherer Betrieb der Erzeugungsanlagen erfolgen kann.

Darum ist mein täglicher Ansporn, die besten und zuverlässigsten Armaturen an die Energiebranche zu liefern, damit ein sicherer Betrieb der Erzeugungsanlagen erfolgen kann.

Die Energiewelt von heute hat sich in den letzten Jahrzehnten stark geändert. Die Energiewende hat die Erzeugung und Verteilung von Strom in Deutschland in neue Bahnen gelenkt. Die regenerativen Energien bekommen viel Unterstützung und tragen mittlerweile einen großen Teil zur Energieerzeugung bei. Die Atomkraftwerke werden bis 2022 in Deutschland abgeschaltet, zusätzlich werden weitere Kohlekraftwerke in den nächsten Jahren vom Netz gehen. Auch hier soll bis 2038 das letzte Kohlekraftwerk stillgelegt sein.

Und die Versorgungssicherheit mit Strom wird dann aufgegeben? Reichen Wind- und Sonnenstrom für die vollumfängliche Versorgung der Verbraucher rund um die Uhr? Können wir die überschüssige regenerative Energie speichern und im Bedarfsfall wieder einspeisen?

JA und NEIN. Überschüssige Energie speichern – JA, große Batteriespeicher sind vorhanden. Im Moment reicht es aber noch nicht aus, den Bedarf von vielen Verbrauchern über einen längeren Zeitraum zu decken. Wie es in 20 Jahren in Deutschland und Europa aussehen wird, da gehen die Meinungen weit auseinander.

Aber Energie kann man auch anders speichern! »Grüner Wasserstoff« kann dabei eine tragende Rolle spielen und ist seit Jahren in der öffentlichen Diskussion.

Die Verwendung von grünem Wasserstoff, ob im Verkehrswesen, bei der Wärme- oder Stromerzeugung wird derzeit intensiv erforscht und in Versuchsanlagen sowie Klein-Projekten umgesetzt.

Die vorhandenen Erdgasnetze werden auf Wasserstoffverträglichkeit untersucht, und auch die mögliche großtechnische Speicherung von Wasserstoff in Untertagespeichern ist eine große Herausforderung für alle Beteiligten. Die Entwicklung von Wasserstofftransportsystemen wird in Zukunft die neuen Erzeuger-Strukturen mit den Großverbrauchern verbinden.

Dazu leiste ich meinen persönlichen Beitrag mit der technischen Beratung und dem Vertrieb von bewährten Produkten der deutschen Armaturenindustrie.

Auch mein Fokus hat sich in den letzten Jahren gewandelt, vom 800-MW-Kohleblock zur 400-MW-GuD-Anlage, von Kohle zur Biomasse, von Erdgas aus der Nordsee zu grünem Wasserstoff aus dezentraler Erzeugerstruktur in Deutschland.

Ich möchte jetzt die sichere Zukunft für meine Kinder und Enkelkinder mitgestalten. 30 Jahre Erfahrung sind dafür eine solide Basis.

JENS PROKOP

Experte für den Einsatz von Industriearmaturen in der Energiebranche

Über 30 Jahre Vertriebserfahrung in allen Bereichen der Energieerzeugung, -verteilung und Energiespeicherung, das ist Dipl.-Ing. Jens Prokop. Seit Anfang der 90er-Jahre betreut er seine Kunden bei den Energieversorgungsunternehmen, Stadtwerken und Netzbetreibern in Deutschland von der ersten Studie bis zur Inbetriebnahme der Anlagen. Er war an über 100 Großprojekten beteiligt und hat mehr als 150.000.000 EUR Umsatz erreicht. Tausende Armaturen für Wasser, Dampf, Erdgas und Wasserstoff sorgen für einen zuverlässigen und sicheren Betrieb der energietechnischen Anlagen.

Das Leben lässt fragen, wo du bleibst

Oder: Du kannst nicht drum herum, du musst mitten hindurch

Wenn ich Schmerz, Traurigkeit oder Mutlosigkeit in meinem Herzen empfand, wurde mir immer etwas im Leben genommen. Sinnbildlich etwas weggefressen oder gestohlen. Allzu oft fing ich an zu kämpfen, ergriff die Flucht oder stellte mich einfach tot.

Es machte jedoch nie einen Sinn, den Versuch zu unternehmen, meinem Schmerz zu entrinnen, er holte mich eh immer wieder ein, setzte mich wieder und wieder auf den Arsch, bis ich es gelernt hatte.

Damals hatte ich diese Lektion des Lebens noch nicht verstanden: Im Sommer 2011 wurde mein dreijähriger Sohn von einem Hund ins Gesicht gebissen.

Mit einem Mal war nichts mehr, wie es war.

Mein kleiner Held musste täglich in den OP, mehrere Wochen lang.

Diese Zeit erlebte ich wie in Trance. Ich wich meinem Jungen nicht von der Seite, hütete ihn so gut es ging und schrieb ein Buch, wenn mein Sohn schlief und ich nicht schlafen konnte. Eine willkommene Ablenkung, um meinen eigenen Schmerz nicht zu spüren.

Mein Arzt konfrontierte mich mit einem Bluthochdruck von 196 zu 120. Ich lachte und sagte ungläubig: »Das Gerät ist kaputt.« Nach drei Geräten und gleichbleibend hohen Werten wurde ich ganz still.

In den folgenden Monaten ging meine Ehe zu Bruch. Ende 2012 stand ich vor dem finanziellen Ruin. Noch an diesem Punkt war ich davon überzeugt: Wenn ich härter, disziplinierter arbeite, schaffe ich es, alles fügt sich und ich kann mich ausruhen.

Also arbeitete ich wie wild. Meine gute Absicht, meinem Jungen eine gute Mutter zu sein und darüber hinaus mein Unternehmen in den Monaten nach dem Unfall zu halten, machte mich im Endeffekt haltlos. Ich verlor die Basis meiner Selbstständigkeit. Ich verlor fast mich selbst.

Erfolg, das wurde mir schmerzhaft bewusst, ist auf die Art und Weise meines bisherigen Weges der Selbstausbeutung nicht von Dauer. Ich wurde weit weg von messbaren Zahlen, Daten und Fakten katapultiert. Mein Zustand war, außer im Bluthochdruck, nicht messbar. Es gab Zeiten der Tränen – sie flossen ohne aufzuhören. Ich spürte, wie tief in mir eine Stimme aufschrie. Mein Herz fühlte sich an, als wollte es zerspringen. Pein, Qualen, Scham, Ohnmacht, all der Schmerz, der jetzt an die Oberfläche wollte, war fast unerträglich. Es gab kein Halten mehr. Alles wollte raus und ich blieb im Feuer stehen.

Heute, zehn Jahre später, kann ich eines mit Sicherheit sagen: Der Weg zu mir selbst war nicht produktiv und er brachte erst recht kein Geld ein. Ganz im Gegenteil. Viele Dinge brauchen einfach ganz viel Zeit.

Der Weg zu mir selbst war nicht produktiv und er brachte erst recht kein Geld ein. Ganz im Gegenteil. Viele Dinge brauchen einfach ganz viel Zeit.

So begab ich mich sehr bewusst auf eine Reise, die mich zu meinen Überzeugungen brachte, die mein Leben bis 2011 geprägt hatten. Auf meiner Reise begegnete ich mir vor allem mit Respekt und Liebe. Ich verstand, dass meine innere Haltung zum Leben und zu mir selbst das Allerwichtigste überhaupt ist.

So fragte ich mich also: Wenn ich mein Leben durch eine Brille unnötiger Beschränkungen und falscher Annahmen gesehen und gelebt habe, ist es dann möglich, dass viele meiner Überzeugungen falsch sind?

Ich erkannte, dass die Essenz meiner Glaubenssätze, meiner Begrenzungen und Fähigkeiten darauf beruhte, was mir andere Menschen, meine Familie, die Religion, die Kultur, die Geschichte und die Lehrer in der Schule mitteilten.

Alles, was damals passierte und heute ist, hat also immer nur mit mir zu tun. Ich selbst habe mein Spiel in diesem Leben, mich selbst und die Mitspieler kreiert. Mir ist klar geworden, dass ich den Anfang nicht mehr verändern kann, doch ich habe die Macht, das Ende neu zu gestalten.

Wir leben heute, mehr denn je, in einer Welt der Extreme.

Ich, du, wir alle schreiben stetig den Code unserer Wirklichkeit um. Wenn ich an die Auswirkungen all meiner Entscheidungen denke, die ich in jedem Moment, in jeder Stunde treffe, ist mir heute klar, wie scheinbar ganz unbedeutende Entscheidungen weit über mein persönliches Leben hinaus wirksam werden können.

Ich, du, wir alle schreiben stetig den Code unserer Wirklichkeit um.

Da gewinnen plötzlich meine Entscheidungen eine ganz neue Bedeutung im großen Spiel des Lebens. Jede einzelne Entscheidung, ist sie auch noch so klein, setzt etwas in Bewegung, das nicht nur auf mich selbst wirkt, sondern auch auf meine liebsten Menschen, mein Umfeld und den Rest der Welt.

Mein Sohn und ich, wir waren auf einem langen Weg der Heilung seiner seelischen und körperlichen Wunden unterwegs. Heute weiß er, was er kann, wer er ist und wie stark die Macht der Liebe zu sich selbst und den eigenen Fähigkeiten sein kann. Seine beste Freundin und Wegbegleiterin ist heute unsere Hündin Giulia.

Meine eigene Geschichte zeigte mir, wie ich zu unserem Leid beigetragen und die Situation kreiert hatte. Ich fühlte alles, den ganzen Schmerz. Über die Bereitschaft, meine Emotionen wirklich zu fühlen, kam ich zurück zum Tanzen und vom Tanzen ins TUN. Ich fand meine Berufung, den Sinn meines Lebens. Längst habe ich in meinem LebensSpiel aufgehört, Rollen zu spielen, die ich nicht mehr will. Heute geht es mir längst nicht mehr ausschließlich um Zahlen, Daten und Fakten.

Mein Sohn und ich, wir gestalten nun unser Leben. Äußere Widrigkeiten sehen wir als Chancen, unsere Kraft und unsere Passion noch mehr zu fokussieren, um gleichzeitig entspannt zu bleiben.

Keine Frage, es gab und gibt Rückschläge. So funktioniert LEBEN. In solchen Situationen ist es meinem Sohn und mir heute wichtig, uns wach und sehr bewusst zu entscheiden: »Wollen wir Opfer der äußeren Umstände sein oder sind wir Schöpfer unseres eigenen Lebens?«

Keine Frage, es gab und gibt Rückschläge. So funktioniert LEBEN. In solchen Situationen ist es meinem Sohn und mir heute wichtig, uns wach und sehr bewusst zu entscheiden: »Wollen wir Opfer der äußeren Umstände sein oder sind wir Schöpfer unseres eigenen Lebens?«

Heute wissen wir, dass unser Bewusstsein sehr gut zuhören kann, enorm lernbereit und machtvoll ist, wenn wir bereit sind, unsere Komfortzone immer wieder zu verlassen. Auch wenn es steinig und schmerzhaft wird, führt uns unser Weg in die Freiheit und in ein sinnerfüllendes Leben. Unsere Reise ist geprägt von unbändiger Neugier, wissen zu wollen, wer wir im Universum wirklich sind.

Unsere Kinder, in dieser Welt der Extreme, sind Superhelden. Jedes einzelne Kind braucht eine Mutter, die in ihrer ganzen Kraft und ihrem Urvertrauen verwurzelt ist, um bedingungslos liebend die Begabungen ihres Kindes zu schützen, zu hüten und es zu lehren seine Flügel zu entfalten, um den Wandel zu umarmen.

Foto: Isabella Fusaro

GABRIELE NGUYEN-HOFMANN

Den Wandel zu umarmen, ist eine Frage der Haltung

An einem verregneten Septembertag beschloss eine junge Frau, Menschen und Unternehmen in Veränderungsprozessen zu begleiten. Das ist 20 Jahre her. Seit dieser Zeit hat sie erfolgreich vier Firmen gegründet.

Ein Studium im klassischen Ballett, Wirtschaftswissenschaften, Psychologie bis hin zu tiefen spirituellen Erfahrungen und einer langen Reise durch Vietnam prägten ferner das Leben von Gabriele Nguyen-Hofmann.

Von Neugier angetrieben, suchte die vierfache alleinerziehende Mutter Wege der Heilung und entdeckte sich selbst.

Heute unterstützt die Expertin, Speakerin und Autorin Kinder, Erwachsene und Unternehmen, Resilienz zu entwickeln, Potentiale zu entfalten und Kommunikation zu meistern.

Die Geldbotschafterin

Kennst du eins dieser drei Dilemmas auch?

1. Das Geld fließt nicht zu dir, obwohl du alles Mögliche tust.
2. Das Geld fließt zu dir – sogar in großen Mengen –, dann ist es genauso schnell wieder weg?
3. Du bist altruistisch und spirituell und der Überzeugung, Geld ist schmutzig und es fühlt sich nicht richtig an Geld zu haben?

In welchem Dilemma erkennst du dich am besten wieder?

Ich habe in jedem Fall eine gute Nachricht für dich!! Du kannst in gerade mal vier Wochen zum Geldmagneten werden! Alles ist im Wandel, alles ist möglich! Das ist 100 % so! Fragst du dich vielleicht gerade, woher ich mir da so sicher bin? Das ist eine sehr gute und berechtigte Frage! Ich weiß das so genau, weil ich die Geldbotschafterin bin! Ich helfe dir – so wie ich bereits Dutzenden Frauen und Männern geholfen habe – deine Einstellung zu Geld zu transformieren und eine gute Beziehung mit dem Geld aufzubauen!

Seit Tausenden von Jahren gibt es Geld. Das erste Geld wurde von prähistorischen Kulturen lange vor der Verbreitung von Münzen verwendet.* Fast genauso lange leidet das Geld an der schlechten Reputation. Wer kennt die Sätze nicht: Geld ist schmutzig, Geld stinkt, Geld verdirbt den Charakter? Dabei handelt es sich um keine bewiesenen Wahrheiten, sondern um sogenannte Glaubenssätze. Glaubenssätze sind Gedanken, die tief in deinem Geist verankert und somit für dich wahr sind. »Wir sehen die Welt nicht wie sie ist,

* John M. Keynes: A Treatise on Money. Volume I, Macmillan, London 1930, S. 13.

sondern wie wir sind.«* Die Glaubenssätze entstehen im Alter von 0 bis ca. 7 Jahren, wenn unser Gehirn dauerhaft auf den Delta- und Theta-Wellen arbeitet. Das bedeutet: Alles, was wir bis zu diesem Alter erleben, landet ungefiltert in unserem Unterbewusstsein. Unser Unterbewusstsein ist viel mächtiger als unser Bewusstsein: Das Machtverhältnis steht 95 % zu 5 %. Die Aussagen sind so fest geprägt, deswegen sind sie für uns wie Wahrheiten. Die gute Nachricht vorab: Du kannst die negativen Glaubenssätze transformieren und in positive Überzeugungen umwandeln.

Du kannst die negativen Glaubenssätze transformieren und in positive Überzeugungen umwandeln.

Das Geld ist zu einem Tabuthema geworden und es wird als eine sehr komplizierte Materie dargestellt. Absolut zu Unrecht. Geld ist Energie und möchte zu jedem Menschen fließen. Es kann das nur nicht, weil nicht jeder Mensch bereit ist, das Geld zu empfangen und anzunehmen.

Das Geld braucht einen Vermittler: Die Geldbotschafterin.

Geld spielte von Anfang an eine sehr wichtige Rolle in meinem Leben; Geld ist mein Lebensretter. Ich bin mit einem Defizit und zwar ohne Schilddrüse zur Welt gekommen und bin unendlich dankbar, dass meine Eltern genug Geld für meine Medikamente hatten, sonst wäre ich längst tot. Geld bedeutet zweifellos Liebe und Hoffnung für mich. Geld hat mich immer schon fasziniert, ich habe immer schon eine besondere Verbindung zu Geld gespürt. Geld und Finanzen sind immer schon in meinem Leben sehr präsent. Ich habe mein Traumstudium Finanz- und Bankwesen sehr erfolgreich abgeschlossen und arbeite seit über 20 Jahren im Finanzbereich. Mein Defizit hat mich stark gemacht! Es war aber nicht immer so.

Wenn mich früher jemand gefragt hätte, wie hoch mein Selbstwert auf der Skala vom 0 bis 100 ist, dann wäre meine Antwort 0 gewesen. Ich fühlte mich sehr, sehr lange unvollständig, nicht gut genug ein Mensch zu sein, ich fühlte mich eher wie ein Alien und

* Stephen Covey

in den 80ern war es nicht einfach, ein Alien zu sein! Ich hatte Angst, von der Gesellschaft ausgestoßen zu sein, obwohl ich eine liebevolle Familie hatte. Ich habe alles gemacht, um nicht aufzufallen, und habe mich immer mehr versteckt vor der Welt. Ich war die Meisterin des Versteckens. Nach dem Studium ging ich von Warschau nach Berlin, wo ich den absoluten Tiefpunkt meines Lebens erreichte.

Tagelang lag ich total verzweifelt auf dem Boden und habe mich als Opfer des Lebens bemitleidet. Eines Tages stand ich auf und traf eine Entscheidung: Ich werde niemals aufgeben! Meine Eltern haben um mein Überleben gekämpft und jetzt reicht es mit der Opferrolle! Schluss! Ab jetzt werde ich die Schöpferin meines Lebens.

Ab dann ging es aufwärts in meinem Leben. Ich habe verstanden, dass mein Defizit meine Stärke ist.

Geld war dabei immer mein Lebensretter, Liebe und Hoffnung! Ich spürte, dass ich dem Geld gern Danke sagen will. Das tue ich jetzt jeden Tag als Geldbotschafterin, indem ich der ganzen Welt die Wahrheit über das Geld erzähle. Geld ist Liebe, Geld bringt Hoffnung. Geld ist ein Tauschmittel, Energie, die gerne fließt. Geld will im Umlauf sein, investiert und vermehrt werden. Geld will zu dir fließen. Geld will bewusst erlebt werden. Geld ist weder hochkomplex noch banal. Es ist tastbar. Geld löst sich nicht auf und es verschwindet auch nicht. Geld macht Spaß. Geld erlaubt kreatives Denken. Geld ist Schöpfung. Geld ist das Messgerät deines Selbstwerts.

> Geld ist Liebe, Geld bringt Hoffnung.

Meine Vision und Mission als Geldbotschafterin ist es, das »good vibration money« in der Welt zu verbreiten. Die Wahrheit über das Geld darf auch bei dir und in deinem Herzen ankommen und dann kannst du es mit voller Überzeugung und Begeisterung weiter in die Welt tragen, so wie ich das tue!

In meinen Money-Magic-Coaching-Programmen kannst du alles hautnah erleben. Ich begleite dich dabei. Dank meiner besonderen Gabe, mit der ich dem Geld meine Stimme gebe, kannst du dich mit dem Geld direkt unterhalten. Das Geld wird zu deinem besten, treuen Freund! Stell dir vor, du kannst jede Frage stellen, die du immer schon stellen wolltest. Was denkst du, was das Geld dir antworten würde? Noch spannender ist, was das Geld dir zu sagen hat. Findest du die Vorstellung verrückt? Ich kann dir versichern, dass es funktioniert!

Dazu habe ich ein Coaching-Tool weiterentwickelt und bereits viele Male unglaubliche Ergebnisse erzielt. Es wurden Glasglocken zertrümmert, dicke Mauern gesprengt oder Wände durchbrochen. Denn das Geld will zu jedem fließen! Es kann jedoch zu dir nur dann fließen, wenn du bereit bist, es anzunehmen, das heißt, wenn der Weg zu dir frei ist.

Bist du neugierig geworden? Wenn ja, dann freue ich mich auf dich!

Foto: Foto Labor Express, Düsseldorf

OLA CECCHINI

Geldbotschafterin und Female Empowerment Coach

Ihr Lebensmotto lautet: Geld ist Liebe. Das Motto hat viel mit ihrer Lebensgeschichte zu tun. 2001 hat sie das Finanz- und Bankwesen-Studium an der renommierten Warsaw School of Economics mit »sehr gut« abgeschlossen und hat seitdem über 20 Jahre Berufserfahrung gesammelt. Seit 2017 ist sie zudem DVBC zertifizierter Systemischer Coach und Veränderungsmanager. Mit ihrem Money Magic Coaching will sie so viele Menschen wie möglich erreichen, um so die Geldfülle möglichst vielen Menschen zu ermöglichen.

Mehr Infos unter: www.olacecchini.com.

SUPERKRAFT – was ich von Meister Yoda und Micky Maus über Krisen lernte

Du hast Superkräfte. Wir alle haben Superkräfte. Bei den meisten von uns schlummern diese versteckt im Kopf und kommen nicht zum Einsatz. Die wenigsten Menschen leben ihr volles Potenzial. So wie ich auch, bis Meister Yoda mich in die Krise stürzte und Comic-Ikone Micky Maus mir die Türe zu meiner wichtigsten Superkraft öffnete: Positiver Intelligenz.

Positive Intelligenz kann mit einer geistigen Einstellung umschrieben werden, die dynamisch ist, lösungs- und zukunftsorientiert und grundlegend optimistisch. Manchen Menschen ist das in die Wiege gelegt. Wir anderen können Positive Intelligenz lernen und trainieren. Wie einen mentalen Muskel. Krisen sind dabei unsere Wegweiser, sozusagen Potenzialentfalter für Superkräfte. Auch wenn's richtig wehtut.

Krisen sind unsere Wegweiser, sozusagen Potenzialentfalter für Superkräfte.

2014 schickte Meister Yoda mich in die Krise. Ich arbeitete insgesamt 13 Jahre für die Walt Disney Company und war zu jener Zeit verantwortlich für strategisches Marketing, unter anderem für Star Wars und die Integration der Marke in die Prozesse des Unternehmens. Ein absoluter Traumjob. Entertainmentbranche. Eine der größten Marken, und ich durfte mitgestalten. Im Dezember 2015 sollte die sehnlich erwartete Star-Wars-Fortsetzung »*Episode VII*« in die Kinos kommen und die Vorbereitungen liefen auf Hochtouren. Ich gab Vollgas und sammelte mit Elan und Freude jede Menge Überstunden.

Dann passierte das aus meiner Sicht Unglaubliche: Die Firma strukturierte um, setzte mir jemanden vor die Nase und ich saß vor dem Scherbenhaufen meiner Karriereträume. Schlagartig wusste ich nicht mehr, warum ich das alles mache, und strandete in einer Sinnkrise. Auf dem Weg aus der Krise habe ich Schritt für Schritt meine positive Intelligenz entdeckt und dabei Resilienz, also psychische Widerstandsfähigkeit, und einen sogenannten Growth Mindset entwickelt. Das sind jene Fertigkeiten, die wir brauchen, um gut durch stürmische Zeiten zu kommen.

»Don't stress over anything that you can't change«
(Micky Maus)

Positive Intelligenz bedeutet Gelassenheit

Der erste Schritt ist, das zu akzeptieren, was man nicht ändern kann. Zum Beispiel eine Veränderung wie die neue Struktur des Unternehmens anzunehmen, anstatt damit zu hadern oder dagegen zu kämpfen. Das war damals alles andere als einfach und brauchte seine Zeit. Neben dem Micky-Zitat, das mich mantraartig begleitete, half mir der Gedanke: »Ich kann noch gar nicht wissen, wofür das gut ist.« Und ich begann spielerisch, mir auszudenken, was an der neuen Struktur gut sein könnte. Zunächst fiel mir wenig ein, doch mit Hilfe eines Coaches wurde ich richtig kreativ und entwickelte neue Ideen und Perspektiven. Meine Idee, in die Selbstständigkeit zu gehen, wurde genau damals geboren.

Positive Intelligenz bedeutet Sinn

Der entscheidende Schritt war, mein eigenes Warum, meinen Sinn zu finden. Es hatte mir den Boden unter den Füßen weggezogen, weil ich meinen Sinn an Karrierepläne geknüpft hatte. Die Vorstellung davon, wie mein Weg aussieht, war sehr konkret: Die Karriereleiter nach oben. Eine Umstrukturierung kam darin nicht vor. Den Sinn so stark an äußeren Gegebenheiten festzumachen, ist gefährlich, da man diese nicht kontrolliert. Das kann gut gehen. Oder es geht schief, wie in meinem Fall. Im ersten Moment stürzte mich das in die Krise. Im Nachhinein betrachtet war diese Krise ein Geschenk. Denn sie lehrte mich, meinen Sinn in dem zu suchen, was mich wirklich von innen treibt und motiviert – was mich als Menschen ausmacht und was ich in die Welt bringen will. Wenn du das weißt, hast du eine glasklare Orientierung für dein Leben. Du spürst, wie es weitergehen kann, egal, ob im Außen stürmische Zeiten toben oder gerade alles glatt läuft. Das spielt keine Rolle mehr, auf eine gewisse Art bist du dann unabhängig und frei. Dein inneres Warum wirkt wie ein Leitstern, der die Richtung weist.

Positive Intelligenz bedeutet Umsetzung

Der wesentliche dritte Schritt im Umgang mit stürmischen Zeiten ist, ins Tun zu kommen. Das Wissen um dein Warum heißt noch lange nicht, dass du auch in die Umsetzung kommst. Hand aufs Herz: Hast du dir auch schon einmal etwas vorgenommen, was dann wieder in der Schublade verschwunden ist? Du bist in bester Gesellschaft! Und gerade in stürmischen Zeiten gibt es viel, was deine Aufmerksamkeit fordert und dich davon ablenken kann, deine Ziele umzusetzen. Mein Gamechanger, um auf Kurs zu bleiben, ist ein Tagebuch. Hier schreibe ich mir jeden Tag die Antwort auf drei einfache und hochwirksame Fragen auf, was nicht länger als fünf Minuten dauert:

1. Wofür bin ich heute dankbar?
2. Was habe ich heute gelernt?
3. Wem habe ich heute wie geholfen?

Die erste Frage hilft mir zu sehen, welche Fülle ich genieße. Und sie unterstützt mich dabei, eine grundlegend optimistische Sicht auf die Dinge zu entwickeln. Die zweite Frage fokussiert meinen Geist auf die Entwicklung, die ich mache. Ich erkenne, welchen Weg ich schon gegangen bin, anstatt mich zu ärgern, noch nicht am Ziel zu sein. Und die dritte Frage zielt unter anderem darauf, Lösungen zu fokussieren. Mit anderen Worten: Ich trainiere meine Positive Intelligenz. Täglich.

Unsere Welt braucht mehr Positive Intelligenz

Positive Intelligenz zu trainieren, ist das größte Geschenk, das wir uns aktuell machen können. Wir leben in verrückten Zeiten. Normal gibt es nicht mehr. Wir alle erleben einschneidende Veränderungen, wie sie unsere Generation noch nicht gesehen hat: Die Pandemie, die Klimakrise, Digitalisierung, Globalisierung, die Fragen, die künstliche Intelligenz aufwirft. Dazu kommen die Folgen für uns als Einzelne: Finanzielle Sorgen, brüchige Beziehungen, bedrohte Arbeitsplätze, Sinnkrisen. Krisen gab es schon immer. Wir als Spezies sind Anpassungs- und Überlebenskünstler. Jedoch sind die Geschwindigkeit und die exponentielle Entwicklung der Veränderung neu. Und: Exponentielle Veränderung ist das neue Normal. Es ist Zeit, innezuhalten und zu überlegen, was wir tun können, um uns anzupassen.

Positive Intelligenz zu trainieren, ist das größte Geschenk, das wir uns aktuell machen können.

»Tu es. Oder tu es nicht. Es gibt kein Versuchen.« (Yoda)

An dieser Stelle schließt sich für mich der Kreis. Meine Antwort ist Positive Intelligenz. Positive Intelligenz hilft dir, Veränderungen lieben zu lernen und die Chance in der Krise zu sehen. Diese zu lehren und Teams und Führungskräfte dabei zu unterstützen, sie in ihrem Alltag umzusetzen, ist meine Mission. Denn wir brauchen eine Welt mit Menschen, die Zugang haben zu ihrer Superkraft!

Wenn du mehr zum Thema wissen willst und konkrete Umsetzungstipps suchst, besuche www.wandelmeister.de oder scanne den QR-Code.

Foto: Bela Raba Fotografie

CHRISTINA BINSMAIER

Wandelmeister – Veränderung lieben lernen

Vom Gaming-Nerd zu den Superhelden. Von Lara Croft zu Meister Yoda. Vom Großkonzern zum Solopreneur. Von der Micky Maus zur Masterarbeit in Neurodidaktik. Christina Binsmaier lebt Veränderung und liebt Geschichten mit Happy End.

Als Systemischer Coach, Trainerin mit Hintergrund in Neurodidaktik und Beraterin mit über 21 Jahren Führungserfahrung weiß sie, wie komplex und dynamisch die moderne (Berufs-)Welt ist und wie schnell man in der mentalen Sackgasse stecken bleibt.

Ihre Botschaft: Veränderung lieben lernen und den Wandel meistern. Das gelingt mit positiver Intelligenz, einem Growth-Mindset und Resilienz. Diese Themen schult und begleitet sie für Teams und Führungskräfte.

Kommunikation ist 16 cm breit

Nicht nur in meiner langjährigen beruflichen Erfahrung als Unternehmer und freiberuflicher Dozent, sondern auch im privaten Umfeld beobachte ich immer wieder Menschen, die durch ihre, in der Regel ungewollt unreflektierte Kommunikation, Konflikte hervorrufen. In meinen Vorlesungen thematisiere ich dieses Phänomen regelmäßig und möchte damit angehende Führungskräfte sensibilisieren.

Kommunikation ist unter anderem das geschriebene und gesprochene Wort mit all seinen Facetten, wie beispielsweise der Stimmvarianz, der unterschiedlichen Betonungen oder zusätzlichen nonverbalen Komponenten mit Mimik, Gestik und Körperhaltung. Kommunikation ist zudem Gehirntätigkeit, Informationsverarbeitung, Interpretation, Beurteilung, Gefühl, Emotion und große Kreativität.

Der Kopf eines erwachsenen Menschen ist ca. 16 cm breit und beherbergt das Gehirn. Diesbezüglich verwende ich die 16 cm als Metapher für eine bewusst gesteuerte Hirntätigkeit im Kontext der Kommunikation.

Warum sprechen Menschen mit sich selbst?

Ich habe mir z. B. die Frage gestellt, warum ich dieses Kapitel schreiben sollte und ob es dem Leser einen Nutzen bringen wird. Es begann ein reger Austausch von Gedanken in Form meiner inneren Kommunikation. Eine Stimme in mir sagte, ich solle die Zeit für wichtigere Dinge verwenden. Ein anderer Teil stellte fest, dass mir viele ehemalige Studenten berichten, wie hilfreich das Wissen um die richtige Anwendung der Kommunikation ist. Solche oder ähnliche innere

Dialoge finden immer wieder statt und führen durch Bewerten und Abwägen zu Handlungsentscheidungen. Meine Stimme sagte dementsprechend: »Schreibe das Kapitel, denn es hat einen Nutzen.«

Es sind die erwähnten 16 cm, die uns motivieren, solche inneren Dialoge zu führen, und uns zudem erlauben, emotional nach außen zu kommunizieren. Hierbei entstehen Inhalte, die aus dem Bewussten oder Unbewussten abgeleitet und nachfolgend kommuniziert werden. Die bewusst berechnende Kommunikation hat das Potenzial, sowohl negativ wie auch positiv, beschreibend, aufklärend, persuasiv oder auch manipulativ zu sein. Immer ist sie jedoch subjektiv und meiner Erfahrung nach sowohl im inneren Dialog wie im Dialog mit anderen entsprechend beobachtbar.

Dabei werden Nachrichten gemäß dem klassischen Sender- und Empfänger-Prinzip enkodiert, durch ein Übertragungsmedium übermittelt und vom Empfänger dekodiert. Weiterführend können Störquellen, wie z.B. semantische Schwierigkeiten, intellektuelle oder interkulturelle Differenzen, wie auch unterschiedliche kognitive Fähigkeiten verzerrend Einfluss nehmen. Gleichermaßen kommen Generalisierungen, Verzerrungen der Sachverhalte und das Auslassen scheinbar unwichtiger Details zum Tragen. Kommunikation gestaltet sich demnach unglaublich komplex. In der Praxis zeigt sich, dass Kommunikation den Hebel für ein gelingendes Miteinander darstellt. Aus diesem Grunde bilden sich, durch die Kommunikationskompetenz von Führungskräften, sogenannte Kommunikationskulturen in den Unternehmen aus.

Kommunikation stellt den Hebel für ein gelingendes Miteinander dar.

Einer meiner Klienten, ich nenne ihn Herrn Schulte, berichtete über sein schlechtes Verhältnis zu einem seiner Angestellten, Herrn Müller. Dieser würde seit kurzem Fehler machen und aktuell großen Zeitaufwand für die Erledigungen seiner Aufgaben benötigen.

Auf meine Frage hin, warum der Mitarbeiter Fehler macht, gab Herr Schulte folgende Antwort: »Keine Ahnung. Es gibt klare Arbeitsanweisungen und Vorgaben, die mehr als eindeutig sind. Diese müssen von den Mitarbeitern entsprechend automatisch abgearbeitet werden. Vorgestern hat Herr Müller z. B. Rechnungen falsch gebucht. Als Chef muss ich dann agieren und somit habe ich Herrn Müller mit Nachdruck offengelegt, dass er schlampig arbeitet und solche Fehler nicht passieren dürfen. Er wollte etwas erwidern, aber ich habe das sofort unterbunden.«

Dieses Beispiel ist stellvertretend für leider zu häufig vorkommende Kommunikationskulturen in Unternehmen. Es scheint eine antiquierte Form der Kommunikation zu sein, dennoch wird mir in der Praxis häufig über ähnliche Vorfälle berichtet.

Was geschieht in solchen Situationen?

Im Modell einer Reiz-Reaktionskette lässt sich der Reiz in den auftretenden Fehlern verorten und die Reaktion geschieht direkt und offenbart die Kommunikationskompetenz des Vorgesetzten. Offensichtlich sind klare Regeln und Vorgaben gegeben und scheinen Herrn Schultes Führungsverantwortung zu substituieren. Die erkennbar defiziente Leistungsbewertung wird in dieser Art der Kommunikation deutlich. Die Frage, inwieweit Herr Schulte die 16 cm genutzt hat, ist sicherlich berechtigt. Ohne Handlungsalternativen berücksichtigt zu haben, nimmt Herr Schulte sogar unbewusst mögliche Opportunitätskosten in Kauf.

Was wären Handlungsalternativen und wie könnte die Kommunikation, sofern sie bewusst durchdacht ist, aussehen?

Betrachten wir denselben Sachverhalt und stellen uns eine andere Führungskraft, beispielsweise Frau Kluge, vor. In der Ausgangssituation unterlaufen Herrn Müller seit kurzer Zeit Fehler, wobei z. B. das Arbeitstempo nicht angemessen erscheint. Frau Kluge, die Vorgesetzte, würde diesbezüglich eine Abmahnung in Erwägung ziehen, reflektiert den Sachverhalt dennoch zunächst. Ihr mangelndes Wissen bezüglich der Hintergründe für das Auftreten der Fehler motiviert sie, das Gespräch mit Herrn Müller zu suchen. Sie beginnt wie folgt: »Guten Tag, Herr Müller, ich musste feststellen, dass Buchungen nicht korrekt erledigt wurden. Das hat mich irritiert und ich bin ein wenig verärgert. Wegen der Fehlbuchungen muss ich zurzeit unangenehme Gespräche mit unseren Kunden führen. In der Regel kenne ich Sie als zuverlässigen Mitarbeiter, schätze Sie sehr und kann mir diese Fehler nicht erklären. Würden Sie mir das bitte begreiflich machen? Vielleicht haben Sie darüber hinaus eine Idee für die zukünftige Vermeidung solcher Fehler?«

Herr Müller richtet sich ein wenig auf und antwortet: »Ja, Frau Kluge, ich glaube ich weiß, warum ich unkonzentriert gearbeitet habe. Mein bester Freund ist vor zwei Wochen überraschend gestorben. Ich fühlte mich mit der Situation sehr überfordert. Es geht mir aber bereits besser, da wir in den vergangenen Tagen im Familienkreis sehr viele gute Gespräche geführt haben. Mir wird es nun sicherlich gelingen, meine Aufgaben gewohnt konzentriert und sorgfältig zu erledigen.«

Frau Kluge erwiderte: »Es tut mir leid, Herr Müller, das erklärt die Situation. Mein aufrichtiges Mitgefühl. Es freut mich sehr, dass Sie die Trauer im Familienkreis gut bewältigen.«

Erkennen Sie den Unterschied der beiden Situationen?

Im Gegensatz zu Herrn Schulte ist Frau Kluges Art der Kommunikation wertschätzend und für beide Seiten stressfrei. Die gute Unternehmenskultur ist durch die Kommunikationsfähigkeit der Führungskraft gekennzeichnet. Frau Kluge hat innegehalten und nicht spontan reagiert, um die Ursache der Geschehnisse zunächst zu eruieren. Intelligente Kommunikation zeichnet sich durch Momente reflektierenden Schweigens aus.

> Intelligente Kommunikation zeichnet sich durch Momente reflektierenden Schweigens aus.

16 cm auf den Punkt gebracht:
Durch bewusstes Einordnen und Bewerten von Situationen erfolgt eine Kommunikation, die Informationsasymmetrien auflöst und ein neues Framing entstehen lassen kann. Bewusste und überlegte Kommunikation kann aversiv erlebte Beanspruchungen verhindern. Intrinsische Motivation und affektives Commitment sind die positiven Folgen.

Es kommt nicht darauf an, was du hörst oder wahrnimmst, sondern wie du es einordnest und kommunizierst.

Foto: Sünderhuse-Photographie

ANSGAR B. GOSLING, M.Sc, Dipl.-Ing.
Bewusste Kommunikation und die Macht der Wörter führen zu einem guten Miteinander.

Als Diplomingenieur und selbstständiger Unternehmer berät Ansgar B. Gosling diverse Entwicklungsabteilungen internationaler Automobilhersteller in messtechnischen Fragen und bietet adäquate Lösungen an. Als Wirtschaftspsychologe ist er in der akademischen Ausbildung von Führungskräften tätig und begleitet Unternehmen u. a. bei der Mitarbeiterführung in Change-Prozessen, der Unternehmenskommunikation sowie der Persönlichkeitsentwicklung. Kommunikation ist seine Passion. Ansgar B. Gosling macht die Welt dadurch angenehmer.

Dein Herz – der Führungskompass zu maximalem Erfolg im Business

Herzenssachen sind die Sachen, die wir gerne tun, es sind die Dinge, für die wir brennen. Wir alle kennen diese Freude, etwas von ganzem Herzen zu mögen und etwas mit Leidenschaft zu tun. Herzenssachen sind immer von Erfolg gekrönt.

Als Ehepartner, Eltern, Geschwister, Kinder kennen wir diese Dinge, die wir füreinander tun, bedingungslos und von ganzem Herzen. Es ist so selbstverständlich, das Herz innerhalb der Familie zu öffnen, und dafür werden wir vielfach belohnt. Die Resonanz eines liebevoll gemeinten Wortes ist erfüllend und gibt Kraft.

Haben Herzenssachen Raum im Business? Mit der Sprache der Liebe Zielvereinbarungen, Performance, Best Practice und Leistungskontrolle zum Ausdruck zu bringen, geht das? Passen Liebe und Business überhaupt zusammen?

Vor ca. zwei Jahrzehnten habe ich Führung zu meiner Herzenssache gemacht. Ich wollte den Beweis dafür antreten, dass Liebe und Business zusammengehören, auch in einer modernen Arbeitswelt 4.0.

Viel zu oft hatte ich bis dahin schlechte Führung, Autorität und Drohungen erlebt. Mal als stille Beobachterin von außen und ganz oft auch als Betroffene selbst, habe ich viel Schmerz erlebt. Heute frage ich mich, wie es sein durfte, dass ich damals mit 18 Jahren Führungskräften ausgeliefert war, die Drohungen, Bestrafungen und Erniedrigungen als Führungsstil verstanden. Die weiteren Gemeinheiten will ich hier gar nicht thematisieren, sie sind in meinem Unterbewusstsein zunehmend verblasst. Ich war nicht die Einzige, die diesen Schikanen und schmerzhaften Erlebnissen ausgesetzt war, und klar funktionierten alle andern und auch ich, klar gaben wir unser Bestes. Irgendwie schaffte ich es, jeden Tag aufs Neue Kraft zu schöpfen, ich hatte ja auch keine andere Wahl, so wie meine damaligen Kolleginnen ebenfalls. Fünf Jahre lang hatte ich Gelegenheit zu beobachten oder zu fühlen, wie Führungskräfte Träume, Selbstvertrauen und schließlich auch Leben zerstörten. Ohne jegliches Schuldgefühl ließen sie sich am Jahresende für ihre Erfolge feiern. Es war kaum möglich, Schlimmeres zu erleben, und trotzdem wusste ich, dass ich all das Schlimme überstehen würde und ich war fest entschlossen, zu kämpfen und einst die Botschaft der Liebe in die Businesswelt zu tragen.

Als Ehefrau und Mutter weiß ich, wie wichtig es ist, ein Kind liebevoll anzuleiten, Fehler zu verzeihen und achtsam miteinander umzugehen. Und es ist so einfach, die Dinge liebevoll zu sagen oder zu tun.

Warum sollte die Sprache des Herzens nicht auch im Business funktionieren? Meine Vision war es, dies zu beweisen. Ich sehe mich heute noch im Bewerbungsgespräch sitzend mit der Frage konfrontiert: »Sie bewerben sich auf eine Führungsstelle, können Sie Erfahrung nachweisen?« Auf diese Frage hatte ich mich bestens vorbereitet, viel Literatur hatte ich gewälzt von Blanchard, Hersey, Maslow, Herzberg u. a. und mit dem Wissen aus dem Studium, ich war gut informiert. Doch stattdessen meldete sich meine innere Stimme zu Wort, kraftvoll, ruhig und unbeirrt:

»Ja, ich habe jahrelang in der Führung die Sprache des Herzens und die Liebe zu Menschen vermisst und das werde ich als Führungskraft anders machen, ich werde den Mitarbeiter:innen mit einem offenen Herzen begegnen, sie fördern und wachsen lassen, damit das Unternehmen den bestmöglichen Erfolg erzielt.« Das Gremium schenkte mir sein Vertrauen, ich bekam den Job.

Erinnerst du dich an dieses Gefühl, es ist wie ein erster Schultag, wie eine erste wichtige Prüfung, es ist dieses erste Mal, wenn du es besonders gut machen willst.

Etliche Bücher hatte ich gelesen, weil ich mir meiner Sache nicht mehr so sicher war. Wie konnte ich mir anmaßen, zu glauben, dass ich es einfach so konnte, Menschen zu führen? Was würde sein, wenn ich abgelehnt werde? Da waren sie, die Zweifel, die mich für ein paar Augenblicke erfolgreich irreführten. Doch es gab auch die andere Stimme in mir, die viel stärker war. Sie forderte mich auf, meine Herzensaufgabe anzutreten.

Ich wusste um die Bedeutung des ersten Eindrucks. Was würde gleich in den ersten 100 Millisekunden passieren? Ich öffnete die Tür, 20 Menschen schauten mich an, ich sah 20 Gesichter, die einen voller Neugier, andere regungslos bis skeptisch, andere blickten ernst und ich merkte, dass mit jeder weiteren Sekunde meine Selbstzweifel sich wieder meldeten. Was machte ich da? Versuchte ich allen Ernstes herauszufinden, was 20 Menschen gerade von mir dachten?

In diesem Augenblick atmete ich tief durch, richtete meinen inneren Kompass aus, ging in Kontakt mit meinem Herzen und spürte, dass ich den Test bestanden hatte, 20 freundliche Augenpaare, etliche lächelnde Gesichter und viele freundliche Gesten.

Mache Führung zu deiner Herzenssache, indem du deinen inneren Kompass auf **LOVE** ausrichtest:

L – Liebe heißt, deinen Mitarbeiter:innen zu zeigen, dass sie dir am Herzen liegen. Jede:r Einzelne ist ein Unikat. Nimm dir Zeit für sie, höre ihnen zu, sei ihnen verbunden und lass sie in ihrer Persönlichkeit wachsen. Liebe bedeutet, jeden Weg gemeinsam zu gehen, es ist immer ein Weg zu Wachstum und Erfolg.

O – Orientierung ist wichtig, weil du der Leader bist. Sei da, wo du hingehörst. Nimm deine Stellung ein, gib Orientierung durch Klarheit und Sicherheit, damit sich dein menschliches Umfeld auf seine Stärken konzentrieren kann und die maximale Entfaltung erreicht.

V – Vertrauen ist der Antriebsmotor in jedem Unternehmen. Schenke Vertrauen und erhalte Dank, Anerkennung und Leistung. Wo Vertrauen herrscht, braucht es keine Kontrolle und der Erfolg stellt sich von alleine ein.

E – Empathie, die von Herzen kommt, dieses tiefe Verständnis füreinander, dieses Spüren, was dein Gegenüber braucht, die intrinsische Empathie, sie ist kraftvoll und verfehlt ihre Wirkung nie. Mitfühlen anstatt bewerten, verstehen anstatt verurteilen, liebevolles Zuhören anstatt verletzender Fragen, das ist Führung mit Herz. Kommuniziere empathisch und herzlich, dafür brauchst du keinen Schulz von Thun. Empathie im Business heißt, auf der Frequenz des Herzens zu bleiben. Empathie und Wertschätzung zu leben bedeutet, das Unmögliche möglich zu machen, auch im Business.

Wir alle stehen vor einer Transformation in der Arbeitswelt. Der Wandel hin zu einer Kultur des eigenverantwortlichen Handelns und agilen Arbeitens kann nicht Top-down angeordnet werden. Lass die Liebe zum Grundsatz deines unternehmerischen Handelns werden. Führung heißt, Verantwortung zu übernehmen und in Liebe zu dienen. Jedes Wort ist bedeutungsvoll und jedes Wort erzeugt bei deinem Gegenüber eine Wirkung. Es kommt nicht darauf an, was du zu deinen Mitarbeiter:innen sagst, es kommt darauf an, was sie hören. Führung heißt, mit der Sprache der Liebe, die Herzen der Mitarbeiter:innen zu gewinnen.

> Führung heißt, Verantwortung zu übernehmen und in Liebe zu dienen.

Richte deinen inneren Kompass auf Liebe aus und mache dein Herz zum CEO im Unternehmen. Führen heißt, Menschen zu lieben.

Foto: Axel Zajaczek

MARLENE SANDECKI

Wachstumsexpertin

35 Jahre Berufserfahrung, Führungskraft, Wirtschaftsexpertin, Coaching und Mediation – das ist mein Kompetenzprofil. Mein wahrer USP ist das Vertrauen in den Fluss des Lebens, der unerschütterliche Glaube daran, dass jeder Mensch alle seine Träume erreichen kann und die Fähigkeit, mit dem Herzen zu sehen.

Als ich mit 16 Mutter wurde, die beruflichen Ziele aufgeben? Nein, das war keine Option. Mit zwei weiteren Herzensmenschen an meiner Seite, einem kleinen und einem großen, folgte ich meiner Vision. Auf dem Weg zu deinem beruflichen Erfolg brauchst du Vertrauen, um dem Weg deines Herzens zu folgen. Dieser ist nicht immer geradlinig, aber zu 100 % richtig. Gern begleite ich dich dabei.

Website: https://marlene-sandecki.com

»Sich sein Leben zu vergolden, ist keine Frage des Alters«, sagt der Sonnenscheinmann

Mit 23 Jahren schrieb mir mein Coach auf meine Frage, ob ich noch zu jung sei für die Selbstständigkeit: »Lieber Herr Tornow, vielen Dank für Ihren Brief. Für uns Jüngere gilt: je jünger, desto flexibler. Andererseits gibt es keinen Altersunterschied, hinter dem man sich verstecken muss. Dieses Buch war für mich der Schlüssel. Es wird auch für Sie hochinteressant sein. Wenden Sie es an und behalten Sie es für sich. Ihr Eric Günther« (Karlsruhe, im August 1992).

Fast 30 Jahre später hat er recht behalten, denn das Buch *Alles ist erreichbar* von Raymond Hull war ein guter Wegweiser. Das andere Beispiel ist für mich Greta Silver, die sagt, dass die Zeitspanne von 60 bis 90 genau so groß ist wie die Zeitspanne von 30 bis 60 (Quelle: www.greator.com) und ich darf vermuten, mit der richtigen Lebenseinstellung genauso spannend.

Wie das Wort *Lebenseinstellung* schon richtig beschreibt: Die richtige Einstellung zum Leben – sich so einzustellen, wie es am besten passt – ist der Schlüssel zu einem erfüllten Leben.

Wie beim Sport – jeder kann und sollte sein eigenes Tempo wählen, sodass er sein Ziel erreicht.

11 Thesen und damit 11 Freunde, die dich interessanter machen und Networking und Eigenmarketing professionell gelingen lassen:

1. Dein Herz weiß mehr als dein Verstand
2. Ohne Ziele wird es nichts und das Leben ist langweilig
3. Sei Regisseur, nicht Nebendarsteller

4. Du hast kein Verfallsdatum
5. Gesundheit bringt Lebensfreude
6. Liebe und Freundschaft machen glücklich
7. Wer nicht auffällt, fällt weg
8. Ehrlich währt am längsten
9. Mit Danke und Bitte wirst du reich
10. Mit Toleranz wirst du unabhängig
11. Fehler sind erwünscht

Zum Beispiel: Wer nicht auffällt, fällt weg

Diese These fordert uns dazu auf, unser Leben in erster Linie für uns selbst interessant zu gestalten. Dass wir dann auch für unser Umfeld spannender werden, ist quasi ein Nebeneffekt. Man tut also etwas für sich und betreibt damit gleichzeitig sehr effektives Persönlichkeitsmarketing. Die persönliche Bilanz und die eigenen Träume führen zur intensiven Beschäftigung mit sich selbst. Welche Fähigkeiten habe ich? Was kann ich gut? Wovon erzähle ich gerne?

Diese Analyse ist nötig, um den Reichtum der eigenen Persönlichkeit würdigen zu können. Wem das gelingt, der strahlt dies auf andere aus.

Jeder Mensch ist also der Regisseur seines eigenen Lebensfilms. Er ist es also auch, der diesem Film die Spannung, seine Würze, seine Einzigartigkeit gibt.

Jeder Mensch ist also der Regisseur seines eigenen Lebensfilms.

Dies ist also unsere *Spannungsbilanz*. Natürlich wirkt sich das direkt auf die *Unterhaltungsbilanz* aus, also darauf, wie unterhaltsam ich für meine Familie, meine Freunde, meine Bekannten und meine Geschäftspartner bin. Sind andere gern in meiner Nähe, reden sie gern mit mir, unternehmen sie freudig etwas mit mir oder langweilen sie sich in meiner Gegenwart und beschränken den Kontakt auf das Nötigste? Kann ich eine positive *Unterhaltungsbilanz* ziehen, wird auch meine *Attraktivitätsbilanz* positiv ausfallen. Ergo: Interessante Menschen sind unterhaltend und attraktiv!

Ich habe die Networking-Pyramide entwickelt und für verschiedene Projekte genutzt und zuletzt als Experte für Photovoltaik angewendet.

Deswegen entwickelte ich die Networking-Pyramide und habe sie für verschiedene Projekte genutzt und zuletzt als Experte für Photovoltaik angewendet.

Zeit- und Geldeinsatz bilden die Spitze, die persönlichen und beruflichen Ziele die Basis. Darüber stehen unsere Fans und Unterstützer, das private und/oder geschäftliche Netzwerk, das wir langsam und stetig aufbauen mitsamt der Datenbank, die uns jederzeit aktualisierte Informationen über unser Netzwerk geben kann. Dies bedingt die regelmäßige Pflege und Aktualisierung, sodass wir jederzeit voll einsatzbereit auf unsere wertvollen Kontakte zugreifen können. Es ist wie bei dem zuletzt übriggebliebenen Weltwunder der Antike, den Pyramiden von Gizeh. Es kommt auf ein gutes Fundament an.

Ich bin der Sonnenscheinmann: Der Auslöser hierfür waren die im Rahmen meiner Kandidatur zum Oberbürgermeister meiner Heimatstadt aufgeworfenen Fragen und Herausforderungen im Bereich des Umweltschutzes, das Interesse der Menschen an alternativen Energien, die immer mehr an Wert gewinnen, und das alles finanzierbar.

Mein Wunsch, hier zu helfen, dabei zu sein und aktiv teilzunehmen, wenn die alten Energiequellen langfristig durch neue abgelöst werden. Die Sonne, die Kraft der Sonne und der wärmende Effekt haben mein Leben bereichert. Seither habe ich in elf Bundesländern Mitarbeiter für diese wertvolle Tätigkeit gewinnen können. Es werden mehr als eine Million Arbeitsplätze in dieser wachsenden Zukunftsbranche entstehen. Nicht nur nach einem Gespräch mit dem bekannten Zukunftsforscher Sven Gabór Jánszky wurde klar, dass Klimaschutz eines der ganz großen Themen ist.

Aber warum Photovoltaik?

Die Vision: Auf jedem zweiten Dach, ob privat oder auf Geschäftshäusern, wird eine Anlage installiert.

Sie bietet den Einstieg in die unabhängige Stromversorgung – so einfach wie möglich und so sauber wie möglich. Denn wird Sonnenlicht direkt in elektrische Energie umgewandelt, werden weder Treibhausgase noch Schadstoffe an die Umwelt abgegeben. Die Bilanz bleibt auch dann ausgezeichnet, wenn man den gesamten Lebenszyklus einer PV-Anlage betrachtet. Von der Rohstoffgewinnung über die Herstellung bis zum Recycling gibt eine PV-Anlage nur 50 Gramm CO_2 pro erzeugter Kilowattstunde in die Atmosphäre ab. Zum Vergleich: Ein Steinkohlekraftwerk stößt pro erzeugter Kilowattstunde 830 Gramm CO_2 aus, bei Braunkohle ist es mehr als ein Kilogramm.

Die Vision: Auf jedem zweiten Dach, ob privat oder auf Geschäftshäusern, wird eine Anlage installiert.

Wer sich also eine PV-Anlage auf das Dach bauen lässt, betreibt aktiven Klimaschutz. Eine PV-Anlage verbessert die eigene Klimabilanz also dramatisch. Das ist der Anfang für viele Produkte, denn Digitalisierung und KI werden viele Ideen zur Anwendung bringen.

Es ist keine Frage des Alters, sich sein Leben zu vergolden.
Resilienz und Spirit sind zwei Garanten eines bewussten Lebens – und natürlich jede Menge Lachen und Lebensfreude.

Das wünsche ich dir auch!
Herzlich, Karsten Tornow

KARSTEN TORNOW

Der Sonnenscheinmann

Am 31. Oktober, genau am 500. Jahrestag der Thesen Martin Luthers, brachte er in seinem Buch »Sonnenstrahleffekt« elf eigene Thesen des modernen Lebens heraus. Der Leistungssportler studierte Sport- und Freizeitpädagogik, wodurch er sein Vertriebstalent entdeckte und ins Management eines führenden Finanzdienstleisters in Europa eintrat. Dem Sport blieb er treu und gründete mit Prominenten, Hochleistungssportlern und Unternehmern »concept4sport e. V.« und die Initiative »Business Champion«, um das Thema Sportsponsoring für den Sport und die Unternehmen zu professionalisieren. Unterhaltsame Vorträge für Structogram® und Triogram® gehören auch zum Profil des Experten für Finanzfragen und Photovoltaik.

Denn dein Hund ist Familie

Hunde sind einfach etwas Wunderbares: Sie kritisieren dich nicht, wenn die Waage wieder ein Kilo zu viel anzeigt. Sie haben nichts an deiner Kleidung oder Frisur auszusetzen. Sie geben etwas, was wir Menschen uns ganz tief in unserem Inneren so sehr wünschen: Sie lieben uns bedingungslos – so, wie wir sind, ohne Wenn und Aber. Nicht ohne Grund gelten sie als »der beste Freund des Menschen« und für viele Hundehalter sind sie ganz einfach ein vierbeiniges Familienmitglied.

Ich hoffe, dass Du ist ok? Falls wir uns irgendwann einmal kennenlernen sollten, können wir uns ggfs. ja wieder siezen! ☺

Wenn du dir einen Hund zulegen möchtest oder vielleicht auch schon länger einen Hund hast, dann gibt es eine ganze Reihe von Herausforderungen und Fragen, die dich umtreiben könnten, z. B. wie viel Bewegung ihm guttut und mit welcher Art von Bewegung du deinen Vierbeiner unterstützen kannst, um bestimmte Krankheiten zu vermeiden.

> Wenn du dir einen Hund zulegen möchtest oder vielleicht auch schon länger einen Hund hast, dann gibt es eine ganze Reihe von Herausforderungen und Fragen, die dich umtreiben könnten.

Deinen Welpen kannst du z. B. fördern, indem du ihm ganz unterschiedliche Untergründe anbietest, wie Kies, Erde, Waldboden, Gras, Sand, Fußmatten, Gitter, eine immer mal anders aufgepumpte Luftmatratze, eine Yogamatte, soweit möglich und vorhanden. Unterschiedliche Untergründe tun natürlich auch deinem erwachsenen Vierbeiner gut.

Besonders junge Hunde, bei denen sich die Gelenke noch nicht gefestigt haben, profitieren u. a. davon, dass sie möglichst wenige abrupte Stopps durchlaufen.

Mehr zu diesen Themen findest du in meinem Buch »Zweisam mit Hund«: Ein Ratgeber für Hundeanfänger, der auch »alten Hasen« das ein oder andere Aha-Erlebnis bescheren kann:

- Die perfiden Tricks illegaler Welpenhändler
- Die beliebtesten Hunderassen und ihre Krankheiten
- Rassehund oder Mischlingshund?
- Woran erkennst du einen guten Züchter?
- Wie unterstützt du deinen Welpen optimal?
- Was kann dich in der Pubertät deines Hundes erwarten?
- Wie erleichterst du einem Hund aus dem Tierschutz den Start in sein zweites Leben?
- Wie kann dein Hund Vertrauen zu dir aufbauen und wie kannst du das Verhältnis zu ihm noch weiter verbessern?
- Wie schaffst du es, dass sich dein Vierbeiner sozusagen »auf Kommando« entspannt?
- Verstehe deinen Hund: Das 1 × 1 der Körpersprache
- Zeckenalarm: Risiken und Nebenwirkungen herkömmlicher Mittel und wirksame Alternativen
- Etwa 80 % aller Wurmkuren werden umsonst verabreicht: Was kann das für deinen Hund bedeuten?
- Was ist sinnvoller: Geschirr oder Halsband?
- Wie wird der Tierarztbesuch zum Vergnügen?
- Wie reduzierst du die Risiken für eine HD, einen Bandscheibenvorfall oder eine Arthrose beim Hund?
- Hund und Kind: Dos and Don'ts
- Wie gewöhnst du deinen Hund stressfrei ans Autofahren?
- Gewitterangst und Silvesterstress: Was kannst du für die Prophylaxe tun?
- Wie werden Begegnungen mit anderen Hunden entspannt?
- Lieblingskollege Hund: So startet ihr erfolgreich in den Büroalltag!
- u.v.m.

Ein häufiger Trennungsgrund vom Hund, also wenn der eigene Hund ins Tierheim abgegeben wird, ist der Stress mit Nachbarn und dem Vermieter, wenn z.B. eine Räumungsklage droht, weil der Vierbeiner die ganze Zeit, in der er allein ist, heult, jault oder bellt. Wie kannst du es vermeiden, dass dein Hund massiven Stress erleidet, wenn du nicht zu Hause bist?

Wie kannst du es vermeiden, dass dein Hund massiven Stress erleidet, wenn du nicht zu Hause bist?

Vielleicht kannst du deinen Vierbeiner ja auch ins Büro mitnehmen. Doch auch wenn dein Chef damit einverstanden ist: Eventuell hat der eine Kollege Angst vor Hunden oder der andere eine Hundehaarallergie. Es lohnt sich also, sich das Thema mit dem Stress und der Angst, die dein Hund empfindet, sobald er allein ist, einmal näher anzusehen. Mehr dazu im Buch »Zweisam mit Hund«.

Schauen wir uns außerdem noch mal kurz die Gründe für Beißvorfälle an: In den Medien werden sie häufig so dargestellt, dass ein bisher völlig unauffälliger, lieber Hund auf einmal, wie aus dem Nichts und ohne jegliche Vorwarnung, zu einer reißenden Bestie mutiert ist.

Doch schaut man sich einmal näher an, was im Vorfeld passiert ist, dann gibt es in den allermeisten Fällen eine Vorgeschichte und in der geht es um die falsch oder gar nicht verstandene Körpersprache unserer Vierbeiner.

Von Beißvorfällen sind in erster Linie Kinder betroffen und fast doppelt so häufig sind es Jungen. Was also ist im Vorfeld passiert? Was für Warnsignale gibt es? Was kannst du mit deinen Kindern tun, damit es zu einem Beißvorfall eben nicht kommt?

Auf all das und noch sehr viel mehr geht »Zweisam mit Hund« ein. Bestellen kannst du das Buch bei Amazon bzw. du wirst über meine Internetseite zu Amazon weitergeleitet: https://www.canes-sani.de/ratgeber/. Um das E-Book lesen zu können, benötigst du übrigens nicht mal einen Kindle, ein Smartphone oder Tablet tut es auch.

Wenn du diesen Text liest, gibt es das Buch aber womöglich bereits als Taschenbuch.

Wenn dich Hundethemen insgesamt interessieren, dann ist ja vielleicht auch einer der in meinem Profil genannten oder einer der folgenden Ratgeber etwas für dich:

- Spielzeug für Hunde – Womit kann dein vierbeiniges Familienmitglied seine liebsten Hunde-Hobbys mit Genuss, Spaß und Abenteuer ausleben?
- Best Ager auf 4 Pfoten – Wie verlangsamst du Alterungsprozesse, reduzierst Risiken für Arthrose, Herzprobleme, Inkontinenz und hältst deinen Hund lange fit?*

Du hättest gern noch individuelle Unterstützung von mir als Hundeheilpraktikerin und / oder Physiotherapeutin? Sehr, sehr gern. Ganz besonders, wenn einer der folgenden Punkte auf deinen Hund zutrifft, bin ich die passende Ansprechpartnerin für dich:

- Du gehst zu deinem Tierarzt und er behandelt, doch das Problem tritt wieder auf?
- Deinem Hund geht es nicht gut, dein Tierarzt untersucht, doch die Diagnose lautet, dass dein Hund kerngesund ist?
- Dein Hund erhält lediglich ein Schmerzmittel wegen seiner Arthrose und sonst passiert nichts? Du hättest gern Tipps, mit welchen Übungen du deinem Hund helfen kannst?

* Dieses Buch erscheint im Sommer 2021 und beinhaltet viele Tipps und Übungen, mit denen du das Risiko für eine Arthrose sowie für viele andere Erkrankungen senken kannst. Es ersetzt selbstverständlich nicht den Gang zum Tierarzt, Hundephysiotherapeuten oder Tierheilpraktiker und ist in erster Linie für die Hundebesitzer gedacht, deren frühere Hunde leidvolle Erfahrungen mit Arthrose, einer HD (Hüftgelenksdysplasie), einem Bandscheibenvorfall oder anderen Erkrankungen gemacht haben und die es bei ihrem jetzigen Hund anders machen wollen.

Du kannst über folgenden Link Kontakt zu mir aufnehmen: https://www.canes-sani.de/lass-uns-reden/. Bitte beantworte vorab einige Fragen, damit ich deinen Hund schon ein kleines bisschen kennenlernen und mich besser auf unser Gespräch vorbereiten kann.

Deine Gaby

GABY ENGELBART

Denn dein Hund ist Familie

Mit ca. zehn Jahren Erfahrung als Hundeheilpraktikerin und -physiotherapeutin spiegelt sich die Expertise von Gaby Engelbart u. a. in folgenden Ratgebern wider:

- Gewitterangst und Silvesterstress – So kannst du die Geräuschangst deines Hundes erfolgreich in den Griff bekommen und in Gewitternächten endlich wieder richtig gut schlafen.
- Zweisam mit Hund – Gegen soziale Kälte in Zeiten von Corona.
- Kastration und Gesundheit beim Hund – Antworten zu häufigen Irrtümern.
- Hunde impfen – Was ist zu wenig und was ist zu viel?
- Und weitere

Einzigartig erfolgreich

Vom schüchternen Mädchen zur selbstbewussten Powerfrau

Business Coachin, Mutter und eine echte Powerfrau – wer mich heute sieht, wird kaum glauben, dass ich früher extrem schüchtern und zurückhaltend war. Ich hatte null Selbstbewusstsein und konnte mich lange Zeit nicht so annehmen, wie ich wirklich war.

Heute habe ich mein Business fest im Blick und unterstütze Solopreneure mit ihrer Einzigartigkeit selbstbewusst sichtbar zu werden.

Ein Wendepunkt, der alles in meinem Leben veränderte

Ich weiß es noch, als wäre es gestern gewesen: Ich hatte zur dritten Stunde Schule und bin gerade in den Bus eingestiegen, als mein Handy klingelte. Meine Schwester war am Telefon und sie hat so geweint. In dem Moment ist mir schlecht geworden und die Tränen stiegen mir in die Augen, weil ich wusste, was sie sagen wollte, weil ich wusste, was passiert ist, ohne dass sie nur ein einziges Wort sagen musste. Mein Papa war 39 Jahre jung, als er sich entschied, sein Leben zu beenden.

Der Suizid meines Vaters im Jahr 2012 hat mich vor viele Herausforderungen gestellt. Ich konnte es am Anfang nicht richtig realisieren. Ich war traurig, wütend und ich hatte Angst, was noch auf uns als Familie zukommen wird. Und gleichzeitig war es mein großer Wendepunkt. Ich habe angefangen zu hinterfragen, statt alles nur hinzunehmen. Ich wollte mich nicht mehr verstecken. Ich wollte mehr aus meinem Leben

Keine Situation ist aussichtslos.

machen. Und ich wusste: Keine Situation ist aussichtslos. Ich kann es schaffen.

Durchbruch durch Ausdauer und Zielstrebigkeit

Nach meiner Fachhochschulreife wollte ich das Studium zum Bachelor of Laws machen. Der Suizid meines Vaters mitten in den Abschlussprüfungen meiner Fachhochschulreife führte dazu, dass ich mich notentechnisch verschlechterte und ich die Voraussetzungen nicht mehr erfüllt habe. Mein Ziel habe ich dennoch nicht aus den Augen verloren. Ich schmiedete den Plan, erst mal die zweijährige Ausbildung im mittleren Dienst zur Finanzwirtin zu machen und anschließend durch gute Leistungen in der Ausbildung die Chance auf das Studium zu bekommen. Genau so habe ich es umgesetzt. Meine Einstellung, die mich auf dem Weg begleitet hat: Aufgeben ist keine Option.

> Aufgeben ist keine Option.

Eine Erkenntnis, die mir eine neue Chance gegeben hat

Der nächste große Tiefpunkt: Burnout mit gerade mal 25 Jahren. Obwohl ich gemerkt habe, dass es gesundheitlich immer weiter bergab geht, konnte ich nicht die Notbremse ziehen. Ich wollte meine Kollegen und Mitarbeiter nicht im Stich lassen. Ich habe so lange funktioniert, bis mein Körper mir deutlich ein STOPP-Signal gesendet hat. Die Folge: mehrere Monate krankgeschrieben. Meine Erkenntnis: Ich bin der wichtigste Mensch in meinem Leben und nur wenn es mir gut geht, kann ich auch für andere da sein.

> Ich bin der wichtigste Mensch in meinem Leben und nur wenn es mir gut geht, kann ich auch für andere da sein.

Die Erkenntnis führte mich zu mehr Klarheit. Ich wusste plötzlich ganz genau, was ich möchte. Ich möchte etwas bewegen und voranbringen und keine starren, unflexiblen Strukturen, die keinerlei Veränderung zulassen. So kam es dazu, dass ich im Jahr 2018 die Ausbildung zur Systemischen Business Coachin begonnen habe, mit dem Ziel, mich selbstständig zu machen. Ab hier hat meine persönliche Transformation in ein erfülltes, glückliches und selbstbestimmtes Leben begonnen.

Endlich selbstständig?!

Auf meinem Weg in die Selbstständigkeit hatte ich viele Herausforderungen zu meistern. Mehrere erfolglose Versuche, eine Selbstständigkeit aufzubauen, hatte ich hinter mir, bevor es funktioniert hat.

Jede Herausforderung hat mir die Chance gegeben, noch besser zu werden. Die wohl größte Herausforderung für mich war, dass ich mich durch Selbstzweifel, fehlende Klarheit und meine zurückhaltende Art lange Zeit nicht in die Sichtbarkeit getraut habe. Die Folge: keine Kunden und somit auch keinen Umsatz.

> Jede Herausforderung hat mir die Chance gegeben, noch besser zu werden.

Was mir persönlich geholfen hat? Ich habe Verantwortung für mich und mein Leben übernommen und neue Entscheidungen getroffen.

Meine 3 größten Gamechanger

1. Neue positive Glaubenssätze
2. Unterstützung von Experten
3. Strategien und Strukturen

So habe ich es geschafft meine Selbstzweifel abzulegen, Klarheit zu schaffen und mich in die Sichtbarkeit getraut.

1) Neue positive Glaubenssätze

Als ich verstanden hatte, dass meine mentale Einstellung der entscheidende Erfolgsfaktor ist, änderte sich alles. Mir wurde bewusst, dass mich immer wieder die gleichen Glaubenssätze blockierten, klein hielten und ich letztendlich im gleichen Trott weitergemacht habe. Um endlich den Teufelskreis zu durchbrechen, suchte ich im Internet nach Lösungen. Ich besuchte Seminare und ließ mich coachen.

Die Transformation meiner negativen Glaubenssätze in positive Glaubenssätze war mein absoluter Durchbruch. Endlich konnte ich meine Blockaden und Selbstzweifel loslassen.

Ich war so begeistert davon, was die Transformation bewirkt hat, dass ich anschließend selbst mehrere Techniken in meiner Ausbildung zum Systemischen Business Coach und auf Seminaren gelernt habe, um Glaubenssätze schnell, effektiv und nachhaltig aufzulösen.

2) Unterstützung von einem Experten

Ich besuchte verschiedene Seminare, arbeitete diverse Onlinekurse durch und holte mir immer wieder Unterstützung von einem Experten. Selbstlernkurse ohne persönliche Begleitung haben mich persönlich immer wieder vor Herausforderungen gestellt und mich scheitern lassen, da ich einfach noch nicht so weit war. Dagegen war die Unterstützung durch einen Experten unglaublich wertvoll für mich, da es mich in kürzester Zeit an mein Ziel gebracht hat. Jeder Mensch ist individuell und muss an einer anderen Stelle abgeholt werden. Deshalb bevorzuge ich vor allem die 1:1-Zusammenarbeit oder die Arbeit in kleinen Gruppen, in denen trotzdem noch individuell auf die unterschiedlichen Teilnehmer:innen eingegangen werden kann.

> Jeder Mensch ist individuell und muss an einer anderen Stelle abgeholt werden.

3) Strategien und Strukturen

Ganz schön anstrengend und mühsam. Das war meine Einstellung zu Strategien und Strukturen. Lange Zeit dachte ich, dass ich schneller und effektiver bin, wenn ich direkt loslege, ohne einen konkreten Plan oder eine Strategie zu haben. Immer wieder bin ich gescheitert.

Es ist wichtig, Strategien und Strukturen zu etablieren, um ein erfolgreiches und nachhaltiges Business aufzubauen.

Ich habe schnell den Überblick verloren und wusste nicht, welcher Schritt jetzt am sinnvollsten ist, um effektiv voranzukommen. Mein Learning: Es ist wichtig, Strategien und Strukturen in meinem Business zu etablieren, um ein erfolgreiches und nachhaltiges Business aufzubauen. So kam es, dass ich eigene Strategien und Strukturen entwickelte und dadurch viel produktiver war und meine Ziele schneller erreicht habe.

Du möchtest noch mehr Tipps haben?

Dann habe ich was ganz Besonderes für dich. Exklusiv für Leser dieses Buches habe ich »Meine 10 besten Sichtbarkeitsstrategien« in einer PDF zusammengefasst. Sichere dir jetzt die 10 besten Sichtbarkeitsstrategien, die dein Business sofort bekannter machen, unter www.jacqueline-strecker.de/sichtbarkeitsstrategien

Foto: Uwe Klössing | werdewelt berlin

JACQUELINE STRECKER

Expertin für einzigartige Sichtbarkeit
ehrlich einzigartig | echt erfolgreich

Ausgebildete Systemische Business Coachin und zertifizierte Reiss Motivation Profile Masterin, bekannt aus dem Personal Branding Magazin, Mama aus Leidenschaft, unzählige Frauen in 1:1-Coachings im Businesskontext erfolgreich begleitet – das ist Jacqueline Strecker. Sie begleitet selbstständige Frauen zu einem einzigartig erfolgreichen Business. Mit ihrer SES-Methode und dem »Einzigartigkeitsprofil« hat sie ein System entwickelt, das Solopreneuren hilft, ihre Einzigartigkeit zu entdecken und mit ihrer Expertise selbstbewusst sichtbar zu werden. Jacquelines Mission ist es, Frauen zu motivieren, einzigartig zu denken, selbstbewusst zu handeln und mit ihrem Herzensbusiness sichtbar zu werden.

Wahre Schönheit kommt von IHNEN

Wie Arbeitgeber ihre Attraktivität ohne zusätzliche Kosten erhöhen und dadurch leichter neue Mitarbeiter finden

Mal angenommen, Sie wären auf Partnersuche. Dann hätten Sie heutzutage sicher auch ein Online-Profil auf einer oder mehreren Datingseiten, weil das Ihre Chance auf einen neuen Partner oder eine neue Partnerin erhöht. Wie würde Ihr Profil wohl aussehen? Hätten Sie die besten Fotos rausgesucht, die Sie haben? Würden Sie möglichst viel über sich schreiben? Würden Sie all das, was Sie besonders macht, zur Geltung kommen lassen, um möglichst genau das passende Gegenüber anzuziehen? Oder würde Ihr Profil so aussehen: kein Foto, keine Infos, kein Text über Sie. Dafür aber jede Menge Anforderungen und Vorgaben, was der Partner oder die Partnerin alles können, haben und mitbringen muss und wie er oder sie auszusehen hat.

Das wäre verrückt, das so zu machen, sagen Sie? Da haben Sie recht! Noch verrückter ist allerdings, dass es bei vielen Firmen, die neue Mitarbeiter suchen, genauso gemacht wird. Dabei ist dieser Markt durch den Fachkräftemangel noch schwieriger geworden als die Partnersuche. Für viele mittelständische Unternehmen ist das sogar ein existenzbedrohendes Problem! Und: Wir verbringen im Laufe unseres Lebens mehr Zeit auf der Arbeit als mit dem Partner oder der Partnerin. Da sollten wir uns als Arbeitgeber deutlich mehr Mühe geben, um den oder die »Richtige(n)« zu finden.

Als Experte für Arbeitgeberattraktivität und für Digitalisierung liebe ich den Einsatz von Technik, um mehr Bewerber zu generieren. Wobei es mir bei all der Liebe zur Automatisierung ein großes

Anliegen ist, immer wieder die menschliche Komponente einzubringen. Zum Beispiel durch persönliche Videobotschaften. Aber: Bevor Sie beginnen, Geld für Tools und Technik auszugeben, sollten Sie erst mal die Dinge tun, die Sie kein Geld, sondern nur etwas Zeit kosten. Das Ganze beginnt mit einer Selbstbetrachtung und einer Bestandsaufnahme.

1. Ihre Geschichte

Was macht Sie als Arbeitgeber attraktiv und interessant? Wofür sind Sie persönlich angetreten? Wofür halten Sie den ganzen Unternehmerwahnsinn aus? Haben Sie die Firma von Ihrem Großvater übernommen? Ist es eine uralte Familientradition? Oder ist es Ihr Forscherdrang, der Sie zum Unternehmer gemacht hat? Wollen Sie dazu beitragen, die Welt ein bisschen besser zu machen? Wofür steht Ihr Unternehmen? Wofür wollen Sie am Arbeitsmarkt bekannt werden? Welchen Sinn können Sie Ihren Mitarbeitern bieten? Der Wunsch nach einer sinnstiftenden Tätigkeit ist nach aktuellen Umfragen heute größer als je zuvor. Wer motivierte Mitarbeiter will, muss Sinn bieten. Das ist das Gebot der Stunde.

Wer motivierte Mitarbeiter will, muss Sinn bieten.

Das bedeutet aber nicht, dass Sie jetzt Ihren Firmenzweck ändern und zu einem zweiten Greenpeace werden müssen. Sinn kann auf vielfältige Weise gefunden werden. Das kann auch ein karitatives Firmenprojekt sein, das Sie unterstützen und das bei mehr Unternehmenserfolg mehr Unterstützung erhält. In Berlin gibt es eine Sanitär- und Heizungsfirma, die es sich auf ihre Fahnen geschrieben hat, mit ihren Lösungen die Erderwärmung auf unter zwei Grad zu begrenzen. Was könnte das bei Ihnen sein?

2. Ihre Mitarbeiter

Was ist der Grund, warum Ihre Mitarbeiter bei Ihnen arbeiten? Warum haben die noch nicht gekündigt? Was zeichnet Ihre Firma aus Sicht der Mitarbeiter aus? Empfehlen Ihre Mitarbeiter Sie im Freundeskreis als potenziellen Arbeitgeber weiter? Was sind Ihre Mitarbeiter für Sie? Eine »menschliche Ressource«? Oder sind es Kollegen und Partner, die Ihnen dabei helfen, ein erfolgreiches Unternehmen zu führen? Eine Mitarbeiterbefragung können Sie jederzeit selbst durchführen. Oder Sie nutzen externe Dienstleister, um noch ehrlichere Antworten zu erhalten. Wenn Sie wissen wollen, was Ihre Mitarbeiter im Internet über Sie sagen, dann schauen Sie auf www.kununu.com nach. Wenn Sie Pech haben, haben sich dort bislang nur unzufriedene Ex-Mitarbeiter geäußert. Das sollten Sie ändern, da sich die meisten Ihrer potenziellen Bewerber diese Bewertungen anschauen.

3. Ihre Sichtbarkeit

Der erste Kontakt ist fast immer online. Spätestens wenn Ihr Firmenname in einem persönlichen Gespräch gefallen ist, wird nach Ihnen gegoogelt. Wie sieht Ihr Onlineauftritt aus? Gerade heute gilt mehr denn je: Es gibt keine zweite Chance für den ersten Eindruck. Das gilt besonders für Arbeitgeber. Steht Ihr persönliches »Warum« auf Ihrer Karriereseite? Ist dort ein kurzes Video von Ihnen, in dem Sie die potenziellen Bewerber begrüßen und etwas über sich, über Ihre Geschichte und Ihr Unternehmen erzählen? Als kleiner oder mittelständischer Unternehmer haben Sie die Möglichkeit, eine Karte auszuspielen, die die großen Konzerne nicht haben: Ihre Persönlichkeit. Denn Menschen arbeiten für Menschen. Wenn Sie an Babynahrung denken, woran denken Sie dann zuerst? Genau: an Klaus Hipp. Denn der

Es gibt keine zweite Chance für den ersten Eindruck.

sagt schon seit Jahrzehnten vor der Kamera: »Und dafür stehe ich mit meinem Namen.« Das Ganze ist so erfolgreich, dass mittlerweile sein Sohn Stefan diesen Satz übernommen hat. Um Videos zu machen, benötigen Sie keine teure Ausrüstung und Sie müssen auch nicht gleich ein Filmteam engagieren. Mit einem aktuellen Smartphone drehen Sie erstklassige Videos. Nur für den Ton sollten Sie sich ein gutes Mikro ausleihen oder kaufen. Das kostet nicht viel und lohnt sich auf jeden Fall. Auch um Referenzvideos mit Ihren Mitarbeitern zu drehen. Denn die sind besonders wertvoll und zahlen voll ein auf die Karte »soziale Bewährtheit«. Und es ist natürlich noch wirkungsvoller, wenn andere etwas Gutes über Sie erzählen.

Menschen arbeiten für Menschen.

Bei der Wahl der Fotos für Ihre Karriereseite sollten Sie auf keinen Fall auf gekaufte Stockfotos zurückgreifen. Das wäre in etwa so, als wenn Sie in Ihrem Datingprofil ein Foto von Brad Pitt oder Angelina Jolie benutzten. Irgendwann kommt es zu einem Treffen und dann ist die Enttäuschung groß. Nutzen Sie stattdessen echte Fotos von echten Mitarbeitern und von Ihnen. Das schafft Vertrauen und es ist auch gut für Gehirn und Unterbewusstsein. Wir lieben es einfach, Gesichter anzuschauen.

Fazit

Wenn Sie diese drei einfachen Dinge umsetzen, stehen Ihre Chancen schon deutlich besser, das richtige Personal zu finden. Sie heben sich von Ihren Mitbewerbern ab und müssen dafür nicht einmal Geld ausgeben.

Wenn Sie Ihre Position noch weiter verbessern wollen, bietet Ihnen die Digitalisierung noch viele weitere spannende Möglichkeiten, Ihre Arbeitgeberattraktivität sichtbar zu machen. Ich wünsche Ihnen viel Erfolg bei der Mitarbeitersuche!

Foto: Andreas Gebert

NIELS KAKIES

Experte für Arbeitgeber-Attraktivität

Holen Sie sich hier Ihren kostenlosen Videokurs zur Steigerung der Arbeitgeber-Attraktivität: https://unternehmer-konzepte.de/attraktivitaet/

Oder einfach QR-Code scannen:

Mit seinem Wissensdurst und seiner permanenten Weiterbildung verkörpert Niels Kakies das »lebenslange Lernen« wie kaum ein anderer und stellt seinen Unternehmerkunden immer die neuesten Erkenntnisse und digitalen Werkzeuge zur Verfügung. Er verknüpft das Beste aus der Digitalisierung und Automatisierung mit einer persönlichen Note. Seine Vision: Dass der Mittelstand endlich wieder das Personal bekommt, das er verdient.

Kreativ und herzlich mit einem Auge fürs Detail – das ist Niels Kakies. Er macht die unentdeckten Qualitäten der Unternehmen sichtbar, um den Personalmangel ein für alle Mal zu beenden.

Der Verkäufer, der niemals schläft

Wie man seinem Unternehmen mit einem eigenen WooCommerce Onlineshop zu neuen Umsatzrekorden verhilft. Inklusive 9 Experten-Tipps!

Die Überschrift erinnert zugegebenermaßen an das berühmte Gerät, das in Imbissbuden eigenständig Dönerfleisch abschneidet (Wer es nicht kennt: »Der Gerät«).

Aber so weit hergeholt ist dieser Vergleich gar nicht, denn auch ein eigener Onlineshop kann dir deine Arbeit in gewisser Weise erleichtern, wenn nicht sogar fast gänzlich abnehmen. Denn Fakt ist, ein Onlineshop kann dir 24 Stunden am Tag Umsatz generieren und das 7 Tage in der Woche.

> Denn Fakt ist, ein Onlineshop kann dir 24 Stunden am Tag Umsatz generieren und das 7 Tage in der Woche.

Doch es gibt noch eine Vielzahl weiterer Vorteile, die ein Onlineshop mit sich bringt. Zum einen bringt er dir ganz klassisch betrachtet einen weiteren Vertriebskanal, für den du, verglichen mit einem stationären Ladenlokal, kaum Fixkosten (Miete, Strom und Personalkosten) stemmen musst. Zum anderen wäre da die Neukundengewinnung, die du so auf ein ganz anderes Level anheben kannst, denn die Reichweite ist dank Social Media nahezu unerschöpflich. Hinzu kommt ein entscheidender Vorteil: Nämlich die Bequemlichkeit der potenziellen Kunden. Es gibt nichts Komfortableres als von zu Hause aus Dinge zu bestellen, die einem dann ohne großes Dazutun direkt an die Haustüre geliefert werden. Auch die Bezahlmöglichkeiten sind heutzutage so vielfältig, dass es für kaum jemanden eine Hürde darstellt.

Doch warum nun gerade WooCommerce als Onlineshop-Software?

WooCommerce ist im Gegensatz zu geschlossenen Systemen wie z. B. Shopify nahezu unlimitiert erweiterbar. An dieser Stelle möchte ich direkt anmerken, dass ich Shopify und alle anderen namhaften geschlossenen Systeme keinesfalls abwerten möchte, denn auch sie haben auf jeden Fall ihre Daseinsberechtigung und erfüllen ihren Zweck.

Das bedeutet nicht weniger, als dass man eine bestehende Webseite mal eben um einen Shop erweitern kann.

Aber da ich mich als WooCommerce-Experte positioniert habe, bevorzuge ich natürlich dieses System. Zudem ist WooCommerce eine Erweiterung des beliebtesten Content Management Systems (CMS) WordPress. Das bedeutet nicht weniger, als dass man eine bestehende Webseite mal eben um einen Shop erweitern kann. Ist das nicht genial?

Darüber hinaus hast du die Macht über den kompletten Shop, d. h. du kannst so gut wie alles erweitern oder anpassen. Durch die sehr große Community gibt es für die meisten Anwendungsfälle in der Regel schon eine Lösung. Sollte das Problem so speziell sein, dass es noch keine Lösung dafür gibt, kannst du einen Entwickler mit einbeziehen. Er kann die für dich passende Lösung programmieren und der Shop kann anschließend problemlos um die gewünschte Funktion erweitert werden.

Hier nun die versprochenen 9 Expertentipps!

Schneller Checkout: Mach es deinen Kunden so einfach wie möglich. Hol dir dafür Inspiration bei den großen Onlineshops! Biete unbedingt moderne Zahlungsmittel an, auch wenn du sie vielleicht selbst nicht nutzt, PayPal, Apple Pay, Google Pay etc. Biete unbedingt einen Express-Checkout direkt von der Produktseite an, bei dem bestenfalls die Adressdaten automatisch ausgefüllt werden.

Vertrauen schaffen: Nimm etwas Geld in die Hand und kaufe dir Siegel. Trusted Shops ist ein super Beispiel dafür, ebenso wie Trust Pilot oder ProvenExpert. Du musst die Auswahl der Siegel eben auf deine Branche abstimmen.

Kundenmeinungen: Sind in den meisten Fällen gleichzusetzen mit Produkt- und Servicebewertungen und immens wichtig für dich und deinen Onlineshop. Nahezu jeder liest sich heutzutage ein paar Bewertungen von anderen Kunden durch oder schaut sich zumindest die Sternebewertungen an, bevor er ein neues Produkt kauft bzw. einen neuen Shop ausprobiert. Sei den potenziellen Neukunden einen Schritt voraus und stelle freiwillig echte Kundenmeinungen auf deiner Landingpage zur Schau. Wenn du noch keine Kundenmeinungen hast, bitte Freunde und Familie, dir welche zu schreiben, denn sie werden dein großartiges Produkt ja sicherlich kennen.

Versandkosten und Retouren: Aufgrund der Versandkosten scheitert bei vielen Kunden der Bestellvorgang. Also setze lieber deine Produktpreise etwas hoch und schenke den Kunden am besten immer oder wenigstens ab einer bestimmten Bestellsumme die Kosten für den Versand und mögliche Rücksendungen. Ebenso solltest du ein reibungsloses Retourenmanagement haben und den Kunden das Geld sehr schnell rückerstatten. Sei großzügig, was Produktersatz angeht, denn nur ein zufriedener Kunde wird dich weiterempfehlen, wieder bei dir bestellen und dir eine positive Rezension schreiben. Das ist in den meisten Fällen mehr wert als der Wareneinsatz für das Produkt.

Abo-Modelle anbieten: Amazon macht es vor, Verbrauchsgüter werden in regelmäßigen Abständen geliefert, ohne dass der Kunde aktiv werden muss. Klappt in fast allen Branchen, man muss nur etwas kreativ werden. Ein sehr kreatives Beispiel dafür ist, Gartenpflege im Abo zu verkaufen.

Bundles anbieten: Fasse deine Einzelprodukte zu Produkt-Sets zusammen und lasse dadurch den Kunden sparen. Startersets kommen erfahrungsgemäß sehr gut an, damit der Kunde in deine Produktwelt eintauchen kann. Zudem wird dem Kunden die Entscheidung abgenommen, welche Produkte er für eine bestimmte Situation wählen soll. Beispiele für Bundles sind: Starterset, Monatsbox, 4 für 3 Aktion, Bestseller Box etc.

Aktionen: Entgegen der Meinung, dass E-Mail-Marketing tot sei, kann ich dir aus eigener Erfahrung sagen, es funktioniert nach wie vor hervorragend. Aktionen sollten immer in einem angemessenen Rahmen stattfinden, da deine Kunden sonst nur noch während der Aktionen kaufen. Setze dir einen Zeitplan, wie oft und wann du deine Aktionen durchführen willst. Nutze zum Beispiel besondere Anlässe wie Feiertage oder Black Friday.

Cross-Sells / Up-Sells: Amazon macht es in Perfektion vor: »Kunden, die dieses Produkt gekauft haben, kauften auch«. Passende Produkte werden den Kunden im Warenkorb vorgeschlagen und schmackhaft gemacht. Damit kannst du mit wenig Aufwand und ohne Zusatzkosten den Warenkorbwert der Kunden erhöhen. Das Pendant zu Cross-Sells sind die Up-Sells (natürlich auch kombinierbar), die den Kunden »Pakete« schmackhaft machen. Beispielweise werden während des Bezahlvorgangs Produkt-Bundles oder Sets angeboten, die sowohl das ausgewählte Produkt beinhalten können, aber eben auch weitere Produkte für einen geringeren Gesamtpreis. Natürlich lässt sich das Beispiel nicht auf jede Branche übertragen, aber das Prinzip auf jeden Fall.

Facebook- & Instagram-Shops: Verbinde unbedingt deinen Onlineshop mit Facebook und Instagram, um deine Produkte kostenlos auf Facebook und Instagram zu listen. So entsteht automatisch dein eigener Facebook- oder Instagram-Shop. Dies bietet die perfekte

Grundlage, um Influencer-Kooperationen einzugehen. Die Influencer können deine Produkte, die sie in ihren Storys oder Posts bewerben, direkt verlinken und bieten dir somit weiteren Traffic.

Wenn meine Experten-Tipps grundsätzlich interessant für dich sind und du noch mehr über das Thema Onlineshops / WooCommerce erfahren möchtest, dann kontaktiere mich ganz unverbindlich unter www.deeprojects.de/buch.

Foto: Doubletvisuals

DENNIS DRZOSGA

Mehr Umsatz mit deinem eigenen Onlineshop

Dennis Drzosga ist Gründer und Inhaber der Agentur deeprojects. Mit den bereits mehrfach getesteten Methoden des Performance-Marketings unterstützt er Unternehmen effektiv dabei, ihre Onlineshops zu optimieren und zu skalieren. Somit generieren die Unternehmen mehr Umsatz im Bereich E-Commerce.

Seine Kunden profitieren durch seine langjährige Erfahrung, welche er zudem durch verschiedene Zertifikate bestätigt hat. Mit seiner offenen und ehrlichen Art geht er für seine Kunden immer die Extra-Meile.

Gerne würde er auch dich dabei unterstützen, dein Business auf das nächste Level zu heben. Denn in jedem Unternehmen gibt es Potenzial, das noch nicht genutzt wird.

Nutze dieses Potenzial und gewinne so systematisch und gewinnmaximierend neue Kunden für dich und dein Business mit deinem eigenen Onlineshop!

Lebst du schon oder optimierst du noch?

Raus aus der Selbstoptimierungsfalle

Kennst du das auch: »Höher, schneller, weiter« ist das Mantra unserer schnelllebigen Zeit. Ständige Optimierung im Professionellen wie Privaten ist eine Grundhaltung. Selbsthilfebücher versprechen dir den besten Weg zur Effektivität. Zahllose Angebote zu Achtsamkeit und Meditation konkurrieren um Kunden und Geld. Die Idee der Achtsamkeit erscheint heute nur noch verzerrt als Mosaikstein der Selbstoptimierung. Dabei liegt deren Ursprung in der buddhistischen Tradition und soll einen Weg zu innerer Sammlung, Freiheit und Gelassenheit zeigen.

Druck zu Selbstoptimierung anstelle der inneren Freude an der eigenen Entwicklung.

In meiner langjährigen Erfahrung als Berater, Coach und Therapeut merke ich bei meinen Klienten verstärkt, dass anstelle der inneren Freude an der eigenen Entwicklung der Druck zu Selbstoptimierung im Hintergrund pulsiert. Der Wunsch nach Veränderung hin zu einem erfolgreichen und erfüllten Leben orientiert sich mehr an äußeren Zwängen als an der eigenen inneren Bereitschaft und Motivation.

Mit diesem Anspruch bleiben wir unruhig. Die Botschaft, die beim Zwang zur Selbstoptimierung ständig mitschwingt, lautet: »Ich bin nicht gut genug.« Diese Überzeugung gesellt sich dann neben deine »inneren Antreiber« auf die Couch und schaut dir dann genüsslich beim Abstrampeln für eine bessere Zukunft zu.

Beim Anspruch der Selbstoptimierung besteht die Tendenz, die Methode der Meditation dafür zu nutzen, sich noch besser und geschickter aufzustellen, maximale Effizienz zu erreichen, ein perfekter Mitarbeiter oder erfolgreicher Chef zu werden oder dem Konkurrenten überlegen zu sein – ergänzt durch App-gesteuerte Sportprogramme, Power-Diäten und Brain-Foods.

Das Problem hierbei: Optimierung wird schnell ein Zeichen des Mangels; sie verlangt immer nach dem »Mehr«. Noch eine Technik, noch ein Buch, noch ein Programm. Wir geraten in die »Wenn-Dann«-Falle: Erst wenn ich A, B oder C gemeistert habe, dann ist es optimal und das Leben kann beginnen. Du vernachlässigst das Ernten der Erfolge und jagst irgendeiner Zukunft hinterher. Das Resultat sind oft Gefühle der Unzulänglichkeit, Angst, Verwirrung und Scham. Schnell kommt es zu Überforderung und Erschöpfung. Die Selbstoptimierungsfalle ist perfekt.

Die Selbstoptimierungsfalle ist perfekt.

Sich den eigenen Herausforderungen mutig zu stellen und den Autopilot-Modus des alltäglichen Hamsterrads zu erkennen und zu verlassen, bedeutet meist, den eigenen »Schwachstellen« ins Gesicht zu schauen. Hierfür brauchst du einen klärenden Blick, um sich den häufig aus der Kindheit gespeisten inneren Hindernissen zu stellen und ihnen mutig entgegenzutreten – mit dem Ziel, das eigene Leben positiver zu gestalten.

Dieser Prozess darf langsam gehen, in individuell ertragbaren Dosen, am besten mit einem ordentlichen Schuss Humor und zunehmender Leichtigkeit. Wir alle haben dabei unser eigenes Tempo und unsere eigene Geschichte und brauchen daher auch unseren eigenen Weg. Um das gut auszuhalten und schrittweise, selbstbestimmt, kompetent und freudvoll zu lernen, gibt es viele Methoden aus der Psychologie. Sie unterstützen, Bewusstsein für das eigene Handeln, Denken und Fühlen zu entwickeln: z. B. die Transaktionsanalyse nach Eric Berne oder das »Innere Team« nach Schulz von Thun. Diese Modelle helfen in der Beratung als Verstehens- und Erklärungsansätze. Wo sonst die Energie ins Stocken gerät, machen sie die jeweiligen Muster und Gewohnheiten greifbar, Konflikte werden erlebbar bzw. provozieren diese sogar.

Willst du dich diesem Entwicklungsprozess stellen und zunehmend mehr innere Freiheit und Unabhängigkeit erlangen, brauchst du neben deiner mentalen Stärke auch eine Portion Mitgefühl mit dir selbst und die Geduld, dass sich Dinge entwickeln dürfen. Dann heißt es: sowohl liebevoll als auch entschlossen zu bleiben.

Neben Gefährten auf dem Weg bedarf es geschickter Mittel und Methoden, um das Abenteuer Leben zu meistern. Achtsamkeit und Meditation sind Werkzeuge, um den Geist zu trainieren und das Gelernte zu integrieren. Wir lernen dadurch zu unterscheiden, was im Inneren passiert und was im Außen erscheint und worauf wir eher automatisch und unbewusst im Alltag reagieren: Plötzlich ergibt ein Wort das andere und blitzartig schwimmen wir im Sog der Gefühle und Gedanken von Ungerechtigkeit und Bewertungen oder greifen nach Recht und Ordnung. Erst im Labor der Meditation entdecken wir jenes Auf und Ab der Gedankenspiele sowie den emotionalen Strudel, der uns unerwartet schnell in die Tiefen des negativen Denkens hineinziehen und uns aus dem ersehnten Glück hinauskatapultieren kann. Einer Studie des American Science Institutes zufolge denken wir durchschnittlich 60.000 Gedanken täglich, »davon sind nur 3 % auf Positives ausgerichtet«, sagt dazu der Neurowissenschaftler Rick Hanson.

Achtsamkeit und Meditation sind Werkzeuge, um den Geist zu trainieren und das Gelernte zu integrieren.

Lernen wir, unseren Geist als »Forschungsobjekt« im Meditationslabor zu beobachten, entdecken wir vermutlich Gedanken und Gefühle wie Langeweile, Unruhe, Sorgen, Ängste usw. Du erkennst aber auch, dass kaum noch Bestand hat, was dir eben noch als stabil und ewig im Geist erschien.

Wenn ich mich in der Meditation achtsam darin übe und auf den Atem konzentriere, wie ich ein- und wieder ausatme, dann erlebe ich automatisch das Wandern meiner Gedanken. Im Labor der Meditation kann ich die verschiedensten Gedanken und Gefühle betrachten und durchziehen lassen, aber auch Gelassenheit entwickeln von Moment zu Moment. Dadurch entsteht mehr Sicherheit und Vertrauen in uns und in das Werkzeug selbst.

Durch das automatisierte »Alles-bewerten-Wollen« trennen wir die Dinge in »angenehm« oder »unangenehm« oder spalten sie in »haben wollen« und »nicht haben wollen«. Mithilfe der inneren Sammlung und Konzentration, die wir in der Übung schulen, erhöhen wir die Chance, aus den üblichen Reiz-Reaktions-Mustern auszusteigen. Durch die Konzentration auf eine Sache entsteht Energie und Freude. Du erfährst, wie sich Entspannung, Stressfreiheit, ja sogar Gelassenheit wirklich anfühlen. Ganz direkt. In unserem Geist entdecken wir dann den Unterschied zwischen dem wirklichen Erleben, der puren eigenen Erfahrung und dem einfach »nur« Gedachten. Das ist so, als wenn du jemandem den Geschmack von Zucker erklären willst, der noch nie Zucker gekostet hat. Es bleibt so lange unmöglich, bis er Zucker probiert hat. So verhält es sich auch mit dem Geschmack der Achtsamkeitsmeditation.

Wenn du dich in Meditation und Achtsamkeit übst, wirst du entdecken, dass du viel schneller deinen dich bewertenden Geist einfängst; du lernst deutlich zu spüren, was dir wirklich wichtig ist, welche Motive dich in welche Richtung deines Handelns bewegen. Dadurch entsteht mehr Kraft darin, deine eigenen Ziele fokussiert zu verfolgen, innere Hindernisse durch Selbstzweifel zu erkennen und zu überwinden. Das Gedankenkreisen in Stresssituationen lässt deutlich nach und du kannst besser ein- und durchschlafen. Du lernst, der Welt mit mehr Gelassenheit entgegenzutreten. Du wirst körperlich und geistig gesunden. Arbeit, Familie und Beziehungen gewinnen ihre eigentliche tiefe Bedeutung.

Durch Meditation und Achtsamkeit entsteht mehr Kraft darin, deine eigenen Ziele fokussiert zu verfolgen, innere Hindernisse durch Selbstzweifel zu erkennen und zu überwinden.

Zur Vertiefung des Themas schicke ich dir gerne kostenfrei den »Innere Antreiber«-Test oder ein Video zum Thema. Schick mir gerne eine Mail an info@hr-coaching.com

Foto: Ben Brünner / JustNow!-Production

HERBERT RUDZINSKI

Mit Klarheit und Gelassenheit durch Zeiten der Veränderung

Der Dipl.-Psychologe, Psychodrama-Therapeut und Psychotherapeut hat über 25 Jahre intensive Erfahrungen in Achtsamkeit und Meditation.

Als Business-Coach schätzen ihn seine Mandanten für sein Einfühlungsvermögen, Fachwissen, seine Strategie und seinen Humor.

Seine Biografie ist bunt wie das Leben: gelernter Schneider, Chef eines Berliner Modelabels, Clubmanager im Berlin der 90er und Berater in Berliner und Hamburger PR- und Werbeagenturen. Trotz vier großer Tumor-OPs ist er voller Passion für das Leben und die stete Entwicklung.

Deutschland, Land der verhinderten Eigentümer

Das Recht auf ein eigenes Heim

Die Politik hat das Thema Wohneigentumsförderung aus dem Blick verloren. Deutschland steht mit einer Wohneigentumsquote von lediglich rund 45 Prozent an vorletzter Stelle in Europa. Das hat Konsequenzen für die gefühlte Sicherheit der Bürger und für die innere Sicherheit des Landes.

Die Politik ignoriert seit Jahrzehnten, dass fast zwei Drittel aller Deutschen gern in den eigenen vier Wänden leben würden. Dafür engagiert sich die Politik sehr für den Mieterschutz und lässt Spekulationen von internationalen Immobilieninvestoren zu, die zu Lasten der Mieter gehen.

Ich bin seit fast 30 Jahren als Maklerin für Wohneigentum im hochpreisigen Südwesten Berlins tätig. Ich vermittele mit großer Freude und Erfolg Wohnungen und Häuser und zusätzlich bin ich ehrenamtlich, politisch und sozial tätig. Das ist für mich eine Frage der Menschlichkeit.

Wenn ich sehe, wie häufig Familien mit Kindern, Paare und Singles sehr hohe Mieten zahlen, aber vor einer langfristigen Ratenverpflichtung zurückschrecken, frage ich mich, woran das liegt. Da jeder Mensch ein Dach über dem Kopf braucht, muss er entweder Miete zahlen (das Geld ist dann weg) oder er erwirbt Eigentum, nimmt dafür in den allermeisten Fällen einen Kredit auf und zahlt diesen ab. Also noch mal: Warum schrecken so viele Menschen davor zurück? Und was kann die Politik machen, um mehr Menschen den Traum vom Eigenheim zu ermöglichen?

Selbstnutzer, die in der eigenen Immobilie leben, sind mittel-

und langfristig finanziell deutlich bessergestellt als Mieter. Eigentümer haben nicht zuletzt durch ein ausgeprägtes Sparverhalten durchschnittlich mehr als achtmal so viel Nettovermögen wie ein Mieterhaushalt. Das durchschnittliche Vermögen von Wohneigentümern beträgt nach Angaben des Statistischen Bundesamtes 330.000 Euro, das von Mietern 40.000 Euro.

Es ist vollkommen in Ordnung, Mieter bleiben zu wollen. Aber Mieter bleiben zu müssen, weil das nötige Eigenkapital fehlt, das sollte bald der Vergangenheit angehören.

Es ist vollkommen in Ordnung, Mieter bleiben zu wollen. Aber Mieter bleiben zu müssen, weil das nötige Eigenkapital fehlt, das sollte bald der Vergangenheit angehören.

Natürlich gibt es Möglichkeiten, beim Immobilienerwerb vom Staat gefördert zu werden, aber nur knapp ein Drittel der potentiellen Immobilienkäufer informieren sich darüber. Dabei kann heute der Wunsch vom Eigenheim auch ohne großes Eigenkapital in Erfüllung gehen – durch die richtige Förderung. In Zeiten niedriger Immobilienkreditzinsen sind Wohnimmobilien erschwinglicher, als viele denken.

Es gibt einen Mix an Fördermaßnahmen wie KfW-Kreditprogramme, Wohnungsbauprämien und länderspezifische Förderungen. Doch davon bräuchten wir mehr: Diese bestehenden Förderinstrumente reichen nicht aus, sie müssten so ausgeweitet werden, dass es nicht am fehlenden Eigenkapital scheitert, mit der Finanzierung einer kleinen Immobilie anzufangen. Im Lauf des Lebens kann aus dieser ja noch eine größere Immobile werden. Langfristiges Denken kann schon bei jungen Leuten angeregt werden – wobei mir als Mutter zweier junger Erwachsener klar ist, dass der Begriff »Altersvorsorge« als Motivation dafür nicht reicht.

Wenn die Eltern zur Miete wohnen, dann können sich die heranwachsenden Kinder allerdings oft gar nicht vorstellen, es selbst anders zu machen. Dieses Thema (und der Umgang mit Geld generell) sollte in der Schule einen wichtigen Stellenwert erhalten: Zinsrechnen lernen alle Schüler – doch ein praxisnahes Beispiel für die Finanzierung einer kleinen Eigentumswohnung unter Zuhilfenahme von Fördermöglichkeiten gibt es in keiner Jahrgangsstufe.

Es ist wichtig, dass wir jungen Erwachsenen und Familien Mut machen, selbst Verantwortung für ihr Geld zu übernehmen, um sich ihren Lifestyle auch in ferner Zukunft leisten zu können (Altersvorsorge). Speziell in Berlin wird auch politischer Konsens benötigt, das Wohneigentum nicht nur zu akzeptieren ist, sondern bewusst und gezielt gefördert werden muss.

Wohneigentum ist nicht nur eine kapitalgebundene Altersvorsorge, die meist im Laufe der Zeit an Wert gewinnt. Eine Wohnimmobilie ist auch kein Verbrauchsgut. Sie ist ein Raum für individuelle Entfaltung, ein persönlicher Rückzugsraum und auch ein Stück Heimat. Wohneigentum schafft gerade in unsicheren Zeiten das, was wir am meisten benötigen: Geborgenheit in einem sicheren Zuhause.

Das Wohnen in den eigenen vier Wänden ist aus meiner Erfahrung der beste Schutz, um nicht ungewollt aus der Wohnung vertrieben zu werden, und stärkt den gesellschaftlichen Zusammenhalt.

Das Wohnen in den eigenen vier Wänden ist aus meiner Erfahrung der beste Schutz, um nicht ungewollt aus der Wohnung vertrieben zu werden, und stärkt den gesellschaftlichen Zusammenhalt. Menschen, die sich mit ihrem Wohnumfeld, wir Berliner sagen dazu »Kiez«, verbunden fühlen, engagieren sich sozial auch mehr. Sie interessieren sich für den Erhalt des Umfelds und ein freundliches Miteinander.

Was wir konkret verändern müssen: Der deutsche Staat erhebt hohe Grunderwerbsteuern. Diese betragen je nach Bundesland 3,5 bis 6,5 Prozent des Kaufpreises und verteuern die Immobilien dadurch beträchtlich. Doch seit 2006 wurde die Grunderwerbsteuer von zahlreichen Bundesländern erhöht, insgesamt 28 Mal. Für Eigennutzer gibt es zudem keine Möglichkeiten, die Hypothekenzinsen steuerlich abzusetzen.

Deutschland gilt als das Land der Sparer in Europa. Leider haben sich die Bedingungen für Sparer geändert. Der anhaltende Prozess der Geldentwertung, der sich durch allgemeine Preiserhöhungen immer stärker bemerkbar macht, führt inzwischen sogar zu Negativzinsen für Bankguthaben. In solchen Zeiten lohnt es sich umso mehr, über Maßnahmen nachzudenken, die das Eigenkapital fördern. Statt in Sparbücher und Lebensversicherungen zu investieren, wo das Geld weniger wird, werden Aktienfonds oder Bundesschatzbriefe empfohlen. Wem das zu riskant ist, der könnte wie die Norweger in einen Staatsfond investieren. Der norwegische Staat investiert treuhänderisch in einen Fond aus Aktien, Anleihen und Immobilien zur Absicherung für die Bürger und er zeigt, wie der Bürger auch im Kollektiv erfolgreich investieren kann. Hier braucht der wertkonservative Deutsche ein Umdenken: Gerade mal 30 Prozent der Deutschen sind am Aktienmarkt aktiv.

Die Politik könnte durch flankierende Maßnahmen Eigentum fördern: Das nötige Eigenkapital kann auch durch Bausparverträge generiert werden oder durch eine unterstützende Bankbürgschaft des Staates ersetzt werden. Die staatlichen Sonderprogramme wie KfW-Mittel erleichtern bereits heute eine Finanzierung. Aber diese müssen ausgeweitet werden. Hilfreich wäre hier auch, Formalitäten erheblich zu vereinfachen.

Jeder hat schon immer das Recht auf ein eigenes Heim.

Jeder hat schon immer das Recht auf ein eigenes Heim.

Ein System, das Wohneigentum fördert, kann sich neben dem Mieterschutz und dem sozialen Wohnungsbau etablieren – sodass die Bürger eine echte Wahl haben. So, wie es bereits kostenlos Rentenberater und Energieberater gibt, könnte der Staat auch kostenlose und bankenunabhängige Eigenheimberatung anbieten – die komplexen Bestimmungen durchdringt ein Laie nur mühsam.

Ich setze mich dafür ein, dass jeder Bürger, der möchte, eine reale Chance hat, Wohneigentum zu erwerben.

Deutschland wäre dann das Land der zufriedenen Eigentümer.

Christine Mögling, Mai 2021

Foto: Hoffotografen Berlin

CHRISTINE MÖGLING

Mein Name ist Christine Mögling und ich bin geboren und aufgewachsen in Berlin. Seit meinem Studium an der TU Berlin bin ich Diplom-Kauffrau und in der Immobilienwirtschaft tätig. Seit fast 30 Jahren vermittele ich sehr erfolgreich hochwertige Immobilien im Südwesten der Stadt.

Ich bin stellvertretende Vorsitzende im Immobilienverband Deutschland IVD Berlin-Brandenburg und engagiere mich zusätzlich in Wirtschaftsverbänden. Ich bin Mitglied im Ausschuss für Bau- und Immobilienwirtschaft der IHK Berlin. Ebenfalls arbeite ich in verschiedenen Gremien und Vorständen der CDU mit.

Ich bin Gründungsmitglied des Lions Club Berlin – Sophie Charlotte und setze mich für das Wohl der Berliner Kinder ein.

Wie Wunder wahr werden

Brauchst du gerade ein Wunder? Oder sogar mehrere in verschiedenen Lebensbereichen? Wie soll das Wunder denn aussehen? Und was ist eigentlich ein Wunder für dich?

Im Allgemeinen gilt als Wunder ein Ereignis, dessen Zustandekommen man sich nicht erklären kann, welches aber »genau im richtigen Moment« auftaucht. Im wissenschaftlichen Sinn versteht man darunter »ein Ereignis in Raum und Zeit, das menschlicher Vernunft und Erfahrung und den Gesetzmäßigkeiten der Natur scheinbar oder tatsächlich widerspricht«. Um dies jeweilig zu überprüfen, wäre es hilfreich, die Naturgesetze zu kennen. Wenn man dann noch die etymologische Bedeutung (den Wortstamm) des Wortes »Wunder« betrachtet, kommen wir auch der spirituellen Ebene sehr nahe. Denn im Althochdeutschen findet sich hierzu das Wort »Wuntar« und dieses ist wiederum verwandt mit den Bezeichnungen für »verlangen« oder »wünschen«. Alles zusammen genommen, könnte das auf einen guten Leitfaden zur Manifestation von Wundern hindeuten.

Wenn da nicht ab und an ein kleiner Verhinderer am Werke wäre …

Unser Unterbewusstsein. Sicherheitsliebend bietet es den Wundern in unserem Leben seine Stirn, so gut es kann. Und das ist gut so! Denn was oberflächlich wie eine wundervolle Lösung erscheint, könnte sich im Falle der Erfüllung als wenig hilfreich bis katastrophal erweisen, wenn der Wünschende noch nicht »reif« ist, mit dem erfüllten Wunsch zurechtzukommen. Die Geschichten von Lottogewinnern sind hinreichend

Was wie eine wundervolle Lösung erscheint, könnte sich im Falle der Erfüllung als wenig hilfreich bis katastrophal erweisen, wenn der Wünschende noch nicht »reif« ist.

bekannt, die ein Jahr nach Erhalt des Megagewinns oft sehr viel schlechter dran sind, weil sie mit einem »1500 EUR-Bewusstsein« und den plötzlich auftauchenden 15 Millionen völlig überfordert waren.

Mal ehrlich. Machst du dir wirklich Gedanken, was denn wäre, wenn sich deine Wünsche tatsächlich erfüllen würden? Wärst du so weit, mit dem Paradies umzugehen und dich darin sicher hin und her zu bewegen, wenn es sich plötzlich vor dir auftun würde? Oder ist es vielleicht sogar bereits da, doch du empfindest es derzeit eher als »Hölle«, weil deine angstvollen Gedanken lieber eine eher bekannte Wirklichkeit aufrechterhalten möchten. Was übrigens normal ist, da wir mit dem, was wir kennen, besser umgehen können. Wir haben ja lang und oft genug geübt. Aber Wunder sind eben nicht normal und »die Wirklichkeit« gibt es nicht, denn sie ist subjektive Ansichtssache. Um ein Wunder zu erkennen, braucht es also eine Blickwinkeltransformation. Ist diese noch nicht im Gange, bleibt das Wunder außer Sicht. Die Wundererkennung ist natürlich um einiges zäher, je unsicherer und angsterfüllter der potenzielle Empfänger ist.

Um ein Wunder zu erkennen, braucht es also eine Blickwinkeltransformation.

Dabei könnte es ganz einfach sein. Denn es gibt einen Schlüssel. Und dieser ist wiederum in uns selbst verborgen. Er liegt im Kästchen unseres Verstandes, direkt neben unserem Bewertungsportfolio, das wir beiseite legen müssten, um den Zugang zur Weisheit unseres Herzens zu bekommen. Rational betrachtet, sind Wunder etwas Außergewöhnliches. Doch tief in uns »wissen« wir auch, dass Wunder etwas ganz Natürliches sind. Nicht skalier- oder bewertbar sind sie einfach ein Ausdruck von Liebe und Dankbarkeit.

Vielleicht wäre es also schon ein erster Schritt in der Meisterschaft der Manifestation von Wundern, wenn wir erkennen würden, dass schon eine kleine, liebevolle Verschiebung der eigenen Wahrnehmung dazu führen kann, dass ein Wunder sichtbar wird. Eines, das schon lange da war – unerkannt!

Und der nächste Schritt könnte dann eine aufmerksame, dankbare Haltung sein. Denn das Resonanzgesetz (eines der Gesetze der Natur) sagt, dass sich das vermehrt, wohin die Aufmerksamkeit gerichtet ist. Ein Anfang wäre, jeden Morgen und Abend damit zu verbringen, dankbar zu sein, für die Wunder, die schon in deinem Leben sichtbar wurden. Und um die Aufmerksamkeit wirklich zu bündeln, hilft es vielleicht, dies jeden Tag in eine Liste zu schreiben. Das ist dir alles zu kompliziert und zu anstrengend? Dann frage ich dich: Bist du wirklich schon bereit für dein Wunder?

Was meinst du, wie mühsam es erst sein wird, 15 Millionen zu verwalten. Selbstverantwortlich versteht sich – denn das ist ein wichtiger Grundsatz von Langzeitmillionären. Dale Carnegie, Napoleon Hill und Co haben ausgezeichnete Bücher darüber geschrieben.

Authentizität ist ein weiterer wichtiger Bestandteil zur Manifestation von Wundern.

Und dann bitte noch daran denken, am Ende der Wunderliste ein echtes »Danke« darunter zu setzen. Authentizität ist ein weiterer wichtiger Bestandteil zur Manifestation von Wundern. Dazu gehört auch, sich mit seinen blockierenden Glaubenssätzen und sabotierenden Überzeugungen auseinanderzusetzen. Ich denke, das ist der schwerste Teil, denn wer beschäftigt sich schon gerne mit unangenehmen Dingen. Auch hier hilft wieder das Aufschreiben. Durch die Beschreibung des »Problems« wird sichtbar, wo man vielleicht an der eigenen Verantwortlichkeit arbeiten darf. Oder wo man aufgeben kann, was gar nicht zu einem gehört. Und meist zeigen sich beim Ausarbeiten bereits wundervolle Lösungsansätze, die man beim kreiselnden Durchdenken des Themas einfach nicht wahrgenommen hat. Übersehen ist menschlich. Fehler machen auch.

Es wird Zeit, sich in Vergebung zu üben.

Der nächste Punkt des persönlichen Wunderworkshops. Vergeben heißt dabei nicht, Dinge herunterzuspielen oder als »ungeschehen« umzudeklarieren. Vergebung bedeutet lediglich, die jeweilige Verantwortung wieder dorthin zu »vergeben« – zurückzugeben –, wo sie hingehört. Es ist wichtig, die Verantwortung an den Verursacher zurückzugeben und dort wertfrei sein zu lassen. Denn er hat sich selbst damit auseinanderzusetzen – bewusst oder unbewusst. Auch hier wird das Resonanzgesetz irgendwann für Ausgleich sorgen. Ebenso wichtig ist jedoch die Anerkenntnis des Teils der Selbstverantwortung. Ob man das Geschehene auf irgendeiner Ebene zugelassen oder sich für lange Zeit gedanklich an die Wunde geklammert hat, weil man das Wunder der Hilfe nicht annehmen wollte. Allein der letzte Satz ist sicher eine Herausforderung – aus der gedanklichen Komfortzone.

Auch hier ist die Auseinandersetzung (am besten wieder schriftlich) mit dem Geschehenen eine starke Methode, anderen und sich selbst zu vergeben und somit die Verantwortung für die Bereiche des Lebens zu übernehmen, die wirklich zu einem gehören. Mit dieser Klärung macht man das Feld frei für vollen Wunderempfang. Denn es kann sehr befreiend wirken, einen Vergebungszettel im See zu versenken oder diesen sich in den Flammen eines kraftvollen Lagerfeuers auflösen zu sehen. Sich selbst dabei als Beobachter und versunken in Achtsamkeit sein lassend. Womit sich der letzte Teil des »Wunderlehrgangs« beschreiben lässt.

Achtsamkeit will wohl geübt sein!

Und das ist in einer Zeit wie dieser gar nicht so einfach. Abgelenkt durch iPads, -Pods, -Phones und -Clouds sehen wir vor lauter Wolken den Himmel nicht. Diese Metapher hinkt vielleicht ein bisschen, doch ist es eine Tatsache, dass wir verlernt haben, in die Stille einzutauchen, zu beobachten und mit allen Sinnen wahrzunehmen, was um uns herum geschieht. Die Manifestation von Wundern folgt der achtsamen Aufmerksamkeit. So übersehen wir offensichtliche Hinweise auf machbare Wege zum dringend herbeigesehnten Wunder, die sich täglich direkt vor unserer Nase abspielen. Doch wir sind einfach zu beschäftigt und abgelenkt, sie zu erkennen. Dabei gehören Achtsamkeit und Aufmerksamkeit zusammen, denn

Die Manifestation von Wundern folgt der achtsamen Aufmerksamkeit.

wie wir schon »gelernt« haben, folgt die Manifestation achtsamer Aufmerksamkeit.

So gesehen scheint die Wunscherfüllung ein Leichtes zu sein. Einfach ab und an mal alles Ablenkende ausschalten und still sein. Denn schließlich hat jeder seinen eigenen freien Willen – und den gilt es zu nutzen. Dann liegt die Erfüllung unserer Wünsche in unserer Hand und so manches Wunder geschieht im Handumdrehen.

In diesem Sinne wünsche ich dir auch heute wieder einen wundervollen Tag.

Foto: Myriam Brunner

CLAUDIA SIEBER BETHKE

Als Autorin, Künstlerin und Impulsgeberin begleitet sie seit mehr als zwanzig Jahren Menschen in herausfordernden Lebensphasen, ihre Leidenschaft und ihren Sinn (wieder) zu erfahren, anzunehmen und freizusetzen. Durch ihre Passion des Geschichten-Erzählens veranschaulicht sie komplexe innere Sachverhalte in kürzester Zeit und lädt mit gezielten Denkanstößen zu einem Perspektivwandel auf die eigene Biografie ein. Dabei schöpft sie aus anerkannten Ausbildungen in den Bereichen Rechtswissenschaft und Kommunikation, Bewusstsein und Hypnose, Coaching und Psychologie.

www.claudiasieberbethke.com

Der Lösung ist das Problem egal!

Waaas? Echt jetzt?

Stell Dir vor, dass Dir in naher Zukunft völlig fremde Menschen z.B. an einer Tankstelle oder im Supermarkt Geld zustecken. Oder Dir jemand sein schmuckes Haus, das vielleicht in Bad Tölz direkt an der Isar steht, schenkt! Und das nicht, weil Du vielleicht aussiehst wie ein Penner, sondern weil Du weißt, wie Du die genauen Mechanismen, die dies möglich machen, kennst und ganz einfach anwendest! Danach wirst Du die richtigen Gewinne aus der Los-Trommel ziehen können.

Warum erhalten Menschen, die dieses Geheimnis nutzen, innerhalb weniger Monate Zigtausende von Euro auf ihr Bankkonto gespült? Warum kommen plötzlich die richtigen Beziehungen zustande oder die Gesundheit verbessert sich auf dramatische Weise?

Was ist das für ein Geheimnis, dass Du für dich gewinnbringend einsetzen kannst? Was sind das für Beispiele, die Du gerade gelesen hast? Alles Begebenheiten, die ich aus erster Hand persönlich erlebt habe!

Oh, Du liest weiter? Gratuliere Dir! Eine neue Welt kann sich Dir offenbaren.

Fakt 1:
Deine wässrigen Kugeln im Gesicht können grade mal 3% vom vorhandenen Spektrum dieser Welt und des dazugehörigen Universums erkennen! Ja, nur 3%! Haus, Baum, Auto und ein paar andere Dinge. ;)

Fakt 2:
97 % der vorhandenen Wellenlängen um dich herum sind für deine Augen unsichtbar. Ja, Du liest richtig – UNSICHTBAR!

Fakt 3:
Wikipedia schreibt: »Elektromagnetische Wellen mit anderen Wellenlängen als das Licht sind unsichtbar, auch wenn sie in das Auge des Menschen fallen.«

Fakt 4:
Ein spezielles Prinzip kann Dir dabei helfen, gewünschte materielle wie immaterielle Werte in dein Leben zu ziehen – ohne schweres Schuften, ohne den gewohnten körperlichen oder mentalen Einsatz! Ohne Anstrengung!

- 97 % sind unsichtbar!
- Was und wo sind diese 97 %?
- Und kannst Du damit etwas anfangen?

Du kannst Erstaunliches damit anfangen. Und das EXTREM gut – weil DU diese Schwingungen für deine persönlichen Wünsche bequem NUTZEN kannst. Du kannst sie einschalten wie einen Lichtschalter. Und Du bestimmst WANN. NEIN – keine Visualisierungen, keine Affirmationen – halte dich nicht mit Ungeeignetem auf.

Kurze Wiederholung: Baum, Erde, Sterne usw. gehören zu den 3 %.

Albert Einstein sagte: »Das Schönste, was wir erleben können, ist das Geheimnisvolle.«

Fakt 5:
Albert Einstein sagte: »Das Schönste, was wir erleben können, ist das Geheimnisvolle.«

97 % der Frequenzen sind also für deine Augen unsichtbar. Trotzdem kannst Du diese rätselhaften Wellenlängen ganz entspannt für Deine Ziele einsetzen! Du kannst sie für dich arbeiten lassen, um die ge-

wünschten Ergebnisse zu erhalten! Deine Devise könnte – mit diesem speziellen Wissen – ab sofort lauten:

- WORK SMART!
- Alles andere ist Energie- und Zeitverschwendung!
- WORK SMART, it's the ticket to success!

Fakt 6:

Vielleicht kennst Du die Geschichte von »Aladins Wunderlampe«. Dort wird erzählt, dass diese Lampe ALLE WÜNSCHE erfüllt. ALLE – nicht nur 3, wie es hier in Europa verbreitet ist.

Was wäre, wenn sie Dir sämtliche Wünsche erfüllen würde? Wie klingt das für dich? Zu schön, um wahr zu sein?

Wie soll das funktionieren, fragst Du dich vielleicht? Welches Rätsel steckt dahinter? CERN in der Schweiz behauptet, dass diese unsichtbaren 97 % der Wellenlängen zum Teil mit anderen Dimensionen zu tun haben bzw. mit ihnen in Verbindung stehen.

ACHTUNG: knallhart wissenschaftlich bewiesen!

Was wäre, wenn …

Was wäre, wenn Du diese zusätzlichen Dimensionen für dein Leben nützen könntest? Was wäre, wenn Du nicht nur mit »harter Arbeit«, sondern mithilfe der unsichtbaren und nutzbringenden Frequenzen

- mehr Geld,
- erfolgreichere Karrieren,
- bessere Gesundheit,
- einwandfreiere Beziehungen oder
- den richtigen Partner,

der wirklich zu Dir passt, »herbeiziehen« könntest? Allein mit deiner »elektromagnetischen Ausstrahlung«, die Du ja eh bei Dir hast, aber möglicherweise nicht angemessen zu bedienen weißt.

Deine Wünsche können in der Tat zu 100 % als »elektromagnetische Signatur« ins Weltall geschrieben werden und Du erhältst zu 100 % die richtige Antwort – als Ergebnis – in dein Leben transportiert. GARANTIERT! Ja, Du liest richtig – IN DEIN PERSÖNLICHES LEBEN!

Was müsstest Du dafür tun? Du musst lediglich RAUS aus dem N.E.B.E.L., aus der künstlich erschaffenen Mainstream-Medien-Matrix – den 3 M!

Lies mal N.E.B.E.L. rückwärts – komm schon, mach!

N.E.B.E.L. – Ah! L.E.B.E.N. kommt dabei heraus! Wie cool ist das denn? Durch den NEBEL ins LEBEN.

Was heißt das nun für dich? Was könntest Du jetzt tun?

Lass als ersten Schritt einfach die 3 M hinter Dir – die Mainstream-Medien-Matrix – und komm in deiner persönlichen Zukunft an.

Wie, fragst Du dich vielleicht? Ganz einfach, leicht und mühelos. Was ist der Treibstoff? Deine Träume, Wünsche und Visionen! Oder hat sie dein Umfeld schon ausradiert?

Was sind deine Träume?

Nimm mal das Wort T.R.A.U.M. – schüttle die einzelnen Buchstaben durcheinander und verändere die Reihenfolge der Schriftzeichen!

OK, hier ein Tipp, nimm den Buchstaben T als letztes und das A als erstes Schriftzeichen. Schreib dein gefundenes Wort doch gleich hier auf:

A_ _ _ _T

KRASS, ODER?

Wenn Du Dir deine Träume zerstören lässt von sogenannten T.R.A.U.M.-Zerstörern – und da gibt es reichlich innere wie äußere Zerstörer mit Aussagen wie – dazu bist Du zu alt, zu jung, hast nicht die richtige Ausbildung, die andern sind viel besser usw. usf. – wirst Du ARM an MUT – ui, schon wieder: ARM-MUT. Merkst Du was? So viele Wahrheiten »verbergen« sich in der Sprache.

Fakt 6:
Du bist nicht so gut wie Du denkst – Du bist BESSER!

Du kennst sicher ein EEG – Elektroenzephalogramm –, das misst deine Gehirnwellen. Diese Wellen kannst Du weder mit deinen Kulleraugen sehen noch mit deinen Händen anfassen, erst ein elektrischer Apparat macht sie auf einem Papier sichtbar.

Deine Gehirnwellen schwingen im Tiefschlaf in sogenannten Delta- und Theta-Wellen (zwischen 3 und 7 Hz). Theta-Wellen kann man auch im tiefen Gebet oder der Meditation messen.

Wenn Du aufwachst, rappelt sich dein Denkorgan langsam hoch und Du bist die ersten Minuten im sogenannten Alpha-Wellen-Bereich unterwegs (8 bis 14 Hz). Das passiert auch, wenn Du dich im Urlaub befindest, in der Natur unterwegs bist oder entspannt Auto fährst. Als Kind hattest Du das standardmäßig – bis Du in die Schule kamst.

Wenn Dir hingegen alles zu viel wird, Du dich heftig aufregst, möglicherweise bis hin zu einem Streit, geht es schnurstracks in den Beta-Bereich, der zwischen 15 und 35 Hz liegt. Je höher die Hertz-Zahl, desto mehr Anspannung misst das EEG.

Heißt das, Du bist mehr als dieser Knochensack, dieser winzige Zellhaufen in diesem riesigen Kosmos? Ja, bist Du! Das meiste auch von Dir ist ja unsichtbar. Du bist also GRÖSSTENTEILS SCHWINGUNG, die Du mit deinem Augenlicht eben nicht wahrnehmen kannst.

Du bist jedoch jederzeit mit den Schwingungen um dich herum schwingungsmäßig verbunden. Du bist also so viel größer, als Du denkst. Machtvoller, als Du je geahnt hast. Du bist in der Tat der Schöpfer deines Lebens und Du entscheidest, in welche Richtung sich dein Leben bewegt und ENT-faltet.

Ach ja, übrigens:

Kannst Du Funkwellen, Mobil- oder Atomstrahlen sehen? Deine Gedanken, deine Gefühle, Liebe?

Fakt 7: Alles ist möglich

Möchtest Du wissen, wie Du auf andere wirkst? Willst Du wissen, wofür Du sensibel bist?

Möchtest Du selbst sehen, fühlen und erleben, dass Du weit mehr wahrnehmen und aussenden kannst als nur das, was Du bis heute von den 3 M erfahren hast? Magst Du mal experimentell aus dem Main-Stream-N.E.B.E.L. aus und in dein L.E.B.E.N. mit all deinen außerordentlich wundervollen Fähigkeiten einsteigen?

Möchtest Du Frequenzen spüren, die Du vielleicht noch nie erlebt hast? Möchtest Du eine Möglichkeit kennenlernen, ganz entspannt zu Hause, wann immer Du willst, damit zu beginnen? Dann hast Du in wenigen Sekunden die Chance dazu! Fang an, eine bessere Gesundheit, höheres Bewusstsein, ein glücklicheres und erfüllteres Leben, mehr Lebensfreude, mehr Selbstvertrauen oder Selbstwertgefühl zu erleben.

BEREIT?

Dann gib in deinen PC akademie-des-wissens.de ein und erlebe vollkommen NEUES, Aufregendes mit den un-sichtbaren Frequenzen, die Du Dir sofort NUTZBAR machen kannst. Dein persönliches Passwort lautet: Aladin

Bis dann?

Andreas Pott – Dein Spiritueller Mentor

Foto: Nadine Hollermayer

ANDREAS POTT

Dein Spiritueller Mentor

Monika & Andreas Pott sind die Experten für Bewusstsein. Die Buchautoren bieten seit Jahrzehnten professionelle Antworten auf tiefgehende Lebensfragen und gehören mit ihren zahlreichen Auszeichnungen zu den TOP-Speakern. Damit sind sie Weltrekordler im internationalen Redner-Business. Zudem sind sie Direktoren & Co-Founder eines der TOP-20-Unternehmen in ihrer Branche!

Ihr Leben und Wirken findet am wunderschönen Bodensee statt, wo sie sich von der Natur und Umgebung inspirieren lassen. Dort leiten sie die von ihnen im Jahr 1999 gegründete Akademie des Wissens, ein Institut zur spirituellen Weiterentwicklung.

Glücklich älter werden – alles eine Frage der Einstellung!

In letzter Zeit fallen mir immer wieder Schlagzeilen und Titelseiten auf: »Gesund alt werden« oder »So stoppen Sie den Alterungsprozess« und noch schlimmer: »Seniorenratgeber – wie Sie gesund alt werden«. Geht es dir genauso?

Ich frage mich, warum fällt mir das auf? Hat sich mein Fokus verändert, weil ich die 60 um einige Jahre überschritten habe?

So stelle ich mir mein weiteres Leben auf keinen Fall vor. Nein, ich reduziere mich nicht auf die Themen Alter und Gesundheit.

Das kann doch nicht alles sein!

Das kann doch nicht alles sein!

Leben muss doch in jedem Alter Spaß machen. Natürlich ist Gesundheit wichtig, aber Gesundheit ohne Spaß, ist das Glück?

Ich will lebendig sein, Neues lernen bis zu meinem letzten Atemzug. Spaß haben, etwas erleben, wobei das nicht die großen Dinge sein müssen, einfach den Augenblick genießen.

Wie sang Udo Jürgens damals: »Mit 66 Jahren, da fängt das Leben an.«

Das Alter ist nur eine Zahl, sie sagt nichts darüber aus, wie du dich fühlst, was du noch darfst oder ob das, was du gerade tust, deinem Alter angemessen ist.

Du allein entscheidest, was du daraus machst – wie lebendig du bleibst.

Du entscheidest, wie neugierig du auf das Leben bleibst, und du entscheidest immer und immer wieder, was du Neues in dein Leben lässt und bereit bist zu lernen.

Rückblick

Kurz vor meinem 50. Geburtstag sah ich in einem Schaufenster meiner Lieblingsbuchhandlung ein Buch mit dem Titel »Älter werde ich später«. Ich wusste sofort, ja, das ist die richtige Lebenseinstellung, das wird mein Motto für die nächsten 50 Jahre.

Bei meiner Geburtstagsfeier meinten einige meiner Gäste, mir graust, wenn ich auch 50 werde, dann ist die meiste Zeit des Lebens vorbei. Ich entgegnete: »Warum, das ist doch nur eine Zahl, was sagt das schon aus?« Für mich war maximal Halbzeit, denn ich wollte schon immer mindestens 100 werden.

An diesem Abend beschloss ich endgültig, mich nie mehr über das Alter definieren zu lassen.

Für mich war klar, wichtig ist es, glücklich zu sein, neugierig zu bleiben, den Moment zu genießen – glücklich und lebendig älter zu werden.

Vor drei Jahren, mehr als 15 Jahre später, fragte ich mich, hatte ich danach gelebt oder hatte ich meine Vorsätze aus den Augen verloren? War ich glücklich?

Ich musste zugeben – nur bedingt. Natürlich gab es glückliche Momente, aber rundum zufrieden war ich nicht.

Wie so viele war auch ich im Hamsterrad gefangen, hatte meistens das getan, was man von mir erwartete, nicht was ich wollte.

Mir wurde klar, so kann es nicht weitergehen, so wird das nichts mit glücklich älter werden. So werde ich nur alt und wenn ich Glück habe, wenigstens einigermaßen gesund alt.

Sollte so mein weiteres Leben sein?

Nein! Ich beschloss für mich, dass ich das so nicht will. Wie konnte ich dies verbindlich ändern?

Vertrag mit mir

Ich schloss einen Vertrag mit mir selbst. Ich wusste, dies war die einzige Lösung für mich, es umzusetzen. Ein Vertrag ist etwas Verbindliches und muss eingehalten werden. Diese Vorgehensweise kann ich dir nur empfehlen, wenn du in deinem Leben etwas ändern willst, egal in welchem Bereich, schließe einen Vertrag mit dir selbst.

Mein Vertrag enthielt einen wichtigen Punkt:

Ab sofort lebe ich mein Leben und nicht mehr das Leben der anderen, nicht das Leben meines Mannes, nicht das meiner Kinder oder das von irgendwelchen Personen in meinem Umfeld.

Das klingt vielleicht egoistisch, aber wenn ich nicht glücklich bin, wie soll dann mein Umfeld glücklich sein?

Der Vertrag war abgeschlossen, aber was war mein Leben?

Irgendwann in den letzten 15 Jahren hatte ich mich verloren, hatte mein Ziel, glücklich älter zu werden, vergessen, verdrängt.

Was wollte ich, was bedeutet Leben für mich?

> Was wollte ich, was bedeutet Leben für mich?

Mir fielen Begriffe ein wie lebendig sein, sichtbar sein, meine Berufung finden und leben, Spaß haben.

Ich begann, dies Schritt für Schritt umzusetzen. Ich lernte wieder mich selbst zu lieben, achtsam mit mir umzugehen.

Wenn ich heute in den Spiegel sehe und mir ein lächelndes Gesicht mit strahlenden Augen entgegensieht, denke ich, das Leben ist ein wunderbares Geschenk und bin unendlich dankbar.

Kennst du das Gefühl, überzusprudeln vor Glück? Ein Gefühl wie in den Kindertagen, wenn du Brausepulver im Mund hattest, oder dieses prickelnde Gefühl im Bauch, wenn du frisch verliebt bist?

Ja, so geht es mir heute.

Verändere deine Geschichte und dein Leben verändert sich. In diesem Satz steckt so viel Wahrheit.

> Verändere deine Geschichte und dein Leben verändert sich.

Du kannst in deine Vergangenheit blicken und daran denken, was negativ war, beim Erzählen das Negative erwähnen, dann wirst du in diesem Sog bleiben, es wird sich auch in der Gegenwart und Zukunft nichts ändern.

Die andere Möglichkeit: Du siehst rückblickend vor allem das Positive deines Lebens, erzählst diese Geschichte und alles sieht anders aus. Du befindest dich in einer positiven Schwingung, dies wirkt sich entsprechend auf deine Gegenwart und Zukunft aus.

Mit dem Älterwerden ist es dasselbe. Du kannst deinen Fokus auf das legen, was nicht mehr geht oder was man im Alter angeblich nicht mehr machen kann, dann traust du dich auch nicht. Du akzeptierst die Grenzen, die die Gesellschaft setzt.

Ich glaube nicht mehr an Grenzen.

Ich glaube nicht mehr an Grenzen.

Wenn ich mir keine Grenzen im Kopf setze, dann gibt es die für mich nicht.

Es ist mir egal, was andere über mich denken.

Ich habe mich früher als »graue Maus« gesehen, wollte nie in der Öffentlichkeit stehen. Ein Buch oder einen Beitrag zu einem Buch zu schreiben – unvorstellbar.

Es gab immer ein kleines »Teufelchen«, das mich seit meiner Kindheit begleitete und mir ständig über die Schulter schaute.

Immer wieder hat es mir ins Ohr geflüstert: »Das kannst du nicht, das schaffst du nicht« oder »das tut man nicht, das gehört sich nicht«.

Hast du auch so ein kleines Teufelchen?

Falls ja, mach es einfach wie ich.

Ich habe mein Teufelchen mit dem Namen Zweifel beerdigt und ich kann dir versichern, dieser Moment war unglaublich befreiend und hat mich glücklich gemacht.

Ja, ich bin jetzt glücklich, fühle mich unglaublich lebendig, das Prickeln im Bauch ist wieder da.

Wenn ich das kann, dann kannst du das auch.

Das Leben bietet uns in allen Lebensphasen noch so unendlich viel, wir müssen es nur erkennen und umsetzen.

Foto: Fotostudio Hahn, Kornwestheim

MARIANNE HEINE

Mutmacher zu mehr Lebensfreude

Marianne Heine hat viele Stationen der Lebensschule absolviert.

Als Mutter von drei Kindern weiß sie genau, dass nicht immer alles nach Plan läuft.

Sie hat mehrere Unternehmen mit aufgebaut und dabei alle Höhen und Tiefen kennengelernt, sich nie unterkriegen lassen, egal was passiert, frei nach dem Motto: »Einfach aufstehen, Krönchen richten, weitergehen.« Sie hat immer wieder den Mut aufgebracht, Neues zu wagen.

Marianne Heine hilft anderen Menschen ihre Chancen zu erkennen und auch den Mut aufzubringen, diese zu ergreifen – egal in welchem Alter. Sie zeigt den Menschen, dass sich die Grenzen für das tägliche Tun und Handeln nur im eigenen Kopf befinden.

Die Premiumvariante des eigenen Ichs

Persönlichkeitsentwicklung. Ein spannendes Thema. Gerade in Zeiten, in denen man von einem anstrengenden Termin zum anderen hetzt, eine unliebsame Verpflichtung der anderen folgt und man keine Zeit für sich selbst hat, läuft man Gefahr, sich zu verrennen, sich zu verlieren. Man lebt einen Alltag, der stressig ist und der einen das Leben nicht mehr genießen lässt. Und hier kommt Persönlichkeitsentwicklung ins Spiel. Es geht u.a. um Fragen wie »Was will ich wirklich?«, »Wie kann ich leichter leben?« und »Wie erfülle ich meinen Traum?«. Es geht um das Finden von Glück, Zufriedenheit und das Gefühl des Ankommens. Immer mehr Menschen setzen sich damit auseinander und das ist gut so. Eine innere Zufriedenheit wirkt harmonisierend und kann nach außen abstrahlen, andere anstecken. Stressprävention und Achtsamkeitsübungen können hier schon erste Schritte dazu sein. Und ist es nicht schön, wenn einem bewusst wird, was im Leben für einen wirklich zählt und dass das eigene Glück manchmal so nahe liegen kann?

Doch was ist, wenn man sich seiner Wünsche bewusst geworden, mit sich selbst im Reinen und glücklich ist? Kann man sich dann zurücklehnen und sagen »Alles ist gut«? Nun, grundsätzlich ja. In diesem Fall bezieht sich Persönlichkeitsentwicklung dann auf das eigene Ich. Man kann aber auch einen Level weitergehen – bezeichnen wir es einmal als die Premiumvariante des eigenen Ichs – und über einen weiteren Gedanken reflektieren: Der Umgang mit seiner Mitwelt spiegelt den eigenen Charakter wider.

> Der Umgang mit der Mitwelt spiegelt den eigenen Charakter wider.

Ist das wirklich so? Bedenkt man, dass das eigene Handeln und Wirken auch die Mitmenschen beeinflusst, dann ist das durchaus eine Überlegung wert. Wie gehe ich mit meinem Partner um, wie behandele ich meine Kinder, was denke ich über meine Nachbarn und wie spreche ich über meine Kollegen und meinen Chef? Trage ich Freundlichkeit und Milde oder schlechte Laune, Unzufriedenheit oder vielleicht sogar Neid in die Welt? Auch darüber kann man reflektieren, Änderungspotenzial hinterfragen und sich innerhalb dieser zwischenmenschlichen Beziehungen weiterentwickeln.

Aber es geht noch weiter. Wertschätzung, Respekt, Mitgefühl – Aspekte, die man gerne im Zusammenleben mit Menschen sieht. Doch wie verhält es sich mit diesen im Umgang mit der weiteren Mitwelt – den Tieren und der Natur? Persönlichkeitsentwicklung hört bei den meisten Menschen an der Kühlschranktür auf. Warum bin ich bereit, an meinem Verhalten gegenüber mir selbst und anderen Menschen zu arbeiten, bin aber verschlossen gegenüber Verhaltensänderungen in Bezug zu Tieren und der Natur? Hat es nichts zu bedeuten, wenn ich achtlos Müll wegwerfe oder andere Lebewesen esse?

Persönlichkeitsentwicklung hört bei den meisten Menschen an der Kühlschranktür auf.

Wir haben uns von der Natur und den Tieren entfernt. Sie sind uns fremd geworden. Wer geht noch bewusst durch den Wald und spürt sich mit dieser Umgebung verbunden und dankbar? Oder wann hat man das letzte Mal einem Kälbchen live in die Augen geblickt und es gestreichelt?

Dabei gibt uns die Natur so viel: Nahrung, Erholung, Erdung. Doch häufig wissen wir es nicht zu würdigen. Stattdessen beuten wir sie aus, verschmutzen oder zerstören sie. Oder Tiere wie zum Beispiel das Kälbchen, diese süßen Wesen, die auch Eltern haben und gerne über die Wiese springen. Weggesperrt, damit wir mit gutem Gewissen ihren Körper verschlingen können. Für eine bessere, nachhaltigere Zukunft braucht es ein Aufwachen, ein neues Bewusstsein.

Wenn man sich über die Großartigkeit der Natur und der Tiere bewusst wird, lernt man, sie aus einem anderen Blickwinkel zu betrachten und mehr zu schätzen. Wenn man sich seiner eigenen Einstellung gegenüber diesen sowie den negativen Folgen seiner eigenen Handlungen gegenüber seiner Mitwelt bewusst wird, kann man anfangen, beides zu hinterfragen und das Miteinander zu verbessern. Der nächste Level der Persönlichkeitsentwicklung. Etwas, das natürlich und selbstverständlich sein sollte – das respektvolle und friedliche Zusammenleben – wird wieder in das eigene Leben integriert, Verbundenheit und ein Wir-Gefühl entsteht. Doch wie kann diese Verbindung gelingen?

Benutze deinen Verstand – und dein Herz. Denn man schützt das, was man kennt und wertschätzt. Daher sind Wissen und Bewusstheit über die Zusammenhänge und Auswirkungen unserer Handlungen so wichtig. Wir überdüngen die Äcker, das Wasser wird mit Nitrat belastet, Methan und CO_2 verändern das Klima. Berücksichtigt man zudem beispielsweise das Leben und die Erfahrungen der am Haltungs- und Sterbeprozess beteiligten Menschen und das Tierleid, kommen emotionaler Stress und körperliche Schmerzen als weitere negative Punkte hinzu. Die Welt ist komplex. Vieles spielt zusammen, wenn es um Umweltzerstörung, Klimawandel und Tierleid geht. Dass man selbst seinen Anteil dazu beiträgt, davon möchte das Ego natürlich ungern etwas wissen.

Benutze deinen Verstand – und dein Herz.

Veränderung kommt jedoch durch einen selbst. Und das bedeutet, Verantwortung zu übernehmen, ehrlich zu sich zu sein und seine Gewohnheiten zu hinterfragen. Und offen zu sein für Wandel. Daher ist es wichtig, neben dem Wissen auch in das Gefühl zu kommen und das Herz zu berühren. Es braucht Empathie, die Fähigkeit, sich in die Lage des anderen hineinzuversetzen. Durch Mitgefühl kann man eher seine Einstellung ändern und es macht es leichter, sein Verhalten umzustellen. Motivation zur Veränderung kann auch durch die Frage entstehen, ob ich auch so behandelt werden oder leben möchte wie mein Gegenüber.

Ist es nicht eine schöne Vorstellung, nicht nur mit sich, sondern auch mit seiner Mitwelt friedlich und im Einklang zu leben? Wäre es nicht schön, selbst Gutes in die Welt zu tragen? Probieren Sie es einfach aus. Achten Sie auf sich und Ihr Umfeld, ganz nach dem Motto:

Sei gut zu dir. Sei gut zu anderen.

Foto: Nedeljko Radic

PETRA MOSER

Speakerin | Tierbotschafterin | Stress-Expertin

Durch die Verschmelzung der Themen Persönlichkeitsentwicklung, Tierwohl und Natur schafft sie ein neues Bewusstsein im Umgang mit sich selbst und der Mitwelt. Ihr Motto: »Sei gut zu dir. Sei gut zu anderen.« Durch Wissen, Bewusstheit und Mitgefühl kann Wandel entstehen, Nachhaltigkeit nachhaltig gelebt und die Welt positiv gestaltet werden. Mit entsprechenden Perspektivenwechseln und Impulsen inspiriert sie Kinder, Erwachsene und Unternehmen.

Für ihre Rede über Tierwohl wurde sie mit dem Winner Award auf dem Internationalen Speaker Slam ausgezeichnet.

www.esteemnature.com